Motorradfahren in Perfektion

Mit Köpfchen durch die Kurve

Ausrüstung – Fahrtechnik – Sicherheit

IMPRESSUM

HEEL Verlag GmbH
Gut Pottscheidt
53639 Königswinter
Telefon 0 22 23 / 92 30-0
Telefax 0 22 23 / 92 30 26
Mail: info@heel-verlag.de
Internet: www.heel-verlag.de

© 2011: HEEL Verlag GmbH, Königswinter
2. Auflage 2013

Verantwortlich für den Inhalt:
Ulrich Thomson

Gestaltung und Satz:
Muser Medien, Mannheim

Printed in Czech Republic

ISBN: 978-3-86852-382-9

INHALT

Vorwort — 6
Einleitung — 8
Handhabung dieses Buches — 9
7 Tipps zum sicheren Motorradfahren — 10

Motorradfahren – im Stand betrachtet — 14
Faszination und Risiko — 14
Info-Box: Fahrmotive — 15
Subjektive und objektive Sicherheit — 16
Info-Box: Wahrnehmung und Aufnahmekapazität — 18
Mentales Training — 20
Auswahl einer Fahrschule — 22

Motorradtypen — 24
Allrounder — 24
Tourer — 25
Chopper/Cruiser — 27
Sportler — 27
Off-Roader — 27

Fahrerausrüstung — 34
Schutzhelm — 34
Info-Box: Kleine Motorradhelm-Materialkunde — 36
Kombi — 39
Stiefel — 41
Handschuhe — 42
Wichtiges Zubehör — 43

Vor der Fahrt — 46
Sitzhaltung und Ergonomie — 46
Technikcheck im Alltag — 48
Info-Box: Körperliche Fitness — 49
Motorradreifen — 53
Gepäckplanung — 56
Gepäcksysteme — 60
Tourenplanung — 63
Fahren in der Gruppe — 64
Fahren mit Sozius — 70

Fahren im Alltag — 72
Einstieg in die neue Saison — 72
Rangieren und Balancieren — 72
Übung: Ausbalancieren des Motorrades — 73
Aufheben des Motorrades — 74
Übung: Motorradturnen — 76
Langsames Fahren — 78
Übung: Stabilisieren — 79

In der Stadt — 80
Klassische Unfallsituationen — 80
Bremsen — 83
Sitzhaltung beim Bremsen — 84
Die Hand an der Bremse — 85
Dosierung der Bremsung — 85
Info-Box: ABS — 87
ABS für Motorräder — 88
Info-Box: Reaktionsvermögen — 89
Anhaltewege und Restgeschwindigkeit — 90

Ausweichen — 93
Übung: Zielbremsung — 95
Übertragbare Kräfte — 95
Info-Box: Kleine Fahrphysik der Kräftekombination — 96
Übung: Bremsen in der Kurve — 97

Wetter und Fahrbahn — 98
Regen — 98
Herbst — 102
Dunkelheit und Nebel — 103
Fahrbahnuntergrund — 105
Unwegsame Strecke — 108
Übung: Fahren auf unbefestigten Wegen — 109

Auf der Autobahn — 110
Sicherheitsabstand und Anhaltewege
bei hohem Tempo — 110
Info-Box: Röhreneffekt — 112
Fahrwerkschwächen — 114
Pendeln — 114
Kickback (Lenkerschlagen) — 114
Info-Box: Flow — 115
Flattern — 116

Auf kurvenreicher Straße — 118
Info-Box: Kleine Fahrphysik des Kurvenfahrens I:
Kräfte bei der Kurvenfahrt — 120
Fliehkraft und Schwerkraft — 121
Übung: Lenkimpulstechnik — 121
Info-Box: Kleine Fahrphysik des Kurvenfahrens II:
Lenkimpuls — 123
Kurvenstile und Anwendungsmöglichkeiten — 124
Legen — 124
Drücken — 126
Hanging off — 127
Stützgas — 128
Übung: Stützgas — 129
Einschätzung der eigenen Schräglage — 130
Die richtige Linie — 132
Begegnungen auf der Landstraße — 139
Überholen — 146
Blickverhalten — 149
Info-Box: Blickverhalten — 150
Übung: Blickschulung im Alltag — 154

In den Bergen — 156
Serpentinen und Kehren — 158
Wetterverhältnisse — 161
Übung: Anhalten und Wenden in der Steigung — 163

Fahrer-Fortbildung — 166
Sicherheitstraining — 166
Sicherheitstouren — 167
Rennstreckenkurse — 169
Was es sonst noch gibt — 172

Stichwortverzeichnis/Index

Literaturverzeichnis

VORWORT VON WOLFGANG STERN

 Wer Anfang der 90er Jahre die Nordschleife des Nürburgrings befuhr, und den Blick frei hatte für Beobachtungen neben der Strecke, der konnte bisweilen einen Biker sehen, der mit Stift und Fotoapparat bewaffnet die Strecke zu Fuß umrundete, ab und zu stehen blieb und etwas notierte oder fotografierte. Wer glaubte, es handele sich um einen Motorradfahrer, der die Spuren seines unfreiwilligen Abflugs von der Nordschleife dokumentierte, täuschte sich. Es war niemand anderer als Ulrich Thomson, der für sein „Nürburgring-Fahrerhandbuch" recherchierte. Gewissenhaft, exakt und praxisnah, so sollte der Leser das Fahren auf der Ideallinie des Nürburgrings nachempfinden können. Seitdem sind ein paar Jahre ins Land gegangen. Ulrich Thomson ist seiner Leidenschaft, dem Motorradfahren treu geblieben und präsentiert uns heute sein großes Handbuch des Motorradfahrens „Mit Köpfchen durch die Kurve". Gespeist aus den eigenen Erfahrungen als Biker, der weiß wovon er spricht, gibt er dem Neueinsteiger aber auch dem alten Hasen wertvolle Tipps zum sicheren Motorradfahren, in bekannter Manier, gewissenhaft und praxisnah. Er versteigt sich nicht in die Tiefen der Fahrphysik oder Verkehrspsychologie, sondern bleibt in Text und Bild stets „hart am Gas" – verständlich und nachvollziehbar für jeden Biker und den, der es einmal werden will.

Ich wünsche allen Lesern viel Spaß bei der Lektüre dieser Anleitung zum lustvollen und gleichzeitig sicheren Motorradfahren.

Dein Kollege Wolfgang Stern

VORWORT VON DR. HARTMUT KERWIEN

Freiheit und Unabhängigkeit. Zwei nicht nur zentrale Motive der Menschheit. Diese Motive einen uns auch als Motorradfahrer. Und zwar nicht erst seit heute, sondern seit es die Faszination Motorradfahren gibt. Dass der Einzelne auf diesen Grundbedürfnissen aufsattelnd weitere Spaßaspekte aus dem Motorradfahren zieht, erkennt man schon an der Diversifizierung des Motorradmarktes. Für jedes Bedürfnis und jeden Einsatzzweck gibt es heute die geeigneten Vertreter ihrer Zunft.

Ulli Thomson hat sich in seinem Buch zurückbesonnen auf die Kernbestandteile des Fahrens, die früher genauso wichtig waren, wie sie es heute immer noch sind. Zum Beispiel: Wie fahre ich diese Kurve am besten an? Geht das eigentlich noch besser? Mir persönlich sind bislang nur wenige Motorradfahrer begegnet, die diesen Wunsch nach ständiger Verbesserung nicht irgendwie in sich tragen. Dieses Buch liefert wertvolle Tipps zur Verbesserung des eigenen Fahrstils und zur perfekteren Verbindung zwischen Mensch und Maschine. Jeder Leser möge sich selbst entscheiden, wie tief er darin einsteigen möchte. Ulli Thomson bietet für den angehenden Motorradfahrer ebenso nützliche Hilfen wie für den Fortgeschrittenen Informationen, die er so vielleicht noch nicht gelesen und schon gar nicht auf seinem Motorrad umgesetzt hat. Auch die eine oder andere Anekdote kommt nicht zu kurz. Dabei kann der Autor auf viele Jahre Erfahrung als begeisterter Fahrer vor allem sportlicher Maschinen ebenso zurückblicken, wie auf seine fundierten Kenntnisse der Erwachsenenpädagogik, die er in unzählige Seminare und Sicherheitstrainings bis heute einbringen konnte. Aber das Wichtigste ist, dieses Buch ist authentisch. Hier schreibt jemand, der Motorradfahren lebt.

Ich wünsche allen Lesern genussvolle Lektüre und die Motivation, den einen oder anderen Tipp in das alltägliche Fahren einzubauen.

Dr. Hartmut Kerwien, Verkehrspsychologe

EINLEITUNG

Faszination Motorrad – nur wer selbst fährt, wird wirklich fühlen und verstehen, was diese Leidenschaft bedeutet.

Ist es das Gefühl von Freiheit und das unmittelbare Erleben der Natur, die kühle Luft bei der Fahrt durch das Waldstück, der intensive Geruch einsetzenden Regens oder der Fahrtwind, der uns umbraust?

Ist es die einmalige Fahrdynamik, die Beschleunigung, der Sound, das Schwingen von einer Kurve zur nächsten, das Verschmelzen von Mensch und Maschine?

Ist es die Begeisterung für die Technik, die wohl nur hier so unmittelbar sichtbar und erlebbar ist?

Sicherlich ist es für alle von uns irgendwie etwas anderes und letztlich ist es auch nicht so wichtig – es ist wie es ist: Unser Hobby ist eine der schönsten Nebensachen der Welt, ausgestattet mit einem gewissen Suchtpotenzial. Wer dieses starke Erlebnis in sich aufgenommen hat, wird es nicht mehr missen wollen und deshalb sind viele von uns dem Motorrad wirklich etwas verfallen. Wir alle kennen Beispiele von Fahrern, die auch nach einem Unfallerlebnis der ersten Fahrt wieder entgegenfiebern, noch mit Gipsverband im Krankenhaus die neuesten Prospekte wälzen.

Und da ist sie natürlich, die unvermeidliche Schattenseite unseres schönen Hobbys: Es könnte uns etwas passieren. Viel mehr passieren als üblicherweise in einem modernen Auto, das ausgestattet mit energieabbauenden Knautschzonen, allen möglichen Airbags und Gurtstraffer-Systemen das Schlimmste von uns fernhalten kann. Bei uns beginnt die Knautschzone bekanntlich an der Nasenspitze. Ein guter Helm und moderne Schutzkleidung können viel helfen, die Schutzwirkung ist jedoch recht begrenzt.

Daher steht für uns die Vermeidung eines solchen Geschehens im Vordergrund.

Die Fahrfertigkeiten des Fahrers, seine Einstellung zum Risiko und eine defensive Fahrweise sind der Schlüssel zu einem langen Erleben der Faszination Motorrad.

Dieses Buch soll hierzu beitragen, indem es alle Fragen rund um das sichere Motorradfahren beantwortet. Anfänger und „alte Hasen" sollen hier praxisbezogene Anregungen und Informationen bekommen, um ihre Fahrfertigkeiten stetig zu verbessern.

Die Informationen in diesem Buch – auch Hintergrundwissen zu Fahrphysik und Fahrerpsychologie – orientieren sich an Praxisbeispielen, die wir alle aus unserem eigenen Erle-

ben kennen. Dieses Buch soll kein Lehrbuch sein, sondern ein Praxisbuch.

Besonders wichtig ist dem Verlag und mir dabei, dass die Inhalte leicht verständlich sind, ohne dass wichtige Fachthemen ausgelassen werden. Natürlich könnten viele Themen im fahrphysikalischen und psychologischen Bereich noch weiter vertieft werden. Dies ist jedoch nicht vorrangig ein Buch für Physiker, Psychologen und Philosophen, sondern eines für ganz normale Mopedfahrer, die bereit sind an sich zu arbeiten – geschrieben von einem ganz normalen Mopedfahrer. Es ist auch ein sehr persönliches Buch – von meiner Seite aus, da ich auch über meine Erfahrungen und meine ganz persönlichen Einstellungen als Motorradfahrer schreibe.

Durch exakt erklärte und bebilderte praktische Übungen, die von jedem ohne spezielle Vorkenntnisse gefahrlos durchgeführt werden können, soll das Leseerlebnis zu einem fühl- und nachvollziehbaren Lernerlebnis werden.

Dem aufmerksamen Leser – und ich möchte gern das unter Motorradfahren übliche Du verwenden – wird wohl nicht entgehen, dass hier ein Sicherheitstrainer schreibt. Ich bin sehr gern Sicherheitstrainer und dankbar dafür, dass ich nach nun 38 Jahren Fahrpraxis mit meinen „Mopeds" so viel Schönes erleben konnte, immer noch fit und gesund bin und mein Hobby zu einem ebenso schönen Beruf machen konnte. Wenn meine Begeisterung, meine Flamme für sicheres Motorradfahren auf Dich überspringen sollte, so ist das kein Nachteil für Dich. Ich wünsche Dir viel Spaß beim Lesen, beim Fahren und Ausprobieren.

Für das Vorwort habe ich ganz bewusst keinen „Prominenten" ausgesucht, einen Rennfahrer oder Ex-Rennfahrer zum Beispiel. Das Vorwort schreiben zwei alte Wegbegleiter von mir, die als Trainer und Autoren von Trainingskonzepten die Sicherheitsarbeit für Motorradfahrer prägen. Wenn sie bereit sind, das Vorwort zu schreiben und das Buch damit inhaltlich „abnicken", bedeutet mir das sehr viel.

ZUR HANDHABUNG DIESES BUCHES

Ein wichtiges Ziel für mich war, dass dieses Buch sich angenehm und unterhaltsam lesen lässt, ohne dabei allgemein oder gar banal zu werden. Es sollte aber andererseits auch nicht so „verkopft" sein und den Eindruck erwecken, wir müssten für unser schönes Hobby erst studiert haben und alles wissenschaftlich auseinander nehmen.

Du kannst das Buch also gern von vorn bis hinten lesen wie einen Roman. Wie in diesem findest Du die spannenden Stellen vielleicht in Deinen eigenen Erlebnissen und Deinen eigenen Schwächen und der Bösewicht ist nicht der Gärtner, sondern der kleine „innere Schweinehund", den wir alle in uns tragen, wenn es darum geht, an eben diesen Schwächen zu arbeiten.

Du kannst das Buch aber auch kapitelweise lesen zu den Themen, die Dich als erstes interessieren. Ich habe alle wichtigen Themenbereiche mit Querverweisen verknüpft, so dass Du bei Bedarf zu themenverwandten und weiterführenden Kapiteln „springen" kannst. So wird zum Beispiel das Thema Bremsen im Kapitel „In der Stadt" behandelt und das Blickverhalten im Kapitel „Auf kurvenreicher Straße", auch wenn Du sicher auf der Landstraße mal bremsen musst und das richtige Blickverhalten in der Stadt von ebenso großer Bedeutung ist. Querverweise führen Dich jedoch zu der entsprechenden Thematik. Immer wenn ein Wort kursiv gesetzt ist, kannst Du es im Stichwortverzeichnis finden. Dort sind alle Seiten aufgeführt, in denen ein Bezug zu diesem Begriff hergestellt wird. Die fett gedruckten Seitenzahlen führen dabei zur grundsätzlichen Erläuterung des Begriffs.

Die Fußnoten führen Dich zu der Literatur, aus der ich Informationen entnommen habe. Dort kannst Du bei tieferem Interesse an bestimmten Themen nachlesen und sicherlich ist auch so manches sehr gute Buch dabei, das einen Kauf lohnt. Leider sind diese Literaturhinweise nicht immer üblich und viele Autoren verbreiten alte Weisheiten, die sie nicht selbst erfunden haben. Ich persönlich finde das unaufrichtig sowie unprofessionell und nehme den eventuellen Nachteil in Kauf, dass einige Leser sich vielleicht an den Fußnoten stören könnten.

Wenn bestimmte Spezialthemen in einer Infobox aus dem eigentlichen Text „heraus gezoomt" sind, so kannst Du bei weniger großem Interesse nur den Haupttext lesen und die Infobox weglassen. Du kannst aber auch die Infobox allein lesen. Am besten wäre es, Du liest beides zusammen und nimmst in Kauf, dass es wegen der besseren Verständlichkeit der Infobox zu einigen Doppelungen mit dem Haupttext kommen kann.

Bei den Übungen ist es besonders wichtig, den gesamten Text aufmerksam zu lesen – lieber zweimal. Bitte halte Dich möglichst genau an die Anweisungen und auch an eine evtl. vorgegebene Reihenfolge. Wenn Du meinst, man könne die Übung auch anders oder in anderer Reihenfolge

durchführen, liegst Du vielleicht sogar richtig. Wahrscheinlich aber liegst Du falsch und es besteht die Gefahr, dass Du das Lernziel nicht erreichst oder sogar durch das Üben falscher oder situationsunangemessener Handlungen diese noch „perfektionierst".

Falls Dir eine Übung zu schwer oder für Dich zu riskant erscheint, lasse sie zunächst weg und befasse Dich nach einiger Zeit noch einmal damit. Mache immer nur das, was Dir für Dich vertretbar erscheint! Ein wenig Herausforderung und ein gewisses Überwinden des „inneren Schweinehundes" sollten aber schon sein. Ohne das Ausprobieren von Neuem und ohne das behutsame Herantasten an Grenzen gibt es keine Weiterentwicklung.

Führe die Übungen nur auf Parkplätzen oder verkehrsarmen und besonders übersichtlichen Streckenabschnitten durch.

Es sind natürlich noch viel mehr Übungen denkbar, die gut und sinnvoll wären. Ich habe sie bewusst weggelassen, da diese Übungen aus meiner Sicht nur bei einem Motorrad-Sicherheitstraining zielführend und vor allem gefahrlos durchführbar sind.

RECHTLICHER HINWEIS:

Alle Ratschläge in diesem Buch sind sorgfältig erwogen und geprüft. Jedwede Haftung des Autors oder des Verlages für Personen-, Sach- und Vermögensschäden ist ausgeschlossen. Bitte fahren Sie vorsichtig und beachten Sie die Verkehrsregeln.
Alle Ratschläge und Aussagen beruhen auf dem Kenntnisstand zum Zeitpunkt der Drucklegung des Buches und können Veränderungen unterworfen sein.

Frauen sind im folgenden Text selbstverständlich ebenso angesprochen wie Männer, auch wenn die entsprechende Schreibweise der leichteren Lesbarkeit wegen nicht in allen Formulierungen zum Ausdruck kommt.

Zum Schluss noch eine Bemerkung in eigener Sache: Viele andere Bücher zum Thema Motorrad zeigen die unterschiedlichsten Motorradmodelle, top fotografiert in stimmungsvollen Landschaften sowie mit ansehnlichen Herren und noch ansehnlicheren Damen. Oftmals zeigen die Bilder auch spektakuläre Szenen aus Rennveranstaltungen. Da konnte ich nicht ganz mithalten, denn ich bin kein Redakteur oder Mitarbeiter einer Motorradzeitschrift und habe auch keine innige Verbindung zu einer solchen. Daher musst Du Dich vorwiegend mit meinem Moped, mit mir und anderen ganz normalen Mopedfahrern zufrieden geben.

7 TIPPS

Vielleicht erwartest Du hier ganz andere Tipps, etwa zu Technik und Ausrüstung oder zu schwierigen Fahrmanövern. Es ist jedoch ganz anders, denn wie im wirklichen Leben liegt der Schlüssel zu jeder positiven Veränderung in uns selbst und hier oftmals in den vermeintlich kleinen Dingen.

1. Überlege, was Du tust

Das klingt zunächst banal, jedoch nur vordergründig betrachtet. Jeden Tag im Alltagsleben treffen wir eine Vielzahl von Entscheidungen – auch beim Motorradfahren. Wie schnell fahre ich an einer ganz bestimmten Stelle, wohin blicke ich, denke ich noch an etwas anderes, überhole ich oder nicht, und und und... Diese Entscheidungen sind meistens richtig. Manchmal sind sie auch falsch; es passiert aber nichts, weil gerade niemand da ist, Platz genug vorhanden ist oder wir vielleicht einfach nur Glück haben. Manchmal aber hat eine falsche Entscheidung weitreichende Konsequenzen – auch Konsequenzen, die Dich und anderen Gesundheit oder Leben kosten können. Man sagt manchmal so: „Alles was uns nicht umbringt, macht uns nur härter." Das ist natürlich Quatsch, aber vielleicht könnte man sagen: Jeder Fehler, der uns nicht geschadet hat, sollte uns klüger machen. Das setzt natürlich die Bereitschaft voraus, Deine Fehler als solche zu erkennen und sie zu reflektieren.
Überdenke Deine Handlungen also lieber zweimal, das ist gesünder. Überlege was Du getan, aber auch was Du unterlassen hast und entwickele daraus eine Strategie für zukünftige vergleichbare Situationen. Immer wenn Du am Ende einer Fahrsituation innerlich aufatmest und denkst „noch mal gutgegangen", so hast Du einen Fehler begangen, der auch ganz anders hätte ausgehen können.
Bei der Beurteilung Deiner Handlungen hinsichtlich der Fahrsicherheit soll Dir dieses Buch eine Hilfestellung sein.
Arbeite an Dir, denn Stillstand ist Rückschritt. Wir Menschen sind veränderbar, sogar noch mit zunehmendem Alter. Nutze das für Dich und Deine Sicherheit.

2. Fahre für Dich allein

Hier soll nicht dem Fahren in der Gruppe abgeschworen werden. Gemeint ist, dass Du Dein Tempo frei von äußeren Zwängen (natürlich gemäß der Straßenverkehrsordnung) so wählst, dass Du Dich wohl und auf der sicheren Seite fühlst. Orientiere Dich also nicht am Tempo anderer und lasse Dich nicht unter Druck setzen. Auch und gerade Motorradfahrer unterliegen einem Konkurrenzdenken und überholen lieber selbst, als dass sie sich überholen lassen. Wenn ein anderer Fahrer auf einer bestimmten Straße mit der gleichen oder sogar einer schwächeren Maschine schneller ist, heißt das noch lange nicht, dass Du ihm folgen kannst; auch nicht, wenn Du ein erfahrener Fahrer bist. Es gibt Leute mit einer natürlichen Begabung zum Fahren oder Leute, die ganz gewissenhaft ihre Fahrtechnik analysieren und optimieren, beim Sicherheitstraining, vielleicht auch auf Rennstrecken. Diesen Vorsprung kannst Du auch durch einen starken Wil-

len nicht wettmachen. Es gibt weiterhin auch Leute, die einfach nur „durchgeknallt" sind und bereit, ihrem Schicksal ein Angebot zu machen. Das Gefühl „gesiegt" zu haben, kann Dir manchmal verlockend vorkommen; es währt jedoch nicht lang. Welche Bedeutung magst Du ihm rückblickend beimessen, wenn Du im Speisesaal der Reha-Klinik eine SMS an Deine verzweifelte Familie schreibst?

3. Verhalte Dich partnerschaftlich

Partnerschaftliches Verhalten – ein abgedroschener und langweiliger Begriff? Den anderen Verkehrsteilnehmer nicht als Gegner oder Hindernis, sondern als Partner zu sehen, kann Deinen Fahrstil nachhaltig beeinflussen. Wir sind nicht nur Reisende auf den Straßen, wir sind auch Reisende durch die Zeit und in 100 Jahren sind wir alle nicht mehr da. Beleuchte mal die vielen kleinen Ärgerlichkeiten mit einem Licht, das weiter oben hängt. Das schöne an der Partnerschaft im Straßenverkehr ist, dass ich mal den Fehler eines anderen ausgleiche ohne dass etwas passiert und ein anderer auch mal einen Fehler von mir ausgleicht, ohne gleich ein riesiges Drama daraus zu machen. Gelassen und locker zu bleiben, sich selbst nicht ganz so wichtig zu nehmen, schont nicht nur Deine Nerven und bringt Dir mehr Sicherheit, es macht auch Deinen Fahrstil runder und harmonischer.

4. Mach' Dich mit Deinem Moped vertraut

Wenn es gut läuft, sollten Fahrer und Motorrad eine Einheit bilden. Das Fahrzeug wächst mit Dir zusammen, wird zu einer Art Körperteil von Dir. Wie soll das gehen, wenn Du so eine Art Blackbox unterm Hintern hast? Lerne also Dein Moped kennen, schau es Dir gründlich von allen Seiten und sogar von unten an. Wenn Du kein großer Schrauber bist, so wasche und putze es zumindest selbst. So lässt sich übrigens auch so mancher kleine Schaden oder eine lockere Schraube rechtzeitig entdecken. Schiebe Dein Motorrad, auch wenn es nicht nötig ist und halte es von allen Seiten (Übungen hierzu findest Du im Buch). Es schadet auch nicht, wenn Du Dich mit den Grundzügen der Fahrwerkstechnik vertraut machst. Weiterhin macht es auch als Normalfahrer Sinn, sich über die Reifenwahl Gedanken zu machen. Ganz gewiss aber ist es von Bedeutung, dass Du die fahrphysikalischen Gesetzmäßigkeiten kennst, denen jedes Motorrad folgt. Alles was Du hierzu wissen musst, kannst Du hier im Buch nachlesen.
Letztlich kann es auch nicht schaden, wenn Du Dein Moped ein wenig lieb hast... Viele geben ihrem Motorrad auch Namen; die R1 von meinem Freund z. B. heißt Anneliese. Also komm ihr ruhig ein wenig nahe und wenn Du ihr in der Garage einen kleinen Klaps auf das Hinterteil gibst – es muss ja niemand sehen.

ZUM SICHEREN MOTORRADFAHREN

5. Ziehe Dich richtig an

Unsere Gesellschaft kennt für viele Lebensbereiche bestimmte Kleiderzwänge: Zu Konfirmation, Hochzeit und Beerdigung trägt Mann einen Anzug, beim Abendessen im guten Urlaubshotel ist die lange Hose Pflicht. Die Wahl Deiner Bekleidung beim Motorradfahren unterliegt jedoch keinen gesellschaftlichen und (noch) keinen gesetzlichen Zwängen. Sie sollte aber durch Deine Sicherheit bestimmt werden. Komplette Schutzkleidung ist daher ein Muss auch auf kürzeren Strecken. Du kannst ja nicht wissen, wann eine Situation eintritt, bei der Du Deine Schutzkleidung brauchst. Das wäre je toll, dann könntest Du an diesem Tag zuhause bleiben und nichts würde passieren.

Ist Deine Schutzkleidung komplett und hinsichtlich der Sicherheit noch auf der Höhe der Zeit? Welche Ergänzungen Deiner Schutzkleidung sind sinnvoll? Eine Beratung hierzu findest Du ebenfalls in diesem Buch. Gib in diesem Bereich lieber etwas mehr Geld aus – es macht sich bezahlt, wenn es Deine Gesundheit und Dein Leben schützt.

6. Halte Dich fit

Als ganz normale Motorradfahrer müssen wir hinsichtlich unserer Fitness nichts Besonderes beachten. Daher geht es in diesem Buch auch nicht um die Ernährung und das Workout für Sport- und Rennfahrer. Ein Mindestmaß an körperlicher Fitness ist jedoch sinnvoll, um sicher und weitgehend ermüdungsfrei auf dem Motorrad unterwegs zu sein. Durch die Erhaltung einer guten körperlichen Verfassung können wir maßgeblich dazu beitragen, lange gesund und leistungsfähig zu bleiben. Diese gute Verfassung verbessert beim Fahren auch unsere Reflexe und kann uns helfen, kritische Situationen besser zu bewältigen. Eine leidlich trainierte Muskulatur ist auch geeignet, unser Knochengerüst bei einem Sturz besser zusammen zu halten. Sinnvoll in diesem Sinne sind leichte Ausdauersportarten wie Joggen, Walken, Nordic-Walking und Schwimmen. Pack' es an; wenn dabei auch ein paar überflüssige Kilos schwinden – umso besser. Das kann sogar Geld sparen, denn viele von uns kaufen extra leichte und teure Zubehör- oder Austauschteile. Wenn ich an der Auspuffanlage 2 Kilogramm sparen kann, ist das viel billiger bei meinem Bauch zu machen und auch gesünder ...

7. Passe Dich an und arbeite an Dir

Jeder Tag ist anders. Das Wetter kann sich ändern, Du fährst eine andere Strecke, bist vielleicht sogar auf großer Tour. Du bist auch nicht jeden Tag „gut drauf" und gleich leistungsfähig. Meist eher unbewusst passen wir unsere Fahrweise den unterschiedlichen Bedingungen an. Noch besser ist es jedoch, sich dies klar zu machen. Dieses Buch orientiert sich ganz bewusst nicht an Themenbereichen, denen wir bestimmte Fahrsituationen zuordnen können, sondern umgekehrt an Fahrsituationen, denen alle relevanten Bedingungen und Themen zugeordnet werden.

Was muss ich beachten, wenn ich in der Stadt, auf kurvenreicher Landstraße, auf der Autobahn etc. fahre? Welche Gefahren könnten dort lauern, welche fahrphysikalischen Gesetzmäßigkeiten spielen dabei eine Rolle? Die bewusste Beschäftigung damit, das Gespräch mit anderen Motorradfahrern und natürlich auch die Teilnahme an einem Sicherheitstraining bringen Dich weiter. Aber nicht alles, was andere Dir sagen und auch nicht jeder Ratschlag aus diesem Buch, muss zwangsläufig auch für Dich das Nonplusultra sein.

Wenn Du Deine und die Sicherheit der anderen Verkehrsteilnehmer allen Überlegungen voranstellst, so hast Du schon einmal eine sehr gute Grundvoraussetzung.

Überprüfe ständig was Du tust und auch was Du unterlässt. Auch Deine eigenen Strategien können für Dich selbst schon bald überholt sein.

Von anderen lernen

Foto: Archiv Highlights-Verlag

MOTORRADFAHREN –
IM STAND BETRACHTET

Faszination und Risiko

Kein anderes Fahrzeug vermittelt ein intensiveres Fahrerlebnis, eine solche Direktheit und Unmittelbarkeit, die uns glauben lässt, das Motorrad sei eine symbiotische Erweiterung unseres Körpers selbst. Mühelos und leicht nimmt es unsere Impulse auf und setzt sie in eine von uns gewünschte (Fahr-)Bewegung um.

Motorradfahren macht Dir Freude, es fasziniert Dich – sonst würdest Du es nicht tun. Kaum jemand fährt aus „vernünftigen" Erwägungen Motorrad, schon gar nicht ein leistungsstarkes und somit kostenintensives Modell. Wenn es Dir nur darum ginge, im Verkehrsgewühl der Stadt schnell und ohne Parkplatzsuche zur Arbeit zu kommen, so könntest Du auch einen kleinen Motorroller fahren.

Ist Dein Fahrmotiv also auf Faszination zurückzuführen, so ist das völlig in Ordnung und sogar sehr schön, denn das Leben ist kurz und kann schon genügend weniger schöne Seiten haben. Du solltest Dir Deiner Motive allerdings auch bewusst sein. Immer dann, wenn Du etwas tust, was Dich fesselt und fasziniert, in dem Du förmlich „versinken" könntest und Flow erlebst, besteht Gefahr, dass Deine rationalen Erwägungen zu kurz kommen. Dann gehst Du unbewusst, vielleicht manchmal sogar bewusst ein höheres Risiko ein.

Foto: Archiv Highlights-Verlag

Faszination Motorrad

INFOBOX:
Fahrmotive

Wenn wir zehn Menschen die Frage stellen würden, warum sie Motorrad fahren, werden wir möglicherweise zehn verschiedene Antworten erhalten. Die einzelnen Beweggründe und Fahrmotive sind so unterschiedlich wie die Emotionen, die mit dem Fahren verbunden sein können.

Ein Kraftfahrzeug ist natürlich zunächst einmal schlicht ein Fortbewegungsmittel, das uns vom einen Ort zum anderen transportieren soll. In der Nachkriegszeit, als das Motorrad noch als „Arme-Leute-Fahrzeug" galt, stand diese Funktion im Vordergrund, war aber zumindest sekundär auch „spaßbehaftet".
Früher also wurde das Motorrad als Transportmittel gekauft und auch zum Spaß gefahren. Heute wird es als Hobbygerät gekauft, aber auch als Transportmittel benutzt. [1]
Motorradfahren heutzutage ist also vorwiegend lustbetont. Viele Fachleute haben sich im Rahmen von sogenannter Motivationsforschung mit der Frage beschäftigt, was die Lust am Motorradfahren ausmacht und welche Bedürfnisse damit befriedigt werden sollen. Einer eindeutigen Antwort steht jedoch die Komplexität und Vielschichtigkeit des Phänomens Motorrad gegenüber. Es gibt nicht den Motorradfahrer, die Faszination und schon gar nicht das Fahrmotiv. [2]
Diese Unterschiede spiegeln sich in den am Markt befindlichen Motorradmodellen wieder und in dem hierbei zunehmenden Trend zur Spezialisierung bei den Motorradtypen und Motorradmodellen.
So mag ein straßenzugelassener Supersportler neben der Freude an Geschwindigkeit und Beschleunigung auch die Lust an der (oftmals trügerischen) Beherrschung von Grenzbereichen vermitteln und den Wunsch befriedigen, sich selbst zu fordern. Vielleicht spielt hier auch ein Phänomen mit, das man als „thrill-seeking" bezeichnet. Wenn die Polizei einzelne Motorradfahrer als ganz besonders risikoreich für sich und andere einstuft (sie nennt sie „Hochrisiko-Fahrer"), so sind das ganz oft Fahrer von Sportmodellen. Das bedeutet aber nicht, dass Fahrer von Sportmotorrädern generell Schnellfahrer sind, das bedeutet nur, dass Schnellfahrer sich häufig für Sportmotorräder entscheiden.
Andere Erlebnisformen wie Reiselust und das Stillen von Fernweh sucht der Tourenfahrer. Sicherlich mehr als der Sportfahrer genießt er die Landschaft und die Unmittelbarkeit des Naturerlebnisses beim Fahren.
Auf der Wunschliste der Chopperfahrer stehen eher Begriffe wie Freiheit, Ungezwungenheit und das Abschütteln gesellschaftlicher Zwänge. Der Endurofahrer hingegen möchte sein Motorrad auch in schwierigen Situationen abseits der Straße beherrschen und Hindernisse überwinden. Für Oldtimer-Fans steht vielfach der Besitzerstolz und die Freude am Restaurieren im Vordergrund – das eigentliche Fahrerlebnis hat demgegenüber eine eher geringere oder gar keine Bedeutung.
Diese sehr unterschiedlichen Erlebnisformen und Motivationslagen sind jedoch keinesfalls zwingend und trennscharf. [3]
So kann der Sportfahrer durchaus die Landschaft genießen und auch Tourenfahrer und Chopperfahrer können zum Schnellfahren neigen.
Zu diesen vielfältigen Motiven und Beweggründen zählen auch Aspekte wie das Streben nach sozialer Anerkennung,

Image und Prestige. Man kennt dieses Phänomen aus der Autowelt, in der es für viele durchaus entscheidend ist, wie ihr Auftritt mit Limousine oder Sportwagen ausfällt. Das liegt bei Motorradfahrern sicherlich etwas anders, ist aber auch hier nicht zu verleugnen.
Alle diese Motive haben im Grunde mit dem reinen Transportmotiv nichts zu tun. Nüchtern betrachtet bedeutet Fahren, dass wir ein Motiv haben, uns und evtl. unsere Sachen von A nach B zu transportieren. Genau dafür sind das Rad und später alle weiteren Gefährte entwickelt worden – und nicht etwa, weil es so viel Spaß macht. Alle diese Motive kommen also auf das eigentliche Transportmotiv extra oben drauf und werden von den Verkehrspsychologen somit als Extra-Motive bezeichnet. Diese Extra-Motive haben jedoch einen sehr großen Einfluss auf unser Verhalten im Straßenverkehr und überlagern das eigentliche Fahrmotiv oftmals deutlich. Es ist daher wichtig, sich dieser Motive bewusst zu werden und sie ggf. kritisch zu überdenken.

Das Motorradfahren hat sich in den letzten Jahrzehnten stark gewandelt. Besonders in der Zeit des Motorradbooms ab Beginn der 1970er Jahre konnte man mit dem Motorrad noch mehr als heute seine Individualität demonstrieren, man fiel auf und war „in". Für manchen war gerade das der eigentliche Beweggrund, zum Motorradfahrer zu werden. Mit steigender Anzahl der Motorräder ging diese Exklusivität jedoch nach und nach verloren.
Die Phase nach dem Motorradboom ist gekennzeichnet durch eine gewisse Entideologisierung und Entmystifizierung. Das Motorrad ist nun ein Freizeitprodukt, das man kaufen und zu seiner Lustbefriedigung nutzen kann, ohne gleich das Gefühl zu haben, einer verschworenen Gemeinschaft beizutreten. [4]
Damit ist allerdings auch viel vom Gemeinschaftsgefühl und der Solidarität der Motorradfahrer verloren gegangen. Heute ist es nicht mehr so selbstverständlich, dass Motorradfahrer anhalten, wenn ein anderer eine Panne hat (Stichwort „Gelber Schal"). Im Wesentlichen gehalten hat sich der Gruß unter Motorradfahrern, das jedoch bei sich begegnenden Motorradfahrern viel häufiger erwidert wird als bei sich in gleicher Fahrtrichtung befindlichen Fahrern, wohl weil hier ein zumindest unterschwelliges Konkurrenzdenken das Gemeinschaftsgefühl überlagert.
Unabhängig von der Art der Fahrmotivation hat das Interesse am Motorrad vor allem bei der jüngeren Generation nachgelassen. Der „eingefleischte" Motorradfahrer, für den das Motorrad ein wesentlicher Lebensinhalt ist und der auch bereit ist, dafür vielleicht auf andere Dinge zu verzichten – er ist zunehmend seltener anzutreffen.
Das Durchschnittsalter der Motorradfahrer ist deutlich gestiegen. Während es früher sehr viele junge Motorradfahrer gab, lag laut Institut für Zweiradsicherheit das Durchschnittsalter aller Halter von Motorrädern und Leichtkrafträdern im Januar 2009 bei 45,6 Jahren. Viele Motorradfahrer sind heutzutage sogenannte Spät- und Wiedereinsteiger, die sich in reiferem Alter und bei guter Liquidität einen Jugendtraum erfüllen wollen oder wieder mit dem Fahren beginnen, wenn die Kinder groß sind. Der ältere Mensch ist

heute oftmals erheblich aktiver als dies früher der Fall war und dieser Trend hat natürlich auch Einfluss auf das Motorradfahren. So kann man durchaus in der Zeitung lesen, dass z. B. ein 75-jähriger Motorradfahrer schwer oder tödlich ver-

unglückt ist. Das Durchschnittsalter der im Straßenverkehr getöteten Fahrer und Beifahrer von Motorrädern lag laut Institut für Zweiradsicherheit in 2008 bei 36,4 Jahren.

Subjektive und objektive Sicherheit

Du bist ein sportlicher Motorradfahrer und fährst wahrscheinlich ein entsprechend sportliches Modell. Du beschäftigst Dich intensiv mit Deinem Hobby, fährst viel und schnell und feilst an Deinem Fahrkönnen, hast vielleicht an einem Renntraining teilgenommen. Schon viele kritische Situationen hast Du erlebt und gemeistert und Du hast gemerkt: Es geht meist noch ein wenig mehr als geglaubt. Das Fahren geht Dir leicht von der Hand, das Motorrad hat ordentlich Leistung, liegt satt auf der Straße, alles „schmatzt" nur so. Du erlebst Flow ohne es bewusst zu merken, fühlst Dich insgeheim vielleicht anderen überlegen, besonders beim Überholen. Du hast es unter Kontrolle, bist der „Checker". Doch glaube mir: Du lebst gefährlich.

Oder Du bist der eher gemütliche Cruiser, fährst wahrscheinlich einen Tourer oder Chopper und liebst das sanfte Dahingleiten und das Erlebnis in der Natur. Das Fahren macht Dir viel Freude, Du bist jedoch nicht bestrebt, bewusst an Deinem Fahrkönnen zu arbeiten und zu feilen. Da Du eher langsam und sehr defensiv fährst, fühlst Du Dich den Rasern überlegen und wähnst Dich sicher. In Umkehrung eines alten Sprichworts glaubst Du: Wenn ich mich nicht in Gefahr begebe, komme ich auch nicht darin um. Vergiss es.

Das sind natürlich zwei Extreme, die jedoch nicht selten vorkommen und sogar noch getoppt werden können. Die meis-

ten von uns lassen sich jedoch irgendwo dazwischen einordnen.

Wirklich sicher unterwegs – soweit das überhaupt geht – sind wir aber nur, wenn unsere Selbsteinschätzung möglichst deckungsgleich mit den tatsächlichen Gegebenheiten und unserem Fahrkönnen ist. Das geringste Gefährdungspotenzial hat – um bei unserem Beispiel zu bleiben – der Fahrer, der es drauf hat wie Valentino Rossi oder eine andere GP-Größe, jedoch fährt wie Onkel Otto mit seinem betagten Chopper. Denn auch der langsamste und defensivste Fahrer kann durch eine unvorhergesehene und auch unverschuldete Verkehrssituation in eine Lage kommen, in der Vermeidung nicht mehr hilft, sondern nur noch Bewältigung. Hat er keine Notmanöver drauf, so ist er nicht viel besser dran als der Sportfahrer, der zügiger fährt, aber alle Tricks kennt. Dabei fällt mir eine noch schlimmere Version ein: Der Sportfahrer, der immer schnell fährt, aber keine Tricks drauf hat... aber wir wollen nicht so schwarz sehen.

Damit sind wir bei einem wichtigen Thema, über das schon viele kluge Köpfe geredet und geschrieben haben: Der Diskrepanz zwischen subjektiver und objektiver Sicherheit, bei der Notwendigkeit einer realistischen Selbsteinschätzung (auch unserer **Schräglage**) und unserer Risikobereitschaft.

Die Bereitschaft Risiken einzugehen, hat uns Menschen evolutionäre Vorteile gebracht, denn ohne die Risikobereitschaft unserer Vorfahren und ohne Streben nach Neuem und dem jeweils hinter der erreichten Grenze Liegenden würden wir heute noch mit der Keule durch den Wald rennen. Diese „genetische Prägung" hat aber in der heutigen Zeit zumeist ihre Vorteile verloren und ist im modernen Straßenverkehr nicht mehr hilfreich, sondern oftmals sogar gefährlich.

Nüchtern betrachtet: Welches Risiko akzeptieren wir?

Foto: Thomson

Jeder von uns hat eine bestimmte Einstellung zum **Risiko**. Welche Risiken bist Du bereit einzugehen und welche erscheinen Dir unannehmbar? Die Ausprägung dieser Risikobereitschaft beschränkt sich nicht nur auf unser Verhalten im Straßenverkehr, sondern „zieht" sich in der Regel durch alle Lebensbereiche. Wer mit dem Motorrad wie ein Kamikaze fährt, wird bei einer Reparatur im Haushalt wohl kaum alle denkbaren Sicherheitsmaßnahmen treffen. Umgekehrt wird jemand, der im Umgang mit anderen Menschen leicht aufbrausend ist, sich ähnlich in einer kritischen Verkehrssituation verhalten.

Die unterschiedliche Risikobereitschaft unter veränderten Bedingungen beruht auf
- der jeweiligen Verkehrssituation
- den persönlichen (Fahr-) Erfahrungen und
- der Persönlichkeitsstruktur.

Diese Komponenten bestimmen bereits die Wahrnehmung der Situation selbst und diese wiederum die weitere Bewertung und Verarbeitung sowie die Risikoakzeptanz. Deine individuelle Risikobereitschaft hat somit einen entscheidenden Einfluss auf die Wahrscheinlichkeit, in eine kritische Verkehrssituation zu geraten. Sie bestimmt nicht nur Dein Handeln in der Situation, sondern zuvor bereits deren Bewertung hinsichtlich ihrer möglichen Gefährlichkeit. Dies ist ein ganz entscheidender Aspekt, denn wenn Du eine Situation als unkritisch betrachtest, kannst Du von ihr leichter überrascht werden und Dein Handeln kommt weniger zielgerichtet und möglicherweise zu spät.

Forschungen aus der Verkehrspsychologie belegen, dass wir unterbewusst stets bemüht sind, das subjektiv wahrgenommene Risiko mit unserer eigenen subjektiven Fahrkompetenz in Einklang zu bringen („Peak-Adventure-Erlebnis") sowie mit unserem allgemeinen Risikoniveau. Verkehrssicherheitsmaßnahmen und Verbesserungen an der Fahrzeugtechnik, die uns als objektive Sicherheitsvorteile erscheinen, werden daher oftmals durch ein verändertes Fahrverhalten zumindest teilweise wieder zunichte gemacht (Risikokompensation). Was wir auf der einen Seite gewonnen haben, verspielen wir also eventuell auf der anderen.

Unser Verhalten in einer konkreten Situation wird natürlich wesentlich von unserem Fahrvermögen bestimmt und von der Einschätzung dieser Situation. Wie fühlen wir uns in dieser Situation und wie viel trauen wir uns und unserem Fahrzeug noch zu?
Diese Einschätzung wird bestimmt durch unsere Persönlichkeit, durch unsere Einstellung zum Straßenverkehr und zum Motorrad sowie durch die im Fahrerleben bisher gesammelten Erfahrungen – und ist somit subjektiv.
Obwohl diese subjektive Sicherheit nicht messbar ist, spielt sie eine große Rolle für unsere Fahrmanöver und Entscheidungen.

Stelle Dir vor, Du fährst auf einer gut ausgebauten kurvenreichen Landstraße auf Deinem modernen und leistungsstarken Motorrad. Das Motorrad gleitet kraftvoll und geschmeidig dahin, Du fühlst Dich gut und in dem beruhigenden Wissen, dass Du alles an Fahrwerk und Technik unter Dir hast, was heutzutage gut und teuer ist. Ertappst Du Dich nicht gelegentlich dabei, dass Du schneller als angemessen fährst, Dich sicherer fühlst als Du es bei genauerem Nachdenken eigentlich bist?

Foto: SUZUKI

Fühlt sich gut an

Auch die Straßenbauer haben in den letzten Jahren umdenken müssen. Während früher alles großzügiger und breiter ausgebaut wurde, was viele Bereiche nicht in erster Linie sicherer, sondern nur schneller machte, geht man heute oft den umgekehrten Weg. Man spricht vom Rückbau der Straßen; es werden Bäume gepflanzt, Parkbuchten und Verengungen eingebaut und alles dafür getan, dass wir uns eben nicht sicherer auf dieser Straße fühlen.

Wenn kurvenreiche Straßen begradigt, Fahrbahnen verbreitert werden, statt des rutschigen Kopfsteinpflasters ein neuer und griffiger Fahrbahnbelag aufgebracht wird, so ist das objektiv ein ganz eindeutiger Sicherheitsgewinn.

Solche Verbesserungsmöglichkeiten und Fortschritte gibt es auch beim Fahrzeug, und die Technik hat in den letzten zwei Jahrzehnten wahre Entwicklungssprünge gemacht. Dies gilt ganz besonders für die heutigen Reifen und natürlich auch für sicherheitsrelevante Bestandteile und Bauteile am Motorrad wie Fahrwerk, Bremsen und hier neue Entwicklungen wie ABS. War in den 70ern engagiertes Motorradfahren kaum ohne die üblichen Umbauten auf Koni-Dämpfer und andere Zutaten möglich, so bietet uns heute ein modernes Motorrad viel – es kann zumeist viel mehr, als wir selbst als Fahrer zu leisten in der Lage sind.

Wir dürfen uns glücklich schätzen, dass wir mit einem guten Motorrad nach heutigem Stand der Technologie fahren dürfen, sollten aber stets darauf achten, dass wir uns nicht überschätzen.

Es ist gut, über objektive Sicherheit zu verfügen, aber wir müssen uns deren Einfluss auf unser Fahrverhalten immer vor Augen halten und uns ständig daran erinnern, dass wir die gewonnene Sicherheit nicht wieder verspielen. [5]

Motorradfahren ist wunderbar, es ist – wie man so sagt – „eine der schönsten Nebensachen der Welt"; doch es gibt noch andere schöne Sachen im Leben. Um auch die und natürlich das Motorradfahren noch lange genießen zu können, mach' lieber etwas ruhiger. Gas ist rechts, Bremse aber auch.

Fahrspaß und Risiko

INFOBOX:

Wahrnehmung und Aufnahmekapazität

Unsere Informationsverarbeitung, die für das rechtzeitige Erkennen, Vermeiden oder Bewältigen kritischer Verkehrssituationen ausschlaggebend ist, geschieht im sogenannten Arbeitsspeicher des Gehirns. In diesem sammeln sich Informationen, die aus der Verkehrsumwelt auf uns einströmen und solche, die wir aus dem Gedächtnis abrufen. Dabei ist unsere Wahrnehmung und Informationsverarbeitung im Verlauf des Lebens ständigen Veränderungen unterworfen. Dies gilt für tägliche Belastungen und Schwankungen der „Tagesform" ebenso wie für Veränderungen durch das Altern.

Bei näherer Betrachtung unseres „Arbeitsspeichers" unterscheiden wir: [6]

Einströmende Information

Zu den einströmenden Informationen zählt alles, was uns an Ereignissen und Objekten aktuell aus der Verkehrsumwelt erreicht. Im gesunden und ausgeruhten Zustand können wir etwa 4-6 Eindrücke pro Sekunde aufnehmen. Dies können Fahrzeuge, Verkehrsschilder, Passanten, Verkehrsdurchsagen und vieles mehr sein. Die Informationsaufnahme wird mit zunehmendem Alter allmählich weniger.

Stress, Ermüdung oder andere Belastungen des Verkehrsalltags wirken sich jedoch ungünstig auf unsere Informationsaufnahme aus, so dass 2 Objekte pro Sekunde oder noch weniger keine Seltenheit sind. Natürlich sind ältere Menschen von diesen Einbußen stärker betroffen. Ein deutlicher Rückgang erfolgt etwa ab dem 70. Lebensjahr. Ältere Menschen haben eine eingeschränkte Belastungsfähigkeit, ermüden schneller und können Sonderbelastungen, wie z. B. Stress, Dunkelheit und lange Fahrten nicht mehr so gut kompensieren. Dabei kann es zu einem Informationsnachlauf kommen, das bedeutet Situationen und Objekte werden zu spät in Fahrmanöver eingebaut.

Wiedererinnerung gespeicherter Information

Die gespeicherte Information ist uns nur dann von Nutzen, wenn sie dem Arbeitsspeicher auch tatsächlich zur Verfügung steht. Jeder von uns hat auf der Autobahn schon einmal in Gedanken oder während eines Gesprächs beim Autofahren eine Baustelle durchfahren und vergessen, welches Tempolimit gerade gilt, bzw. sich gefragt, ob es bereits wieder aufgehoben wurde. In einer kritischen Situation ist es jedoch entscheidend, dass unser Arbeitsspeicher unverzüglich mit vorher gespeicherter Information oder mit Information aus dem Erfahrungsschatz gefüllt wird. Auch diese Fähigkeit lässt etwa ab dem 70. Lebensjahr nach. Unter besonderen Belastungen kann sich auch bereits in jüngeren Jahren die Geschwindigkeit der Erinnerung stark verlangsamen und Bewältigungsstrategien können nicht mehr abgerufen werden.

Gegenwartsdauer

Für die angemessene Beurteilung einer Verkehrssituation müssen die einzelnen Objekte und Informationen unserem Arbeitsspeicher eine gewisse Zeit zur Verfügung stehen. Nur wenn wir uns ein Bild von der Situation machen und sie uns richtig vorstellen können, sind wir auch zu einer angemessenen Reaktion in der Lage. Leider nimmt auch diese Fähigkeit etwa ab dem 70. Lebensjahr ab.

Die Gegenwartsdauer ist z. B. auch für die Verarbeitung von Verkehrsdurchsagen von Bedeutung. Wenn die Informationen die aktuelle Gegenwartsdauer überschreiten, können wir sie nicht vollständig erfassen und verstehen und sie kommen nur in Bruchstücken an.

Informationshaushalt

Der Informationshaushalt ist nun die Gesamtheit der Informationen, die wir in unserem Arbeitsspeicher organisieren und in Fahrmanöver umsetzen können. Seine Kapazität liegt in der Regel bei etwa 15 Sachverhalten. Der Informationshaushalt in seiner Gesamtheit wird durch aktuell einströmende und wiedererinnerte Information sowie durch die Gegenwartsdauer bestimmt. Er ist eine pulsierende Größe, deren Inhalt und Volumen sich ständig verändern.

Der Informationshaushalt schrumpft, wenn durch ein schlechtes Fahrerhandling zu viel Aufmerksamkeit zur Lenkung des Fahrzeugs verbraucht wird, was auf Kosten der einströmenden Information geht.

Weiterhin wirken sich Unwohlsein, Krankheit, Stress und Sorgen kapazitätsreduzierend aus. Hiervon sind zunächst alle Altersgruppen betroffen. Während jüngere Kraftfahrer akute Fitnesseinbrüche allerdings recht gut kompensieren können, fällt älteren Menschen dies zunehmend schwerer. [7]

Selbst wenn unser Informationshaushalt bestens funktioniert, wir geistig absolut fit und aufmerksam sind, kommt es immer noch sehr darauf an, auf welche Art und mit welcher Gewichtung wir die einzelnen Informationen bewerten und verarbeiten. Fahrbahnverlauf und -zustand, Straßenrandmerkmale, sich bewegende oder statische Objekte (die manchmal auch nichts mit dem Straßenverkehr zu tun haben) fesseln unseren Blick und blockieren einen Teil unserer Aufmerksamkeit.

Wie lange eigentlich bleibt unser Blick auf Straßenmerkmalen und Objekten haften? Nach welchen Kriterien sortieren wir Wichtiges und Unwichtiges?

Worauf würde der Fahrer in einer realen Situation wie bei dem hier gezeigten Bild achten? Sicherlich auf die vor ihm fahrenden Fahrzeuge und wahrscheinlich auch auf die Rückfahrleuchten des Pkw rechts in der Parkbucht. Würde er

auch das Kind wahrnehmen, das rechts zwischen den parkenden Fahrzeugen steht? Würde er die Frau links hinter dem entgegenkommenden Pkw auf dem Fußweg sehen? Und wenn, würde er einen Zusammenhang zwischen den beiden herstellen (möglicherweise Mutter und Kind) und Überlegungen zum weiteren Ablauf anstellen? Was ist hier also wichtig und werden überhaupt alle Informationen erfasst? Schließlich befindet sich der Fahrer in Bewegung und ist auch mit eigenen Handlungen zur Bedienung des Fahrzeugs befasst, die auch einen Teil seiner Aufmerksamkeit in Anspruch nehmen.

Gehen wir in einem Gedankenspiel davon aus, dass wir für 10,– Euro **Aufmerksamkeit** zur Verfügung haben. Es kann entscheidend sein, wie wir dieses Budget verteilen. Was ist wirklich wichtig und bis wann haben wir die Entscheidung darüber getroffen? Wie viel Geld „verplempern" wir unnötig?

Wichtig ist sicherlich zunächst alles, was uns gefährlich werden kann. Unsere Aufmerksamkeit wird sich nach dem Grad der Gefährdung und nach unserer Entfernung zum Gefahrenpunkt – abhängig von der Geschwindigkeit – richten. Die Abbildung soll dies beispielhaft verdeutlichen. Dabei ist jedoch entscheidend, dass die „Preise" immer nur der jeweiligen Momentaufnahme entsprechen, d.h. alle Umgebungsdetails mit jeder Annäherung und Entfernung einen anderen Stellenwert bekommen. Weiterhin brauchen wir nicht nur Kapazitäten für die Beobachtung der Verkehrsteilnehmer, sondern auch welche für die Beobachtung der Wetter- und Straßenverhältnisse und Bedienung unseres Fahrzeugs.

Wir können Aufmerksamkeit einsparen, wenn wir unseren Blick rechtzeitig wieder von Streckenpunkten und Objekten lösen, die hinsichtlich ihrer Bedeutung bereits eingestuft und in unserem Fahrkonzept berücksichtigt oder als vernachlässigbar beurteilt worden sind.

Diese Abschätzung ist natürlich ein äußerst komplexer Vorgang und wird einen Fahranfänger wiederum viel „kosten". Erfahrene Fahrer können aus einem Fundus vergleichbarer Erlebnisse schöpfen und haben einen gewissen Riecher entwickelt. So können sie schneller Unwesentliches selektieren und die freigesetzte Aufmerksamkeit gezielt für das Wesentliche verwenden. Allerdings können auch erfahrenen Fahrern dabei Fehler unterlaufen.

Foto/Grafik: Thomson

Informationshaushalt

Mentales Training

Das Lexikon beschreibt mentales Training als ein wiederholtes Sich-Vorstellen eines Handlungsablaufs, ohne die Handlung aktiv auszuführen.

Ursprünglich aus der Sportpsychologie stammend und auch vorwiegend dort angewendet, gibt es aber auch vielfältige Anwendungsmöglichkeiten in anderen psychologischen Methoden.

Mentales Training als abgehobenen „Psycho-Kram" abzutun, wäre ein Fehler, denn es eröffnet Dir eine gute Möglichkeit, Dein Fahrkönnen zu optimieren.

Die erste Voraussetzung für mentales Training ist, dass Du bereit bist, Dich mit dem Fahren gedanklich auseinanderzusetzen und jede Deiner Handlungen ernst zu nehmen. Hierzu gehört, stets aufmerksam zu sein und diese Aufmerksamkeit auch richtig einzuteilen.

Ein sehr anschauliches Beispiel für richtig eingeteilte Aufmerksamkeit liefert Keith Code mit seinem 10,– Euro-Budget: [8]
Als Du angefangen hast zu fahren, musstest Du wahrscheinlich zehn Euro an Aufmerksamkeit darauf verwenden, beim Anfahren nicht den Motor abzuwürgen. Jetzt kostet Dich das wahrscheinlich nur noch fünf oder zehn Cent an Aufmerksamkeit. Auch gewöhnliche Vorgänge wie Kuppeln oder Schalten werden nicht „automatisch" ausgeführt, sie kosten mittlerweile nur weniger Aufmerksamkeit.
Je mehr solcher Vorgänge Du auf den Wert von Cents reduzieren kannst, desto mehr bleiben von Deinen zehn Euro für die wichtigen Vorgänge beim Fahren.
Wenn Du schnell fährst, musst Du eine Vielzahl von Entscheidungen treffen. Das, was Du nicht verstehst, wird den größten Teil Deiner Aufmerksamkeit in Anspruch nehmen. Oft fürchtest Du eine Situation, bei der Du nicht weißt, was dabei herauskommt, und die daraus resultierende Panik kann Dich 9,99 Euro kosten oder Du überziehst sogar Dein Konto, was zu einer konkreten Unfallgefahr führt.
Wenn Du Dir jedoch vorher genau überlegt hast, was in einer solchen Situation zu tun wäre, kostet Dich das viel weniger und Dir bleibt genug Aufmerksamkeit, um aus verschiedenen Möglichkeiten die richtige Wahl zu treffen.

Das mentale Training kann dazu beitragen, diese Wahl von Handlungsmöglichkeiten zu erleichtern, indem Du diese in Deinen Gedanken durchlebst.

Um einen Handlungs- oder Bewegungsablauf zu optimieren, musst Du ihn aber auch häufiger ausführen, also trainieren. Einer der Vorteile des mentalen Trainings ist, dass Du dies durch den Einsatz der eigenen Vorstellungskraft erreichen kannst, ohne die Handlung selbst auszuführen.
Erforderlich dafür ist eine intensive Vergegenwärtigung der Handlungs- und Bewegungsdetails und deren zeitlicher Abfolge.
Du kannst natürlich nicht mental für etwas trainieren, was Du nicht kennst oder objektiv gar nicht durchführen könntest. Eine Eigenerfahrung mit der zu trainierenden Handlung ist somit Grundvoraussetzung.

Beobachte daher Deine Handlungen und Bewegungen genau, um sie in Einzelhandlungen und Einzelbewegungen „zerlegen" zu können.

Wenn Du etwas für die Zukunft verbessern willst, musst Du genau wissen, wie Du es derzeit tust. Vor der Perfektionierung durch mentales Training steht also zunächst die eigene Beobachtung des Fahrers und der tatsächlichen Abläufe. Diese Selbstbeobachtung soll einer positiven Einstellung zum eigenen Tun entspringen. Hierzu Keith Code: „Wenn Du Deine Fahrweise ändern willst, gibt es nur einen Weg, nämlich indem Du änderst, was Du gemacht hast. Darum musst Du genau wissen, was Du gemacht hast, und nicht, was Du nicht gemacht hast ... Denk an Deine Fahrweise negativ, dann hast Du nichts zu ändern. Betrachte es so, wie es gewesen ist und Du hast etwas zu ändern. Negatives Denken ist unglaublich unproduktiv. Etwas zu ändern, was Du nicht gemacht hast, ist unmöglich." [9]
Konzentriere Dich also auf das, was Du tun willst, und nicht auf das, was Du nicht tun willst.
Zum mentalen Training ist es weiterhin erforderlich, unabgelenkt und entspannt zu sein.

Auch unter günstigen Voraussetzungen wird das mentale Training jedoch nicht immer gleich gelingen. Du kannst unkonzentriert sein, Abläufe überspringen oder an ihnen „hängenbleiben", indem Du sie fortwährend im Geiste wiederholst. Lasse Dich dadurch nicht entmutigen. Aus den Fehlern beim Fahren und aus den Fehlern beim mentalen Training des Fahrens kannst Du nur lernen. Fehler sind somit Bestandteil des Lernprozesses und stellen für Dich eine wichtige Rückmeldung dar. Ohne Fehler kannst Du auch nichts lernen. So sorglos wie z. B. beim Tennisspielen darfst Du jedoch nicht damit umgehen, denn so mancher Fehler beim Motorradfahren kann Dir die Chance nehmen, jemals wieder etwas zu lernen.

Im Zusammenhang mit mentalem Training wird häufig vom **Visualisieren** gesprochen.
Visualisieren in diesem Sinne ist das Denken in Bildern, also das Nachvollziehen eines Handlungsablaufs in der eigenen Vorstellung.
„Es ist die Re-Kreation, die Wiedererschaffung eines vergangenen Erlebnisses durch geistige Vorstellungsbilder. So wie der Begriff hier angewendet wird, bedeutet es, dass wir auch die Gefühle, Sinneswahrnehmungen und Emotionen wiedererschaffen, welche diese Bilder begleiten. Visualisierung stellt demnach die geistige Rekonstruktion einer Erfahrung, eines Erlebnisses dar." [10]
Da wir ohnehin viel in Bildern denken, ist das Visualisieren uns nicht fremd, und es ist durch entsprechendes Training zu vervollkommnen.

Es gibt zwei unterschiedliche Arten des Sich-Vorstellens eines erlebten Handlungsablaufes:

Mentales Training

Die subjektive Visualisierung, in der Du in Deiner Vorstellung der Darsteller wirst. Du führst dabei die Handlungen und Bewegungen in Deiner Vorstellung aus und „fühlst" geistig das Resultat.
Bei der objektiven Visualisierung wirst Du zum Beobachter und siehst Dich selbst, als würdest Du einen Film von Dir betrachten.

Für das mentale Training durch Visualisierung brauchst Du viel Ruhe und auch Geduld, denn mit der Komplexität der Vorstellung wachsen die Schwierigkeiten. Da es sich jedoch um keine Geheimkunst, sondern um eine lernbare Fähigkeit handelt, wirst Du schnell Fortschritte machen.

Folgende Anwendungsmöglichkeiten des mentalen Trainings sind denkbar:

Mentales Training von Fahrtechniken, komplexen Handlungsabläufen und Notsituationen

Beispiel: Ausweichen vor einem Hindernis oder z. B. einem Ölfleck
- Bremsen (volle Aufmerksamkeit für die optimale Betätigung der Vorderradbremse)
- Bremse lösen

- Ausweichbewegung einleiten (**Blickverhalten:** nicht auf das Hindernis, sondern auf die Ausweichlinie sehen; entgegengesetztes Lenken)
- Am Hindernis vorbeifahren (mit gezogener Kupplung)
- Zurücklenken auf die ursprüngliche oder eine andere unkritische Fahrlinie (wieder einkuppeln oder weiter bremsen).

Besonders komplexe Handlungsabläufe kannst Du Dir auch von einem guten und erfahrenen Fahrer oder Trainer erklären lassen und die hieraus gewonnenen Erkenntnisse nach kritischer Überprüfung für Dein mentales Training verwenden. Instruktionen durch Dritte können jedoch nur dann für das mentale Training verwendet werden, wenn Du sie in eine Selbstinstruktion überführst. Erst wenn Du die Instruktion nicht nur wiedergeben kannst, sondern sie in Deine eigene Vorstellungswelt „übersetzt" hast, wird aus „am besten macht man es so" ein „so mache ich das". [11]
Auch im Motorsport wird mentales Training angewendet. Der Fahrer lässt die Rennstrecke mit all ihren Kurven und Details vor seinem inneren Auge ablaufen und kann somit seine Streckenkenntnis trainieren, ohne selbst zu fahren. Das setzt natürlich – zumindest auf längeren und anspruchsvollen Strecken wie der Nürburgring-Nordschleife – eine bereits bestehende profunde Streckenkenntnis voraus.

Foto: Kehe

Instruktion

Als ich noch sehr viel regelmäßiger auf der Nordschleife gefahren bin, konnte ich die Strecke innerlich abfahren. Die absoluten Cracks können das (vielleicht sogar auf der 20,8 km langen Nordschleife) zeitlich annähernd synchron, d.h. die mental gefahrene Runde ist genau so lang wie die tatsächlich vom Fahrer erreichte Rundenzeit. Nun, da ich leider nur noch selten zum Fahren auf der Nordschleife komme, kann ich zwar alle Streckenabschnitte aufsagen und sehe die wichtigsten Kurven klar vor mir, aber zwischendurch hakelt es doch ziemlich und von einem inneren Abfahren z. B. aller kleinen Windungen das „Kesselchen" hinauf kann überhaupt keine Rede sein.

Immerhin ist mentales Training in diesem Sinne auch geeignet, die noch vorhandene Streckenkenntnis zu bewahren.

Die im Sinne der Fahrsicherheit allerbeste Anwendungsmöglichkeit ist das mentale Training von akuten Fahrsituationen, die Du gar nicht trainieren kannst, weil es zu gefährlich wäre. Du kannst jederzeit in eine Situation kommen, die Dir keine Bedenkzeit erlaubt. Was tust Du, wenn Dir ein Autofahrer die Vorfahrt nimmt? Was tust Du, wenn der Kastenwagen vor Dir seine Ladung verliert? Was tust Du wenn auf der Nordschleife dem Tuning-Auto vor Dir der Motor geplatzt ist und sein Öl auf die Fahrbahn sprüht? Welche Handlung führst Du aus, welchen Fluchtweg suchst Du?

Es gibt unzählige mögliche Situationen, die nur schwer zu bewältigen wären. Du kannst jedoch Deine Chancen verbessern, indem Du einige Situationen und Deine Handlungsmöglichkeiten im Kopf durchspielst, eben mental trainierst. Das Durchdenken solcher Szenarien kann Dir auch helfen, im Falle eines Falles weniger zu erschrecken und somit handlungsfähiger zu sein.

Nach Prof. Spiegel ist Schreck ein „unlustbetonter Affekt, der als Reaktion auf ein plötzlich und überraschend auftretendes Ereignis auftritt, das als bedrohlich erlebt wird". [12] Wenn es uns gelingt, aus diesen drei zusammentreffenden Bedingungen (plötzlich – überraschend – bedrohlich) eine oder zwei herauszubrechen, erhöhen wir die Wahrscheinlichkeit, die Situation zu bestehen.

Auf das Plötzliche haben wir keinen Einfluss, wohl aber auf die Überraschung. Ein plötzliches schreckauslösendes Ereignis ist nicht mehr so überraschend, wenn Du auf dessen Eintritt prinzipiell vorbereitet bist. Es kommt dann zwar immer noch plötzlich, aber nicht mehr so unerwartet. [13]

Das gedankliche Durchspielen kann Dich also besser auf die reale Situation vorbereiten, was Deine Bewältigungschancen verbessert. Dadurch können sie nach und nach einen Teil ihrer Bedrohlichkeit verlieren.

Trainieren hilft also – nicht nur mental, sondern besonders bei einem **Sicherheitstraining**, bei dem Dir das erforderliche Handwerkszeug vermittelt wird, welches den Grundstock für Dein mentales Training bildet.

Auswahl einer Fahrschule

Solltest Du noch keinen Motorrad-Führerschein haben, oder z. B. Dein Freund oder Sohn eine Fahrerlaubnis erwerben wollen, so möchte ich Dir noch einige kurze Tipps zur Auswahl einer geeigneten **Fahrschule** geben.

Die häufigen und ausschlaggebenden Auswahlkriterien für eine Fahrschule sind sicherlich die örtliche Nähe zum Wohnort, die Empfehlung durch Freunde oder Verwandte und der Preis.

Wie steht es mit der Qualität? Eine gute Fahrschulausbildung ist wichtig – ganz besonders für uns Motorradfahrer.

Überprüfe die von Dir favorisierte Fahrschule auf folgende Fragen:

- Lässt die Fahrschule eine „Schnupperstunde" beim Theorieunterricht zu, damit der Fahrschüler feststellen kann, ob ihm der Fahrlehrer sympathisch ist?
- Ist sichergestellt, dass der Fahrschüler grundsätzlich komplett von „seinem" Fahrlehrer betreut wird?
- Wird nach der Ausbildungssignaturkarte ausgebildet?
- Welchen Eindruck machen die Fahrschulmotorräder?
- Stehen mehrere Maschinen zur Auswahl?
- Gibt es eine Auswahlmöglichkeit zwischen einem Motorrad mit und ohne ABS?
- Passt das zur Verfügung gestellte Motorrad zum Fahrschüler hinsichtlich der Größe (Sitzprobe)?
- Welche Ausrüstung wird zur Verfügung gestellt? (Helm, Sturmhaube wegen Hygiene, Motorradjacke/Hose mit Protektoren, Handschuhe, Nierengurt, Rückenprotektor)
- Stehen bei der Ausstattung unterschiedliche Größen zur Auswahl?
- Besteht eine spezielle Unfallversicherung für den Fahrschüler?

- Verwendet der Fahrlehrer ein Funksystem, das mittels einer Gegensprechfunktion einen Dialog erlaubt?
- Fährt der Fahrlehrer bei den Fahrstunden (nach den Grundfahrübungen) selbst auf einem Motorrad mit?
- Fährt der Fahrlehrer die Übungen selbst vor und ist er dabei selbst vorbildlich ausgestattet?
- Fährt der Fahrlehrer auch privat Motorrad?

Natürlich kann eine kleinere Fahrschule nicht diverse Motorräder und Ausrüstung in allen möglichen Größen bereithalten. Ein von der Größe zum Fahrschüler passendes Motorrad und ein passender Helm sind allerdings Grundvoraussetzung.

Foto: Kiauka

Fahrschüler unterwegs

MOTORRADTYPEN

So vielfältig wie unsere Interessen, wie unsere ganz persönlichen Vorstellungen vom Motorradfahren sind auch die **Motorradtypen**, die auf dem Markt angeboten werden. Während die Typenvielfalt früher noch recht übersichtlich war, besetzen die Hersteller heute jede erdenkliche Nische, um dem Kundenwunsch nach größtmöglicher Individualität zu entsprechen.

Ganz entscheidend ist natürlich der vorrangige Einsatzzweck Deines Motorrades. Fährst Du überwiegend im Alltag und auf kurzen Strecken, bist Du reiselustig oder eher ein sportlicher Fahrer? Fährst Du vorwiegend solo oder zu zweit?

Du findest sicher die passende Maschine für Deinen Einsatzzweck. Die anderen zweitrangigen Anforderungen kann sie dann natürlich nicht im gleichen Maße erfüllen wie die eigentlich wichtigen Anforderungen. Das wäre sonst die berühmte „Eierlegende Wollmilchsau".

Was also gibt es auf dem Markt?

Allrounder

Früher war ein Motorrad einfach ein Motorrad, nur langsam entwickelten sich bestimmte Typen zu der Vielfalt, wie wir sie heute kennen.

Motorräder, mit denen Du Deine Alltagswege bestreiten kannst, die keine ergonomisch bedenkliche Sitzposition von Dir erwarten, bei denen der Hinterradreifen nicht gleich das monatliche Bafög ausradiert und deren Motorleistung auch von weniger ambitionierten Fahrern beherrschbar ist, nennt man heute **Allrounder**.

Als Unterart der Allrounder könnte man die **Naked-Bikes** betrachten. Sie kommen ohne Verkleidung daher, bieten also keinen Wind- und Wetterschutz und sind somit auch nicht so sehr geeignet für längeres Fahren im hohen Geschwindigkeitsbereich.

Auch das Naked-Bike ist in der Regel handlich und wendig und somit gut im Alltagsbetrieb einzusetzen.

Foto: Thomson

Allrounder

Foto: Archiv Motorrad News

Naked-Bike

Stark vereinfacht gesagt können die Allrounder von allem etwas, aber durch ihre fehlende Spezialisierung können sie das in der Regel nur durchschnittlich.

Tourer

Wenn Dich ständiges Fernweh plagt und Du auch Deinen Urlaub mit dem Motorrad verbringen möchtest, dann wirst Du Dich wahrscheinlich für einen **Tourer** entscheiden. Ein gutes Reisemotorrad bietet eine bequeme Sitzposition für Fahrer und Sozius, eine Halb- oder Vollverkleidung, genügend Stauraum für Gepäck und allerlei kleine Annehmlichkeiten, die auch längere Autobahnetappen noch erträglich machen.

Nachteilig kann jedoch das zuweilen hohe Gewicht dieses Motorradtyps sein; beim Rangieren und wenn wider Erwarten einmal enge, anspruchsvolle Passagen zu bewältigen sind.

Für die ganz große Fahrt gibt es dann noch die sogenannten Supertourer, die ausgestattet mit Radio, CD, Tempomat und allem erdenklichen Reise-Luxus fast wie ein Auto daherkommen, hätten sie noch 2 Räder mehr und ein Dach (etwas bösartig manchmal auch genannt „2-Zimmer-Küche-Bad"). Dafür lässt es sich mit ihnen auf langen Strecken auch wirklich sehr gut aushalten.

Einen anderen Weg gehen die Sport-Tourer. Mit ihnen ist auch ein engagierter Ritt über kurvenreiche Landstraße zu machen und sie machen auch auf der Nürburgring-Nord-

Foto: Archiv Motorrad News

Tourer

Foto: Archiv Motorrad News

Super-Tourer

schleife keine schlechte Figur. Weniger reisetauglich als die üblichen Tourer, doch bequemer und weniger extrem als die Sportler bieten sie einen gelungenen Kompromiss zwischen Tourentauglichkeit und Sportlichkeit.

Chopper

Wer kennt noch den legendären Film „Easy Rider"? Kaum ein Motorrad ist so emotional wie der **Chopper**. Maskulin, groß, schwergewichtig und charakterstark. Ein großvolumiger Motor schiebt die meist eher geringere Motorleistung mit hohem Drehmoment bollernd rüber. Fast könnte man jede Zündung mitzählen und es ist interessant zu hören, wie sich die (zumeist zwei) Zylinder miteinander verabreden. Der Traum vieler Männer, besonders der Späteinsteiger. Sie begreifen Chopper-Fahren als Motorradfahren pur. Viele Chopper sind allerdings stark übergewichtig, bieten auch dem weniger Ambitionierten wenig Schräglagenfreiheit und nehmen die nächste Kurve mit dem Esprit und der Leichtigkeit einer Sofagarnitur. Es gibt aber auch Chopper, die durchaus Fahrdynamik entwickeln, fahrstabil und relativ wendig sind und ich habe schon einige Chopperfahrer erlebt, die es verstehen ihr großes Bike engagiert zu bewegen.

Chopperfahren ist eben einfach anders. Wer mit seinem Allrounder mit 75 km/h über die Landstraße flaniert, kann mitleidigen oder gar bösen Blickes von Autofahrern überholt werden – machen wir das mit dem Chopper, ist das plötzlich cool. Aber es ist eben eine Sache der Einstellung; äußerst emotional und wie das ganze Motorradfahren überhaupt, nicht rational zu betrachten.

Eine Art Untergattung der Chopper sind die Cruiser, die etwas weniger extrem daherkommen, etwas bequemer, leichter und zugleich sportlicher sind. Sie verkörpern meist so etwas wie urbanen Lifestyle. Wie der Name schon sagt – damit mal ganz lässig durch die abendliche Stadtszene zu cruisen, das hat schon was.

Sportler

Geeignet für eine flotte Runde auf der Rennstrecke, für die engagierte Landstraßenfahrt, straffes Fahrwerk mit klarer Rückmeldung und endloser Schräglagenfreiheit, leistungsstarker Motor bei gleichzeitig geringem Fahrzeuggewicht – so sollte ein Sportmotorrad sein. Dafür gilt es auf andere Dinge zu verzichten, zunächst einmal auf die Bequemlichkeit. Lange Strecken sind nicht unbedingt ein Vergnügen. Es sitzt sich nicht sonderlich entspannt, der Windschutz der Verkleidung ist eher dürftig und so sind wir fast froh, dass der kleine Tank uns zur nächsten Pause zwingt. Besonders bei niedriger Geschwindigkeit lastet viel Gewicht auf den Handgelenken, da der stützende Fahrtwind fehlt.

Viele moderne Sportmotorräder bieten mittlerweile jedoch eine verbesserte Ergonomie, so dass es sich auch auf län-geren Strecken und im Alltag durchaus mit ihnen leben lässt. Für den Beifahrer gibt es in der Regel nur eine Art Notsitz und Deine Sozia muss Dich schon sehr lieb haben, um längere Strecken mit Dir zu fahren. Wenn nicht, wirst Du auch keine Klagen hören, da sie Dir mit den Knien die Ohren zuhält.

Sportler oder Supersportler – diese Bezeichnungen sind nicht ganz trennscharf. Normalerweise versteht man unter den Supersportlern die Topmodelle der Hersteller im Sport-Segment, das sind üblicherweise die Tausender.

Off-Roader

Wenn Du das unbefestigte Terrain liebst und auch Gelegenheit dazu hast, abseits der Straße zu fahren, so bietet Dir eine Enduro – zumindest in Grenzen – die entsprechenden Voraussetzungen. Eine aufrechte Sitzposition, lange Federwege, hochgezogener Auspuff und eine grobstollige Bereifung schaffen die Voraussetzungen für leichtes Gelände.

Enduro

So mancher kauft eine Enduro jedoch nicht, um unbedingt im Gelände unterwegs zu sein, sondern wegen ihrer verwegenen Optik. Eine Enduro verströmt doch ein gewisses Abenteuer-Flair und ein paar Dreckspritzer gehören auch dazu.

Mit einer großen Reise-Enduro bist Du auf langen Touren bestens bedient und auch für die eine oder andere unbefestigte Straße noch gewappnet. Eine solche Reise-Enduro – noch dazu mit leistungsstarkem Motor und einer Halbverkleidung – überschneidet sich vom Typ dann wieder etwas mit dem Segment der Tourer.

Letztlich sind diese Kategorien eben nicht so kategorisch zu trennen. Mit der Modellvielfalt verschwimmen die Grenzen zwischen den Typen und Modellen. Das ist einerseits etwas verwirrend, bietet uns aber auch die Möglichkeit, ein Motorrad zu finden, das unseren Vorstellungen und unserem Einsatzzweck möglichst genau entspricht. Wir sollten uns auch vor einseitigen Bewertungen oder gar Vorurteilen hüten. Wir sind alle Motorradfahrer und sollten uns nicht gegenseitig nach dem Fahrzeugmodell beurteilen.

Viele Fahrer eines Touren-Motorrades machen kaum eine große Tour, viele Sportfahrer schrecken auch vor langen Strecken nicht zurück (mir macht zum Beispiel die Sitzposition auf meiner R1 auch über lange Stunden überhaupt nichts aus und ich bekomme auf den bequemen Modellen regelmäßig Kreuzschmerzen), manches Sportmotorrad hat laut Reifenbild noch nie ernsthaft eine Kurve gesehen und ein guter Fahrer kann auf anspruchsvoller Strecke mit einem Chopper einem ungeübten Sportler-Fahrer gehörig um die Ohren fahren.

Foto: Archiv Motorrad News

Sport-Tourer

Foto: Thomson

Reisemaschine XXL

Chopper

Foto: Thomson

Also seien wir locker und offen für jede Art, unser schönes Hobby zu erleben.

Die Frage, welches Motorrad zu Dir passt, ist abgesehen vom Einsatzzweck in erster Linie eine Geschmacksfrage. Auch den eigentlichen Einsatzzweck des Motorradtyps kannst Du durchaus der Geschmacksfrage unterordnen, denn niemand zwingt Dich, mit einer Reisemaschine zu reisen, oder mit einem Supersportler sportlich zu fahren. Soweit Du bereit bist, die typbedingten Nachteile einer für Deine Fahrgewohnheiten unpassenden Maschine zu ertragen – kein Problem.

Foto: SUZUKI

Cruizer

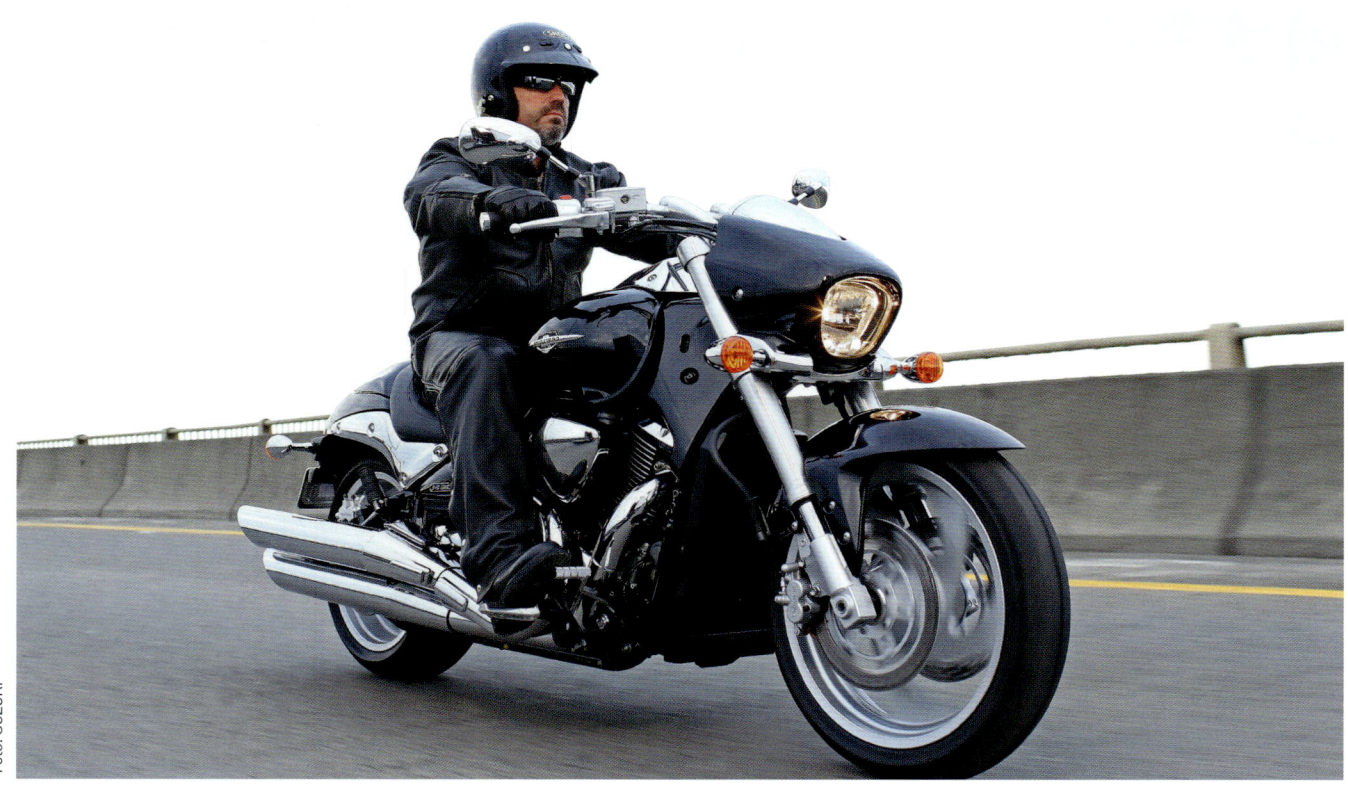

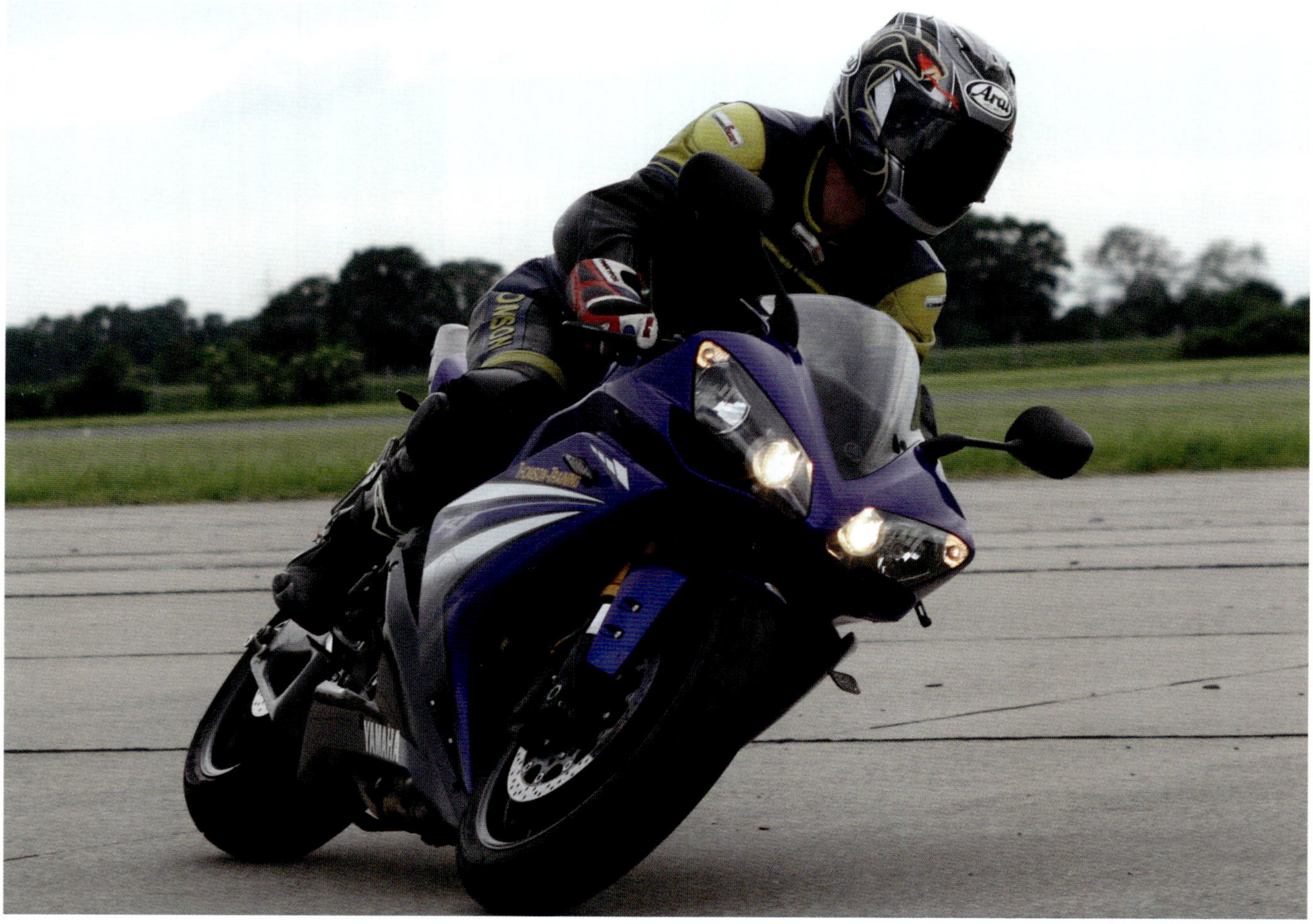

Foto: Thomson

Supersportler

Reise-Enduro

Foto: Badenberg

Fußspitze ist nicht genug

Foto: Badenberg

Beine zu kurz

Eine Sache ist jedoch von entscheidender Bedeutung und muss über jeder Geschmacksfrage stehen: Passt Du hinsichtlich Deiner Körperproportionen auf Dein Wunschmodell? Ist Deine **Sitzhaltung** so, dass Du sicher und ergonomisch unbedenklich fahren kannst?

Bei den Motorradtrainings und -touren habe ich schon viele Fahrer und oft auch Fahrerinnen erlebt, deren Traummotorrad einfach eine Nummer zu groß für sie ist. Beim Anhalten suchen sie mit den Fußspitzen Bodenkontakt. Wenn nun die Fahrbahn zu einer Seite etwas abfällt oder sie am Straßenrand anhalten müssen und das Bankett liegt ein wenig tiefer als die Fahrbahn, so ist der Umfaller programmiert. So etwas macht natürlich unsicher (das würde uns allen so gehen) und trägt in typischen Situationen des Langsamfahrens und Rangierens nicht zur Fahrsicherheit bei. Einige versuchen, das Schlimmste zu vermeiden, indem sie ihre Sitzbänke abpolstern lassen (einige Modelle haben eine höhenverstellbare Sitzbank), sogar durch die Verwendung anderer Stoßdämpferfedern oder spezieller Tieferlegungssätze. Oft gelingt es, die **Sitzhöhe** ausreichend abzusenken, manchmal aber auch nicht. Bei einigen der organisierten Motorradtouren stockt mir bei einzelnen Teilnehmern manchmal der Atem, wenn sie unter ungünstigen Bedingungen anhalten müssen und ich denke, sie fallen gleich um. Einmal ist dies bei einer jungen und sehr guten Fahrerin auch passiert, als wir vor einer Vorfahrtstraße in einem leicht seitlich abfallenden Bergaufstück anhalten mussten.

Der umgekehrte Fall, dass ein Riesenkerl sich auf einer kompakten 600er zusammenfalten muss und es fast so aussieht, als führe er ein Pocket-Bike, kommt zwar auch vor – aber seltener.

Also bitte: Auch wenn Dein Traummotorrad schon lange als Poster über Deinem Bett hing, kaufe es trotzdem nur, wenn Du darauf passt.
Wenn Du Dich auf Dein Motorrad setzt, sollten bei noch leicht angewinkelten Beinen beide Füße flächig auf der Fahr-

bahn ruhen. Wenn Du jetzt die Hände vom Lenker nimmst, solltest Du das Moped über Po und Oberschenkel ein paar Grad zur Seite neigen können. Alles andere ist nicht nur anstrengend und sieht blöd aus, sondern ist auch gefährlich.

Wenn diese Grundbedingung des richtigen Sitzens erfüllt ist, kannst Du Dir in der Regel alles Weitere und die **Bedienelemente** Deines Mopeds passend für Dich einstellen.

Füße flächig auf der Fahrbahn

Seitlich neigen können

FAHRERAUSRÜSTUNG

Schutzhelm [14]

Der wichtigste Bestandteil unserer Ausrüstung beim Motorradfahren ist sicherlich der Helm. Bei allen Zweiradfahrern, also auch Radfahrern sind im Falle eines Unfalles Kopfverletzungen besonders häufig. Seit Einführung der Helmpflicht in Deutschland seit dem 01.01.1976 und einem in den letzten Jahrzehnten deutlich gestiegenen Sicherheitsbewusstsein bei Motorradfahrern ist die Tragepflicht eigentlich kein Thema mehr. Wohl niemand von uns würde ernstlich ohne Helm Motorrad fahren wollen. Dennoch gibt es zu diesem Thema noch einige Informationsdefizite und einige Motorradfahrer geizen gern beim Helmkauf, da das Motorrad ja schon teuer genug war.

Foto: Thomson

Integralhelm klappbar

Foto: Thomson

Integralhelm

Beim Motorrad-Sicherheitstraining kann ich gelegentlich noch bejammernswerte Exemplare bewundern.

Foto: Nestler

Integralhelm Offroad

Foto: Thomson

Jet-Helm

Was also solltest Du über Helme wissen? Je nach Anwendungszweck ist zunächst eine Entscheidung zwischen den Kategorien Integralhelm und Jet-Helm zu treffen. Die Gattung der Integralhelme lässt sich noch aufteilen in solche für Straßenfahrer und solche für Geländefahrer. Die Unterschiede sind jedoch nicht wesentlich (meist etwas größerer Gesichtsausschnitt, Sonnenblende) und liegen eher im Bereich des Styling.

Beiden gemeinsam ist eine konstruktionsbedingt umfassende Schutzwirkung und ich würde in jedem Fall zu einem Integralhelm raten.

Integralhelme gibt es auch in einer klappbaren Ausfertigung, bei denen sich der gesamte Frontbereich nach oben klappen lässt. Das ist besonders praktisch für Brillenträger und für Raucher. Viele meiner Trainerkollegen schwören darauf, weil sie bei einem kurzen Gespräch mit der Gruppe nicht gleich den Helm komplett absetzen müssen. Aus meiner Sicht zu bedenken ist allerdings, dass der Klappmechanismus eine Schwachstelle darstellt und der Klapphelm gegenüber einem konventionellen Integralhelm in der Festigkeit grundsätzlich unterlegen ist. Weiterhin bedeutet ein stabiler Klappmechanismus gleichzeitig auch ein Mehrgewicht.

Bei den Jet-Helmen gibt es die typischen klassischen Vertreter ihrer Art und auch hier wieder welche für den stilbewussten Chopperfahrer. Zu ihnen wird entweder eine Motorradbrille getragen oder es gibt sie mit integriertem Visier.

Die nächste wichtige Frage ist die des Materials der Außenschale, denn der Werkstoff hat Einfluss auf die Qualität,

vor allem aber auf die Lebensdauer und das Gewicht des Helms. Es lohnt sich daher, ein wenig über die unterschiedlichen Werkstoffe zu wissen.

Prüfnormen:

Seit dem 1.1.1990 sind alle Fahrer von motorisierten Zweirädern prinzipiell verpflichtet, einen Schutzhelm zu tragen, welcher der **Helm-Prüfnorm** ECE R 22.02, – 03, -04 oder -05 entspricht. Dadurch wurde die alte Norm DIN 4848 abgelöst. Helme nach ECE-Norm verfügen über einen entsprechenden Einnäher im Innenfutter, zumeist jedoch am Kinnriemen.

Wesentlicher Bestandteil der Kennzeichnung ist ein E mit einer Zahl von 1-21 (je nach Herstellerland) in einem Kreis. Fahrer, die gegen diese Bestimmung verstießen, konnten damals bereits mit einem Verwarnungsgeld belegt werden. Wegen verschiedener Unstimmigkeiten und Probleme bei der Kontrolle durch die Polizei trat bereits nach wenigen Monaten eine Ausnahmeverordnung in Kraft, nach der Helme ohne ECE-Norm auch weiterhin getragen werden dürfen. Es muss sich allerdings um Motorrad-Schutzhelme handeln; Stahl-, Bau- und Fahrradhelme z. B. sind nicht zugelassen. Eine wesentliche Neuerung der Prüfnorm 22.04 gegenüber der 22.03 war die Abschaffung des so genannten Zweitschlags. Bei den Prüfungen zuvor wurde ein zweiter Aufschlag in unmittelbarer Nähe des ersten Aufschlags gemessen. Um diese Prüfung zu bestehen, musste die Innenschale des Helms entsprechend hart konstruiert sein, was zu einer unzureichenden Schlagdämpfung in allen anderen Fällen

Foto: Institut für Zweiradsicherheit

Prüfverfahren

Kleine Motorradhelm-Materialkunde

Thermoplastische Kunststoffe:

Thermoplastische Kunststoffe werden bei der Herstellung aus einem Granulat unter Hitzeeinwirkung gegossen, was sich günstig auf die Fertigungskosten auswirkt. Für den Hersteller sind zunächst die Kosten für die Anfertigung der Gussform sehr hoch, die sich jedoch durch den automatischen Herstellungsprozess mit zunehmender Stückzahl wieder rechnen. Bedingt durch die Verwendung des Granulats sind Thermoplaste in der Regel durchgefärbt, d.h. auch bei Kratzern bleibt die Farbe sichtbar.

Diese Stoffe sind: Polycarbonat (PC), Polyamid (PA), Acrylnitril-Butadien-Styrol (ABS) mit den Markennamen: Ronfalin, Lexan, Telloran, Antracol, Grilon und Zytel.

Durch den Abdruck der Gussform ergibt sich eine Naht, die meist längs über die Helmmitte, bei manchen Modellen auch quer über den Kinnbügelbereich verläuft. Die Helme sind jedoch nicht etwa – wie manche glauben – an der Nahtstelle aus zwei Teilen zusammengesetzt, sondern aus einem Guss geformt. Die Naht ergibt sich lediglich durch die zweiteilige Spritzform. An dieser Naht kann man einen Thermoplast-Helm recht einfach erkennen. Bei manchen Herstellern wird aber auch die Naht überlackiert oder wegpoliert, so dass dies kein eindeutiges Erkennungsmerkmal mehr ist. Diese Erkennung ist jedoch wichtig für uns, da die thermoplastischen Kunststoffe nicht so alterungsbeständig wie die duroplastischen Kunststoffe sind.

Eine besondere Empfindlichkeit besteht gegenüber Benzin sowie Lösungsmitteln in z. B. Lacken und Klebstoffen. Durch sie kann die innere Struktur des Helm-Materials zerstört werden, ohne dass dies äußerlich erkennbar ist. Es ist daher gefährlich, einen solchen Helm mit Lacken zu behandeln oder mit Aufklebern zu versehen, die nicht vom Helmhersteller genehmigt sind.

Eine Alterung erfolgt auch bei sachgemäßem Gebrauch allein durch die allgegenwärtige UV-Strahlung, so dass der Helm nach ca. 4-6 Jahren aus Sicherheitsgründen ausgetauscht werden sollte. Es macht Sinn, den Helm z. B. im Winter bei Nichtgebrauch z. B. in einem Helmsack möglichst dunkel aufzubewahren. Thermoplastische Helme sind in der Regel mit einem in die Helmschale eingeformten, kleinen „Stempel" versehen, an dem man den Zeitpunkt der Herstellung ablesen kann.

Vorteile:
- Preisgünstige Herstellung
- Geringes Gewicht

Nachteile:
- Alterung des Materials
- Empfindlichkeit gegenüber Lösungsmitteln

Duroplastische Kunststoffe:

Duroplastische Kunststoffe werden mit den Komponenten Harz, Härter und Fasermatten heiß gepresst oder komplett von Hand gefertigt. Die einzelnen vollsynthetischen Gewebematten werden mit Kunstharz getränkt und übereinander verlegt (Laminierung). Als Füllstoffe und zur Verstärkung werden z. B. Aramid- und Kohlefasern sowie Kevlar verarbeitet. Da der Helm-Rohling dann noch geglättet, grundiert und lackiert werden muss und dies fast ausnahmslos Handarbeit bedeutet, sind die Herstellungskosten entsprechend höher.

Diese Stoffe sind: Glasfiber (GFK), Kohlefaser (Carbon), Aramidfaser (Kevlar), und Hochmodul-Polyethylen (Dyneema, Spectra). Kevlar z. B. ist extrem leicht, etwa 5 x fester als Stahl sowie durchdringungsfest und wird daher auch für die Herstellung von schusssicheren Westen verwendet. Als alleiniger Schalenwerkstoff wird es jedoch kaum verwendet. In der Regel werden die Vorteile dieser Materialien durch einen Werkstoffmix miteinander verbunden. Wenn anstelle der relativ schweren Glasfasern High-Tech-Materialien wie Kevlar verwendet werden, können gleich viele Schichten bei geringerem Gewicht oder mehr Schichten bei gleichem Gewicht verwirklicht werden.

Helme aus duroplastischen Kunststoffen können aufgrund ihrer Lösungsmittelbeständigkeit und besseren mechanischen Eigenschaften bei sachgemäßem Gebrauch 10 Jahre oder länger getragen werden. Dabei ist jedoch zu beachten, dass auch die dämpfende Styropor-Innenschale einer gewissen Alterung unterliegt.

Vorteile:
- Höhere Alterungsbeständigkeit
- Unempfindlichkeit gegenüber Lösungsmitteln

Nachteile:
- Aufwendige, teure Herstellung
- Höheres Gewicht (nicht zwangsläufig)

führte. Da ein solcher Zweitschlag in der Praxis eher unwahrscheinlich ist, hat man diese Prüfung mit der 22.04 zugunsten einer „weicheren" und besser dämpfenden Konstruktion der Innenschale abgeschafft. Derzeit gilt die Norm 22.05, welche eine Stoßdämpfungsprüfung des Kinnteils umfasst. Weiter werden hervorstehende Teile wie Spoiler und Lufthutzen darauf getestet, dass sie bei einem Sturz abscheren und sich nicht verhaken können. Letztlich bezieht die neue Norm 22.05 auch einige Aspekte der optischen Güte von Visieren mit ein. Da die 22.05 schon bereits seit 2000 gilt, empfehle ich Dir, einen danach geprüften Helm zu tragen.

Wenn Du einen Helm trägst, der nicht mit einem ECE-Prüfzeichen versehen ist, kann dieser nach derzeitigem Stand der Rechtslage zugelassen sein, wenn er eine „ausreichende Schutzwirkung für die Benutzer von Krafträdern" hat. Ob eine solche ausreichende Schutzwirkung vorliegt, wäre im Zweifel in jedem Einzelfall zu klären und ist auch vom Zustand des jeweiligen Helms abhängig.
Eine Teilnahme am Straßenverkehr mit einem in diesem Sinne nicht geeigneten Schutzhelm kann als Ordnungswidrigkeit geahndet werden.
Viel schwerer jedoch wiegen zivilrechtliche Folgen im Falle eines Unfalls. Willst Du bei der gegnerischen Versicherung Schadensersatzansprüche in Form von Schmerzensgeld oder sogar Rentenzahlung durchsetzen, so kann Dir wegen des nicht ECE-geprüften Helms ein Mitverschulden angelastet werden. Im Einzelfall müsstest Du dann durch die kosten-

intensive Einholung von Gutachten nachweisen, dass Dein Helm auch ohne Prüfzeichen für das Motorradfahren geeignet war.
Ich rate Dir, es darauf nicht ankommen zu lassen. Trage stets einen nach der aktuellen ECE-Norm geprüften Helm – schon allein für Deinen Kopf, denn Du hast nur den einen.

„OMK-Zugelassen" bedeutet, dass der Helm von der Obersten Motorsport-Kommission für den Rennsport zugelassen ist. In den USA dominieren die Normen DOT und die hohen Ansprüchen genügende Snell-Norm. Nach derzeitigem Stand wäre es bei einer USA-Reise erforderlich, einen DOT-geprüften Helm zu tragen. In Italien z. B. soll es schon Probleme gegeben haben, wenn nicht die aktuelle Norm ECE 22.05 nachgewiesen wird. Da solche Dinge im Fluss sind, erkundigst Du Dich am besten noch einmal vor einer Auslandsreise.

Passform des Helms

Der beste Helm ist wirkungslos, wenn er nicht richtig sitzt oder nicht ordnungsgemäß verschlossen ist.
Ein Helm darf daher auf dem Kopf nicht wackeln, sondern muss fest anliegen.
Beim Neukauf sollte eine andere Person den Kinnbügel festhalten. Du darfst nun den Kopf nur minimal zur Seite bewegen können. Es ist auch durchaus keine Schande, einen

Fachliche Beratung beim Helmkauf

Foto: Thomson

Helm der engeren Auswahl für ca. 20 Minuten im Geschäft aufgesetzt zu lassen und um eine Probefahrt zu bitten. Die Probefahrt machst Du am besten mit Deinem eigenen Motorrad, da die Strömungsverhältnisse bedingt durch Sitzhaltung, Verkleidung oder nicht und durch Form und Höhe der Verkleidungsscheibe unterschiedlich sind.

Der Helm darf anfangs etwas drücken, soll jedoch keine Kopfschmerzen bereiten. Das Innenfutter setzt sich nach etwa 2 Wochen Tragezeit, so dass dann erst ein optimaler Sitz erreicht ist.

Ein zu lockerer Helm kann sich unter der Wucht einer Unfalleinwirkung auf dem Kopf verdrehen oder Bereiche von Schädel und Gesicht freigeben. Im Extremfall (besonders dann, wenn der Kinnriemen nicht ausreichend fest war) kann er sich sogar komplett vom Kopf lösen.

Nicht nur für den Fall eines Unfalles ist eine gute Passform wichtig. Fahrer schneller Motorräder können bei hohem Tempo erhebliche Probleme bekommen, besonders beim Kopfdrehen.

Ideal wäre eine Maßanfertigung für jeden Kopf, wie es für die Renn-Asse praktiziert wird. Einige Hersteller versuchen dies für die Serie zu verwirklichen, indem durch die Anpassung flexibler Sicherheitsinletts bzw. durch aufblasbare Luftpolster ein optimaler Sitz erreicht werden soll. Da gab und gibt es einige zum Teil ausgefallene Lösungen. In jedem Fall kannst Du Dir bei einem hochpreisigen Helm vom Hersteller oder Importeur das Futter aufpolstern lassen.

Ein weiterer wichtiger Punkt ist die Farbe des Helmes. Hier solltest Du helle, auffällige Farben bevorzugen. In der Praxis von großer Bedeutung ist auch die Qualität des Visiers. Ist es ausreichend stark und dennoch verzerrungsfrei, ist es beschlag- und kratzfest und lässt sich die Visiermechanik auch mit Handschuhen einfach und intuitiv bedienen? Da die neue Helmnorm ECE 22.05 auch die Qualität der Visiere in verschiedenen wesentlichen Punkten berücksichtigt, gibt Dir dies als Laie schon einen guten Anhaltspunkt.

Bei den Verschlusssystemen von Motorradhelmen findest Du sehr unterschiedliche Mechanismen. Von diversen Drucktasten-Systemen bis zum einfachen Walzenverschluss ist alles anzutreffen. Ich persönlich empfehle den „Doppel-D-Verschluss", da es hier keinen fest eingestellten Fixierpunkt des Kinnriemens gibt, sondern dieser immer wieder neu fixiert werden muss. An manchen Tagen haben wir durch eine andere Außentemperatur oder weil wir vielleicht eine Sturmhaube darunter tragen, einen (sozusagen) dickeren oder dünneren Hals.

Diese Doppel-D-Verschlüsse haben oftmals einen praktischen Zipp, an dem man nur zu ziehen braucht, um den Verschluss zu lockern.

Achte bei der Wahl Deines Helmes auch darauf, dass Du mit diesem Verschluss gut klarkommst, ansonsten könntest Du jeden Tag davon genervt sein.

Stelle Dir einmal vor, wie gut sich wohl ein absoluter Motorrad-Laie mit Helmverschlüssen auskennen wird. Wie soll ein Ersthelfer in einem Notfall Deinen Helm öffnen können? Ich empfehle Dir daher einen Aufkleber am Helm mit einem erklärenden Piktogramm. Solche Aufkleber sind für alle gängigen Verschlusssysteme beim Institut für Zweiradsicherheit erhältlich.

Wenn der Helm Dich bei einem Sturz schützt, so ist das passive Sicherheit, so wie beim Auto die Airbags. Aktive Sicherheit hingegen umfasst Systeme und Aspekte, die dazu beitragen, dass die passive Sicherheit gar nicht erst zum Tragen kommen muss. Ein wichtiger Aspekt der aktiven Sicherheit beim Helm ist neben der Größe des Gesichtsfeldes und seiner Belüftungsmöglichkeiten vorrangig das Visier. Erlaubt es eine gute Sicht? Ist es frei von Verzerrungen und von sichtbehindernden Kratzern?

Natürlich zerkratzen auch kratzfreie Visiere irgendwann, das lässt sich gar nicht vermeiden. Bist Du mit zerkratztem Visier bei Dunkelheit und vielleicht auch noch bei Regen unterwegs, machen Dir Streulicht und Reflexe schwer zu schaffen.

Doppel-D-Verschluss

Piktogramm Helmverschluss

Schonende Visierreinigung

Lederkombi zweiteilig

Die beste Vorbeugung gegen ein zerkratztes Visier ist eine Lagerung des Helmes, die ein Herunterfallen oder den möglichen Kontakt zu scharfkantigen Gegenständen vermeidet. Ganz besonders aber entscheidet die Art der Reinigung des Visiers über dessen Lebensdauer. Reibe also bitte auf Deinem Visier nicht herum. Wenn Du z. B. an der Tankstelle anhältst, so nimm als erstes einige Papiertücher, tränke sie reichlich mit Wasser und lege sie auf das Visier. Wenn Du dann mit Tanken und allem fertig bist, sind Schmutz und tote Fliegen sicherlich so weit aufgeweicht, dass Du sie ohne nennenswerte Reibung abwischen kannst.

Ein mäßig zerkratztes Visier kannst Du auch mit einer speziellen Politur noch einmal auffrischen.

Kombi

Die grundsätzliche Frage ist zunächst einmal: Willst Du einen Anzug aus Leder oder eine textile Kombi? Beides hat Vor- und Nachteile. Die Lederkombi bietet in der Regel eine bessere Schutzwirkung, denn gutes Leder ist zumindest den meisten textilen Materialien in der Abriebfestigkeit überlegen. Die textile Kombi ist jedoch vielseitiger sowie leichter und da hier in den meisten Fällen eine wasserdichte Membran verarbeitet ist, brauchst Du nicht noch zusätzlich eine Regenkombi.

Bei der **Lederkombi** unterscheiden wir noch zwischen Ein- oder Zweiteilern. Diese Frage machst Du vom Haupteinsatzzweck Deiner Kombi abhängig. Fährst Du vorwiegend auf Rennstrecken, so ist ein Einteiler sinnvoll. Der Verbindungsreißverschluss der zweiteiligen Kombi kann bei einem Sturz im Extremfall eine Schwachstelle sein.

Lederkombi zweiteilig

Im Alltag ist ein Einteiler jedoch eher lästig. Möchtest Du immer das gesamte schwere Oberteil an Dir herunterbaumeln haben, wenn Du mal eine Pause machst, vielleicht noch bei Affenhitze?

Die zweiteilige Kombi bietet für uns Alltagsfahrer daher mehr Komfort – übrigens auch beim Anziehen.

Wichtig bei der Auswahl des Zweiteilers ist jedoch, dass der Verbindungsreißverschluss rundherum verläuft und fest im Leder vernäht ist, nicht etwa im Futter.

Die klassische Lederkombi besteht zumeist aus Rindleder mit einer Stärke von 1,0-1,5 mm. Es wird aber auch Ziegenleder oder insbesondere für Sportfahrer-Kombis Känguru-Leder verwendet.

Beim Aussuchen Deines Fahreranzugs solltest Du Dir viel Zeit lassen, denn Du kaufst Dir ja nicht jedes Jahr einen neuen und wirst viele Kilometer und Stunden damit, bzw. darin verbringen. Außerdem ist die Anschaffung auch finanziell keine Kleinigkeit. Du musst Dich wohl in Deinem Fahranzug fühlen, denn nur dann kannst Du Dich frei von Flattern, Zwicken und Zwacken dem eigentlichen Mopedfahren zuwenden.

Textiler Fahranzug

Nachdem Du alle Vorüberlegungen bezüglich Leder, Textil, Ein- oder Zweiteiler angestellt und Dich mittels Prospekten, Internet etc. ausreichend informiert hast, triffst Du die nähere Auswahl in einem Fachgeschäft oder Zubehörmarkt. Hierzu kommst Du am besten mit Deinem eigenen Moped. Falls das nicht möglich ist, steht beim Händler vielleicht an anderes Motorrad mit vergleichbarer Sitzposition. Nur so kannst Du feststellen, wie der Anzug in Deiner Fahrhaltung sitzt. Spannt oder kneift er, klafft nun der Kragen auf oder würgt er Dich? Sitzen die *Protektoren* gut oder drücken sie? Sitzen die Protektoren auch zuverlässig an den zu schützenden Stellen oder lassen sie sich verschieben?

Gut wäre auch, wenn Du Deine übrige Ausrüstung mitbringst. Passt der **Rückenprotektor** darunter? Passen die Stiefel gut zur Kombi, bzw. passen sie bei Textilkombis unter die Hosenbeine?

Probiere das alles in Ruhe aus und am besten im Gespräch mit einem fachkundigen Verkäufer.

Auch Tipps von anderen Motorradfahrern, die mit bestimmten Anzugtypen oder sogar konkreten Modellen schon Erfahrungen gesammelt haben sind hier wertvoll.

Beim Kauf einer Lederkombi solltest Du eine komplette oder teilweise Maßanfertigung in Betracht ziehen – besonders dann, wenn Dein Körperbau von der Standardkonfektion abweicht.

Die textile Kombi hat durch die meist verarbeitete wasserdichte Membran natürlich ihre Vorteile bei dem hierzulande oft vorherrschenden Regenwetter.

Ich selbst nutze meine **Textilkombi** vorwiegend, wenn ohnehin schon klar ist, dass es regnen wird, aber auch zur kühleren Jahreszeit, da hier im Gegensatz zur knapp geschnittenen Lederkombi auch noch mal ein Pulli darunter passt. Außerdem hat meine Jacke noch ein herausnehmbares warmes Innenfutter. Da meine textile Kombi in ihrer Schutzwirkung mit meiner Lederkombi durchaus vergleichbar ist, trage ich sie bei diesem Wetter dann auch sehr gern.

Wichtig ist, dass Dein textiler Fahranzug nicht an Dir herumhängt, sondern zwar bequem, aber immer noch körperbetont sitzt. Ich sehe beim Motorradtraining immer wieder Mopedfahrer in textilen Fahranzügen mit der Passform eines Hauszeltes. Klar, dass diese Kombis bei höherem Tempo flattern, aber das ist kaum sicherheitsrelevant. Wenn bei einer so lockeren Kombi die Protektoren jedoch beim Sturz verrutschen, so ist das gefährlich.

Wenn Du Dich für einen textilen Motorradanzug interessierst, so achte also neben der Qualität auf eine bequeme, aber körpernahe Passform. Viele Modelle verfügen über diverse Verstellmöglichkeiten, um diese Passform zu verbessern und ein Flattern bei hohem Tempo zu vermeiden.

Wie anfangs erwähnt, ist die Lederkombi ihrem textilen Pendent hinsichtlich der Abriebfestigkeit grundsätzlich überlegen. Das ist jedoch nicht zwangsläufig, denn mancher Hersteller verarbeitet Materialien, die in dieser Hinsicht mit dem

Foto: Thomson

Ärmelweite einstellbar

Motorradstiefel aus Kunststoff

Motorradstiefel aus Leder

Leder durchaus gleichziehen können. Eine hochwertige textile Kombi ist einer Billig-Kombi aus Leder sogar überlegen. High-Tech-Materialien und beste Verarbeitung kosten jedoch Geld – ein Schnäppchen wird das kaum. Da machen Leder- und Textilkombis keinen Unterschied. Qualität und Sicherheit lassen sich die Hersteller auch bei anderen Produkten bezahlen; das gilt für uns Motorradfahrer ebenso.

Stiefel

Wenn unsere Straßenschuhe – oder gar die Lauf- oder Wanderschuhe – nicht richtig passen oder für den Einsatzzweck eher ungeeignet sind, wird es unbequem. Schlechte Passform oder ein für den Anwendungszweck ungeeignetes Schuhwerk kann jedoch zu sicherheitsrelevanten Problemen führen, denn wenn wir uns im Schuhwerk unsicher und unbequem fühlen, neigen wir z. B. zum Stolpern.
Auch das Schuhwerk zum Motorradfahren ist wichtig, denn unsere Füße stellen eine wesentliche Schnittstelle zwischen Fahrer und Maschine dar. Wir müssen korrekt und sicher schalten und bremsen können und einen guten Halt auf der Raste haben – ganz besonders bei sportlicher Fahrweise.
Das wäre der Beitrag unserer **Motorradstiefel** zur sogenannten aktiven Sicherheit. Noch wesentlicher ist wohl seine Rolle bei der passiven Sicherheit. Schützt er Fuß, Knöchel und Schienbein ausreichend vor evtl. Sturzfolgen? Hier gibt es große Qualitätsunterschiede.

Als Material wird vorwiegend Rindleder verwendet in einer Stärke von ca. 1,7 mm (für Sportstiefel) bis zu 3,5 mm (für Geländestiefel).

Es werden aber auch Kunststoffe wie z. B. Lorica verwendet, die ebenso geeignet und dabei sehr pflegeleicht sind.
Viele Tourenstiefel und auch einige Sportstiefel sind mit wasserdichter Membran erhältlich.

Einige Stiefelmodelle verfügen seitlich über spezielle Verstärkungsschienen, die im Falle eines Sturzes gegen Umknicken und Verdrehen schützen sollen. Besonders bei Sportstiefeln wird großer Wert auf Protektoren für Knöchel und Schienbein gelegt. Weiterhin haben einige Sportstiefel im höheren Preissegment einen separaten Innenschuh mit einer schützenden Hartschale z. B. aus Aramidfasern.

Handschuhe

In den Sommermonaten sind oft Motorradfahrer zu beobachten, die mit nackten Händen fahren. Die Bezeichnung „nackte" Hände klingt vielleicht ein wenig merkwürdig – die Bedeutung wird uns jedoch spätestens nach einem Sturz klar. Bei einem Sturz sind die Hände immer mitbeteiligt, denn wir sind instinktiv bemüht, uns mit ihnen abzustützen. Schlimme und langwierig heilende Verletzungen können dann die Folge dieser Nacktheit sein. Unsere Hände bieten üblicherweise auch wenig „Substanz", die Knochen und Gelenke vor dem Durchscheuern schützt – doch wollen wir uns nicht zu intensiv mit unappetitlichen Themen befassen. Ziehe bitte einfach Deine **Handschuhe** an, auch im Sommer und auch auf kurzen Strecken.

Natürlich gibt es auch hier Unterschiede in den Ausführungen entsprechend dem Einsatzzweck und es gibt erhebliche Unterschiede bei der Qualität.

Leider sehe ich beim Motorrad-**Sicherheitstraining** immer wieder bejammernswerte Exemplare. Ein hochwertiger Handschuh ist jedoch eine gute Investition für die Unversehrtheit eines so wichtigen Körperteils. Unsere Hände sind neben ihrer wichtigen Funktion als Greiforgane ebenso wie Augen und Gesicht letztlich ein wichtiges „Aushängeschild" unserer Person. Zumindest beim anderen Geschlecht wird auch auf die Hände geachtet. Wenn durch einen Sturz z. B.

Foto: Thomson

Sportstiefel wasserdicht

Auch beim Neukauf von Motorradstiefeln solltest Du Dir etwas Zeit lassen. Behalte sie im Laden ruhig eine Weile an, setzte Dich auf ein Motorrad und gehe ein paar Schritte, wie Du es auch bei Straßenschuhen tun würdest. Sicher willst Du in den Stiefeln nicht wandern gehen, aber gut sitzen müssen sie schon. Kaufe die Stiefel nicht morgens, sondern am Nachmittag, da unsere Füße im Tagesverlauf etwas anschwellen.

Foto: Thomson

Motorradhandschuhe

Handgelenkriegel

von der Hand verhindern. Dafür ist es aber auch notwendig, dass Du ihn benutzt, ihn also eng genug anlegst. Viele unterlassen dies aus Bequemlichkeit, da sie ihn beim An- und Ausziehen jedes Mal neu einstellen müssen.

Noch schöner machen es einige Hersteller, die den Handgelenkriegel in einem „Tunnel" verlaufen lassen, damit der Verschluss sich beim Rutschen über die Straße nicht von allein öffnen kann. Dies ist zumindest dann sinnvoll, wenn der Riegel an der Innenhand liegt – sitzt er auf der Oberhand ist die Wahrscheinlichkeit des Öffnens beim Sturz gering.

Gute Handschuhe haben viel mit Sicherheit zu tun und das nicht nur im Falle eines Sturzes. Unsere Hände stellen den Kontakt zu zwei der wichtigsten Bedienelemente des Motorrades her: Gas und Vorderradbremse.

Für die Fahrsicherheit ist ein gefühlvoller Umgang mit Gas und Bremse unerlässlich. Für ein optimales Griffgefühl brauchst Du gute und gut sitzende Handschuhe und nicht alte lappige Dinger, die Dir mit teigigem Griffgefühl die Chancen in einer kritischen Fahrsituation schmälern.

Wichtiges Zubehör

Helm, Kombi, Stiefel und Handschuhe – damit sind wir schon sehr gut gerüstet. Zwei ganz wichtige Dinge fehlen aber noch in der Fahrerausrüstung: Rückenprotektor und **Nierengurt.**

Foto: Thomson

Deine Knie dauerhaft verunstaltet sind, so ist das bedauerlich, doch Dein Gegenüber sieht nicht immer und vor allem nicht zuerst Deine Knie. Mit einer zerbrutzelt aussehenden Hand kannst Du jedoch auffallen. Also bitte – kaufe Dir ein paar gute Handschuhe. Ich finde auch, ein hochwertiger Handschuh fühlt sich klasse an und sieht auch einfach gut aus.

Du solltest zumindest zwei paar Handschuhe besitzen: Ein paar gefütterte und am besten wasserdichte für kühle Tage und ein paar ungefütterte für schöne Sommertage. Das hat nicht nur etwas mit Komfort zu tun, sondern auch mit Sicherheit. Mit klammen Fingern fehlt Dir das Feingefühl z. B. beim Bremsen und kalte Finger sind im Bedarfsfall auch nicht so flink. Andererseits sind Winterhandschuhe an einem heißen Tag nicht nur unangenehm warm, sondern lassen auch das notwendige „Griffgefühl" vermissen.

Als Material verwenden die Hersteller zumeist Rindleder in einer Stärke von 0,7-1,0 mm, aber auch Ziegenleder, und insbesondere für Sporthandschuhe ist Känguru-Leder gebräuchlich. Wasserdichte Tourenhandschuhe bestehen neben der wasserdichten Membran häufig aus einem Leder/Textil-Mix.

Wichtig ist der sogenannte Handgelenkriegel. Dieser soll im Falle eines Sturzes das Abschleudern des Handschuhs

Foto: Thomson

Nierengurt

Fangen wir mit dem weniger wichtigen dieser beiden wichtigen Ausrüstungsteile an, dem Nierengurt. Jeder weiß, dass es nicht gut ist, sich die Nieren zu unterkühlen. Das stecken wir in jungen Jahren noch weg, zahlen aber in fortgeschrittenem Alter dafür mit Problemen, die hier nicht näher erläutert werden wollen. Die mindestens genauso wichtige Funktion des Nierengurtes ist jedoch nicht seine wärmende, sondern die stützende Eigenschaft. Unsere Nieren und auch andere wichtige Organe sind schließlich nicht angeschraubt und sie reagieren empfindlich auf immer wiederkehrende Stöße, die bei flotter Fahrt auf schlechter Wegstrecke unvermeidlich sind.

Rückenprotektor

Foto: Thomson

Der Nierengurt schützt uns also wirksam, was zu unserer Gesunderhaltung beiträgt und sich auch ganz einfach gut anfühlt.

Nierengurte gibt es in unterschiedlichen Ausführungen und Materialien.

Die meisten Modelle bestehen aus einem elastischen Material, an einigen Stellen korsettartig verstärkt. Andere Nierengurte bestehen ganz einfach aus Neopren und sind zumeist sehr preisgünstig. Wenn Du etwas mehr Komfort möchtest, so entscheide Dich für einen mit klimaregulierender Faser, z. B. Outlast®. Seit ich einen solchen habe, schwitze ich bei weitem nicht mehr so im Hochsommer und in der kälteren Zeit wärmt er dennoch.
Mittlerweile seltener geworden ist der Nierengurt aus Leder, der üblicherweise über der Kombi getragen wird.
Dann gibt es noch Modelle mit einer die Wirbelsäule schützenden Verstärkung. Dies ist jedoch überflüssig, wenn Du das Folgende beherzigst:

Der **Rückenprotektor** ist aus meiner Sicht eines der wichtigsten Ausrüstungsteile überhaupt, dennoch tragen viele Fahrer keinen.
Wenn Du Dir bei einem Sturz oder Unfall die äußeren Extremitäten schwer verletzt, so ist das oft sehr schlimm und es gibt harte Schicksale von Leuten, die mit den Spätfolgen zu leben haben. Wenn Du Dir aber die Wirbelsäule schwer verletzt, kannst Du entweder tot oder gelähmt sein und die Lähmung ist eine Spätfolge mit einer gänzlich anderen Dimension.
Vielleicht kennst Du jemandem aus dem Bekannten- oder Kollegenkreis, der ein solches schweres Schicksal zu erleiden hat. Fragt man nach, wird meist gesagt, dieser käme schon einigermaßen klar, aber hart ist es immer. Wir denken bei einer Querschnittslähmung oft daran, dass wir dann nicht mehr laufen können, nicht Motorradfahren, nicht mehr tanzen gehen können. Doch wenn Du querschnittsgelähmt bist, kannst Du üblicherweise noch nicht einmal wie gewohnt Deine „Geschäfte" verrichten und kannst so etwas wie übliche Sexualität ebenfalls vergessen. Ich hatte einmal einen Motorradfahrer kennengelernt, der keinen Rückenprotektor hatte und nun ein solches Schicksal zu erdulden hat.
Als ich mir meinen letzten Rückenprotektor gekauft habe, habe ich mich gefragt, wie viel Geld er wohl nun auszugeben bereit wäre, um wieder so wie früher zu sein.
Eine moderne Motorradjacke hat heutzutage einen Protektor im Rückenbereich, zumeist herausnehmbar. Diese Protektoren sind besser als nichts, aber sie sind in der Regel nicht fest und nicht breit genug und vor allem sind sie nicht lang genug, denn sie hören ja mit der Jacke auf. Somit ist der wichtige Bereich der Lendenwirbel ungeschützt. Daher empfehle ich Dir dringend einen separat umschnallbaren Protektor, der mit dem unteren Teil noch in die Hose geschoben wird. Den aus der Jacke kannst Du bei Bedarf dann herausnehmen.

Der Rückenprotektor sollte nach der CE-Norm geprüft sein und möglichst Level 2 (EN 1621-2) erfüllen.

Um Dir den Protektor auszusuchen, kommst Du am besten mit Deinem Fahranzug in das Geschäft. Hast Du eine knapp geschnittene Lederkombi (so wie ich und die läuft im Winter immer ein ...), so muss sichergestellt sein, dass der Protektor auch darunter passt. Hast Du einen eher weit geschnittenen Textilanzug, ist die Fixierbarkeit des Protektors besonders wichtig, da er sich beim Sturz sonst verschieben könnte. Kneifen die Umschnallgurte in Fahrerhaltung oder wird der Protektor nun im Nackenbereich zu lang? Wie steht es mit der Belüftbarkeit, damit Du im Sommer nicht mehr als nötig schwitzt?

Wenn ich auch grundsätzlich empfehle, einen separat umschnallbaren Rückenprotektor zu wählen, so gibt es doch eine Ausnahme: Einige Kombis verfügen über einen eingearbeiteten Protektor, dessen für den Rücken zuständiges Teil sich in der Jacke befindet. Der Protektor setzt sich jedoch in der Hose nach unten in den Bereich von Lendenwirbel und Steißbein fort, so dass nach der Verbindung von Jacke und Hose ein durchgehend schützender Protektor vorhanden ist.

Seit vielen Jahren schon in der Entwicklung und mittlerweile auf dem Markt sind Airbag-Systeme für Motorradfahrer. Diese werden als Weste getragen oder sie sind in eine spezielle Jacke oder einen Helm integriert. Die Airbags werden in der Regel durch eine Reißleine aktiviert, die mit dem Motorrad verbunden ist.
Hier besteht jedoch immer noch Entwicklungsbedarf, ganz besonders hinsichtlich eines zuverlässigen Auslösesystems, ohne Reißleine.
Wenn Du Dich hierfür interessierst, so recherchiere im Internet und bei den Motorrad-Fachzeitschriften.
Weiterhin existieren einige Systeme, die im Falle eines Sturzes mit einem speziellen Kragen ein Überstrecken der Halswirbelsäule verhindern sollen.

VOR DER FAHRT

Motorradfahren ist eine sehr aktive und dynamische Beschäftigung. Dennoch sollten wir einige Dinge bereits vor der Fahrt bedenken und im Kopf durchspielen.

Wie sitzt Du auf Deinem Motorrad, welche technischen Überprüfungen solltest Du im Alltag durchführen? Was ist bei der Planung einer Tour zu beachten und welche Möglichkeiten des Gepäcktransports gibt es? Welche Besonderheiten gibt es, wenn Du in der Gruppe oder mit Sozius fährst? Was solltest Du über diese oftmals unbeachteten schwarzen Dinger wissen, die sich unter Dir drehen und den alleinigen Kontakt zur Fahrbahn darstellen?

Sitzhaltung und Ergonomie

Wir gehen davon aus, dass Du Dein Motorrad so ausgesucht hast, dass es hinsichtlich der **Sitzhöhe** zu Deinen Körpermaßen passt. Gemeint ist, dass Du auf dem Motorrad sitzend beide Füße flach auf dem Boden aufsetzen kannst. Dann kann eigentlich nicht mehr sehr viel schief gehen und einer sicheren und ergonomischen Sitzhaltung steht nichts mehr im Wege.

Richte Dich auf der Sitzbank so ein, dass Deine Arme nicht durchgedrückt, sondern noch leicht angewinkelt sind. Ein runder Rücken mit hängenden Schultern wird Deine Leistungsfähigkeit und Ausdauer vermindern. Wenn Du aber das Becken leicht nach vorn kippst, richtest Du dadurch die Wirbelsäule etwas auf und erzeugst unwillkürlich eine bessere Körperspannung. Diese muskuläre Grundspannung lässt Dich die Reaktionen Deines Motorrades besser spüren und verbessert Deine Reaktionsfähigkeit.

Gut und in der richtigen Balance zwischen Entspannung und Körperspannung auf dem Motorrad zu sitzen, ist aber nicht nur eine Frage von Ergonomie, sondern auch von Sicherheit, denn durch eine ungünstige Sitzposition leidet Deine Leistungsfähigkeit.

Zunächst solltest Du alle Hebel und Schalter bequem erreichen können. Am besten ist es eingestellt, wenn sich alles wie von selbst zu ergeben scheint.

Ein modernes Motorrad lässt heute grundsätzlich wenige Wünsche offen, was die Ergonomie und Erreichbarkeit der Bedienelemente betrifft. Dies hängt natürlich auch vom Fahrzeugtyp ab. Bei manchem Chopper und bei manchem Supersportler geht es vielleicht ein wenig schwerer als bei

Gerade Linie zum Hebel

Bremshebel einstellbar

einem modernen Allrounder – aber Du hast es Dir ja so ausgesucht.

Auch wenn Du nur wenig von der Größe eines „normalen Westeuropäers" abweichst kann ein wenig Feinschliff bei der Einstellung aller Hebeleien Einiges bringen.

Der Lenker ist dann richtig eingestellt, wenn Du das Gefühl hast, Deine Hände fallen wie von allein auf die Griffe und es passt einfach. Viele Lenker sind verstellbar und der Zubehörhandel bietet eine Vielzahl von Umbau- und Höherlegungssätzen.

Falls bei Deinem Motorrad die Lenkerstellung veränderbar ist, so probiere die für Dich beste Justierung in Ruhe aus. Bei einem Neufahrzeug besprichst Du dies am besten schon vorher mit dem Händler und lässt die notwendigen Einstellarbeiten vor der Auslieferung machen. In jedem Fall ist darauf zu achten, dass die Veränderungen nicht zu einem Anstoßen von Lenker, Armaturen oder Hebeln an die Verkleidung führen.

Kupplungs- und Bremshebel stellst Du so ein, dass bei einem schnellen Griff Deine Hände in Verlängerung Deines Unterarms wie von allein über den Hebeln „landen". Du musst sie leicht und schnell erreichen können, ohne die Hand selbst am Griff bewegen zu müssen. Deine ausgestreckten Hände sollen vom Unterarm aus in einer geraden Linie zu den Hebeln führen.

Jedes Greifen nach oben oder unten wäre nicht ergonomisch und kostet in einer kritischen Situation wertvolle Zeit. Natürlich kostet es nur wenig Zeit, vielleicht nur eine halbe

Sekunde. Doch wenn Du Dich an die in diesem Buch häufig erwähnte Formel für den pro Sekunde zurückgelegten Weg erinnerst (richtig: $v/10 \times 3$), so kostet Dich eine halbe Sekunde bei 100 km/h volle 15 m – etwa die Länge eines Lkw, vor dem Du gern zum Stehen gekommen wärst. Außerdem führt eine falsche Haltung der Hand im Falle des Bremshebels zum Verlust des notwendigen Feingefühls.

Noch besser ist es, wenn sich die Hebel hinsichtlich ihres Abstandes zum Lenker einstellen lassen, was zumindest bezogen auf den Bremshebel bei vielen Motorrädern der Fall ist. Nutze diese Einstellungsmöglichkeit und probiere im Stand in aller Ruhe aus, bei welchem Abstand Du das beste Gefühl hast, um den Bremsdruck optimal zu dosieren.

Wenn Du das **Bremsen** mit der ganzen Hand erledigst, kann der Hebel näher zum Griff stehen, als wenn Du nur mit zwei Fingern bremst. Hier läufst Du sonst Gefahr, Dir die den Lenker umfassenden Finger einzuklemmen und kannst dadurch möglicherweise den Hebel nicht weit genug durchziehen.

Einige Hebel (zumeist im Zubehörhandel erhältlich) sind so einfach verstellbar, dass dies auch spontan während der Fahrt möglich wäre und diese Zubehör-Hebel gibt es auch für die Kupplungsseite.

Falls Du Dich fragst, was das Ding auf dem Foto oben ist: Es handelt sich hier um ein System, das bei seitlichem Kontakt mit einem anderen Fahrzeug (z. B. Renn-Rempler) oder

Ballenposition

Foto: Thomson

einem leichten Streifen von Hindernissen den Bremshebel schützt. Ein leichter Rempler an der äußeren Stelle des Bremshebels hätte eine sofortige Vollbremsung zur Folge und damit sicherlich einen Sturz mit blockiertem Vorderrad.

Für die Einstellung des Fußbremshebels ist es wichtig, dass Du zum Bremsen den Fuß nicht anheben, aber auch nicht nennenswert absenken musst. Ich persönlich habe den Fuß ständig über dem Bremshebel, ohne ihn hierfür zur Seite bewegen zu müssen. Wenn ich aber bei hohem Tempo mit dem Körper insgesamt mehr nach vorn gerichtet bin oder mich beim Kurvenfahren auf dem Moped bewege, so könnte mein rechter Fuß mit dem Hebel in Berührung kommen. Also stelle ich den Hebel lieber ein wenig tiefer ein. Du solltest bei Deinem Moped auch überprüfen, ob der Bremslichtschalter evtl. so empfindlich eingestellt ist, dass Dein Bremslicht schon bei der kleinsten Berührung des Hebels flackert.

Nun bleibt nur noch der Schalthebel übrig. Auch den solltest Du so einstellen, dass ein zügiges Schalten ohne unnötige Zusatzbewegungen möglich ist. Es soll nicht so sein, dass Du den Fuß zum Herunterschalten nennenswert anheben musst, der Hebel darf aber auch nicht so niedrig sein, dass Dein Fuß zum Hochschalten steil nach unten gerichtet ist. Das wäre nicht nur unbequem und zeitraubend, sondern könnte beim Kurvenfahren sogar zum Aufsetzen des Fußes führen. Halte also grundsätzlich Deinen linken Fuß in einer neutralen Position und nicht unter den Schalthebel. Wenn die Schräglage groß genug ist, reicht auch eine weniger dramatisch tiefe Schalthebelstellung zum Aufsetzen. Wenn Du Dir mitten in der Kurve dann unvorbereitet und ohne Kupplung den nächsten Gang reinknallst – viel Spaß.

Für die Haltung der Füße auf den Rasten wird häufig die „Ballen-Position" empfohlen, da der Fahrer über die Fußballen mehr Gefühl für das Fahrzeug vermittelt bekommt.

Andererseits ist mit der „Absatz-Position" eine bessere und schnellere Erreichbarkeit der Hebel gegeben (zumindest wenn sie optimal eingestellt sind) und bei Unebenheiten findet der Fuß des Fahrers mit der Absatzkante an der Raste einen besseren Halt. Bei sportlich-engagierter Fahrweise in Kurven würde ich – zumindest temporär – ebenfalls die „Ballen-Position" empfehlen. Insbesondere bei Sportmotorrädern wird sich durch die dort gegebene Sitzposition und den steilen Kniewinkel die Ballen-Position ohnehin nicht dauerhaft durchhalten lassen. Sie hat jedoch besonders beim Kurvenfahren den Vorteil, dass der Fahrer durch das Umsetzen des kurveninneren Fußes auf den Ballen sein Becken leicht in Richtung Kurve neigt.

Falls Du eine Verkleidung am Motorrad hast und die Scheibe einstellbar ist, so probiere die für Dich beste Einstellung aus, denn zu hoher Winddruck und laute Fahrtwindgeräusche belasten uns manchmal eher unmerklich, führen aber dennoch zu Ermüdung und mangelnder Konzentration. Das Ausprobieren machst Du am besten in Ruhe und nicht erst zwei Stunden vor der Urlaubsfahrt. Wähle hierzu eine wenig befahrene Autobahn, denn wenn Du hinter anderen Fahrzeugen fährst, kannst Du innerhalb deren „Wirbelschleppe" die Einstellung nicht optimal beurteilen.

Zum Schluss kommt der „Rückblick", doch der kann auch beim Motorradfahren sehr wichtig sein. Bei vielen modernen Motorrädern werden die Rückspiegel offenbar eher unter Design- und Windkanal-Gesichtspunkten entwickelt. Im Spiegel kannst Du prima den Faltenschlag im Ärmel Deiner Kombi betrachten, doch vom rückwärtigen Verkehr siehst Du eher wenig. Trägst Du jetzt noch eine am Ärmel etwas weitere Textilkombi oder die im Fahrtwind flatternde Regenkombi, so ist es ganz vorbei. Dies scheint aber niemanden wirklich zu interessieren. Die Zubehörindustrie verdient kaum Geld mit größeren Spiegeln, sondern im Segment der Sportmaschinen eher mit kleineren Exemplaren. Das einzige, was Dir bei vielen Motorrädern bleibt, ist das Elend möglichst optimal einzustellen, „umsichtig" und defensiv zu fahren und auch mal häufiger den Kopf zu drehen.

Technikcheck im Alltag

Bei einem modernen Motorrad ist der Wartungsaufwand außerhalb der turnusmäßigen Inspektionen in der Regel relativ gering. Sicher gibt es einige Marken und Modelle, die höhere Aufmerksamkeit verlangen, da sie ganz speziell konstruiert sind oder gern ihre Schrauben losschütteln und es gibt schließlich auch die betagteren Modelle und die Oldtimer. Das weiß man normalerweise aber alles und stellt sich darauf ein.

Viele Mopedfahrer haben eine „Schrauber-Seele" und machen das gern; manche schrauben sogar mehr als dass sie fahren. Ich finde das in Ordnung, aber es wäre persönlich nichts für mich. Mein Moped muss laufen, mir im Alltag eine zuverlässige und zickenlose Begleiterin sein, zumal ich

INFO-BOX:
Körperliche Fitness

Geht es im Zusammenhang mit dem Straßenverkehr um die Grenzen der menschlichen Leistungsfähigkeit, so denken wir zunächst an Aspekte wie Reaktionsgeschwindigkeit, Informationsverarbeitung und Stressbewältigung. Aber auch unser Körper wird beim Fahren zuweilen an die Grenzen seiner Leistungsfähigkeit gebracht. Nach einer langen und anstrengenden Fahrt steigen wir oft genug müde und verspannt vom Motorrad.

Auch unser Körper kann beim Fahren Stress und einseitiger Beanspruchung unterliegen. Zudem „beherbergt" er unsere Psyche, deren Leistungsfähigkeit ebenfalls von unserer physischen Konstitution beeinflusst wird.

Da wir über unsere Rezeptoren ständig eine Vielzahl von Informationen, Signalen und Vorgängen wahrnehmen und auswerten müssen – stets bereit, darauf schnell und angemessen zu reagieren – ist körperliche Fitness eine wichtige Grundvoraussetzung.

Zur körperlichen Fitness in diesem Sinne gehören auch die Sehfähigkeit (Sehschärfe, Hell-Dunkel-Anpassung) und die Hörfähigkeit (Beachten von Warnsignalen und Einsatzfahrzeugen).

Dazu gehört natürlich auch die körperliche Grundkonstitution, um auch auf einer längeren Fahrt das Fahrzeug korrekt und sicher zu bedienen.

Diese Leistungsfähigkeit kann im Alter schwinden, kann jedoch von geänderten Fahrgewohnheiten (Meidung von langen Strecken und Nachtfahrten etc.) noch lange weitgehend kompensiert werden.

In jeder Altersgruppe jedoch können durch Übermüdung, Krankheit oder auch Medikamenteneinnahme vorübergehende Leistungseinbrüche auftreten, die wir uns allerdings oftmals nicht eingestehen wollen.

Motorradfahren ist durchaus eine körperliche Leistung. Eine von der Medizinischen Hochschule Hannover, der Universitätsklinik Freiburg im Breisgau und vom Institut für Zweiradsicherheit durchgeführte Studie „Stressbelastung beim Motorradfahren bei Langstreckenfahrten" belegt dies. Im Rahmen eines 100.000 km-Tests wurden körperliche Beanspruchungen medizinisch ausgewertet. Dabei wurde deutlich, dass Fahrer mit Normalgewicht besser abschnitten als Fahrer mit Übergewicht. Ebenfalls bessere Werte erzielten Fahrer mit besserer Fitness und größerer Fahrererfahrung. Das Alter der Fahrer zeigte dagegen keine Auswirkungen. Ältere Motorradfahrer mit guter Gesundheit und entsprechender Fitness können demnach ohne höheres Risiko als jüngere Fahrer durchaus auch größere Touren unternehmen. Für alle Motorradfahrer wird daher ein regelmäßiges Fitnessprogramm empfohlen. [15]

Wichtig ist natürlich auch die Einhaltung von Pausen und ausreichende Flüssigkeitsaufnahme.

Beim Fahren eines Motorrades wirken noch andere Sinne, wie der Geruchssinn und der Tastsinn, der uns Rückmeldung gibt über Fliehkräfte und Erschütterungen. Dabei arbeiten stets mehrere Sinne gleichzeitig und stehen miteinander in Wechselwirkung. Nur der reibungsfreie Ablauf von Informationsaufnahme, Informationsverarbeitung und Koordination der erforderlichen Handlungen gewährleistet einen optimalen und unfallfreien Ablauf unserer Fahrmanöver.

Wir können selbst aktiv dazu beitragen, unseren Körper und seine Rezeptoren in einer Form zu halten, um möglichst optimal und sicher zu fahren:

Wir sorgen für einwandfreie Sicht durch ein sauberes Visier, Spiegel und Scheinwerfer. Wir meiden bei längeren Fahrten reichhaltige und belastende Mahlzeiten. Wir legen öfter einmal eine kurze Pause ein mit etwas Bewegung oder Gymnastik an frischer Luft. Wir lassen unsere Sehfähigkeit regelmäßig durch einen Augenarzt oder bei einem Sehtest prüfen. Wir lassen das Motorrad stehen, wenn wir stark übermüdet sind oder unter dem Einfluss von Medikamenten stehen und wir treiben einen Ausgleichsport, um uns körperlich fit zu halten.

weder Talent, Zeit und Lust zum Schrauben habe. Jedem das Seine. Ein Minimum an Kontrolle und Wartung ist jedoch erforderlich.

Hier eine kleine Checkliste für Überprüfungen im Alltag:

Lichtkontrolle

Eine Lichtkontrolle ist denkbar einfach: Standlicht, Abblendlicht und Fernlicht kannst Du durch Vorhalten der Hand oder (wenn die Arme zu kurz oder das Moped zu groß) vor der hellen Garagenwand überprüfen.

Die Blinker prüfst Du am schnellsten, wenn Du die Warnblinkanlage (soweit vorhanden) einschaltest. Beim Rücklicht und beim Bremslicht (Vorder- und Hinterradbremse) musst Du Dich schon um Dein Moped herum bewegen; im Dunkeln in der Garage würde es aber auch so gehen.

Falls Deine Scheinwerferbirne defekt ist, so bist Du tagsüber schlechter zu erkennen, aber nachts merkst Du es ganz bestimmt. Hoffentlich ist dann zumindest noch eine geöffnete Tankstelle in der Nähe. Schlimmer noch ist die Sache mit dem Rücklicht. Eigentlich alle einigermaßen modernen Motorradmodelle haben zwei Rücklichtbirnen. Auf meinen vielen Fahrten in der Dunkelheit sehe ich aber immer wieder Motorradfahrer, bei denen nur noch eine Rücklichtbirne funktioniert. Zu ihren Gunsten wollen wir davon ausgehen, dass die eine Birne eben gerade erst durchgebrannt ist. Was ist jedoch, wenn auch die zweite Birne ausgeht? Es ist Nacht und schlechte Sicht durch Gischtbildung auf der Autobahn. Das Motorrad ist dunkel, Kombi und Helm auch und vielleicht ist das reflektierende Kennzeichen noch „sportlich" nach oben gebogen. Könnten unsere Angehörigen wirklich böse sein, wenn uns ein Autofahrer zu spät erkennt und über den Haufen fährt, weil Birne Nr. 2 sich verabschiedet hat?

Viele moderne Motorräder haben heute LED-Rückleuchten. Diese bestehen aus vielen kleinen Lichtquellen, die üblicherweise nicht kaputt gehen und bei denen der Ausfall von einem oder zwei Elementen gar nicht auffallen würde.

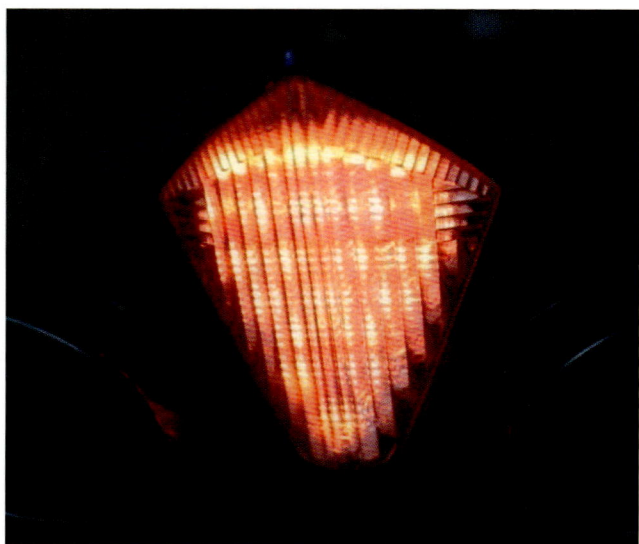

LED-Rücklicht

Bremsflüssigkeit und Bremsfunktion

Wir gehen davon aus, dass Dein Motorrad korrekt gewartet ist. Deshalb musst Du Dir nicht vor jeder dritten Fahrt Gedanken über die Stärke Deiner Bremsbeläge und das Alter der **Bremsflüssigkeit** machen. Letztere ist hygroskopisch, das heißt sie neigt dazu, Wasser zu binden, was dann bei starker Erhitzung des Bremssystems zu Luftbläschen führt. Eine extrem unangenehme Sache, die Dir erspart bleibt, wenn die Bremsflüssigkeit alle zwei Jahre gewechselt wird. Wenn Du regelmäßig zur Inspektion in die Fachwerkstatt fährst, wird dort turnusmäßig darauf geachtet.
Somit musst Du nur noch einen Blick auf die Bremsflüssigkeitsbehälter werfen, von denen der vordere ja ohnehin in Deinem Blickfeld liegt. Viele Behälter sind durchsichtig und haben eine Füllstands-Markierung; andere haben ein Schauglas. Bei modernen Sport-Motorrädern ist der Bremsflüssigkeitsbehälter stark mittig und nicht mehr am Lenker angebracht, um ihn im Falle eines Sturzes weitestgehend zu schützen.

Bremsflüssigkeitsbehälter vorn

Wenn Du dann aus der Garage oder vom Hof fährst, genügt ein kurzer Funktionstest beider Bremsen. Alles andere wird üblicherweise bei der Inspektion erledigt. Bist Du ein Schrauber, so weißt Du das ohnehin alles selbst, bist aber gut beraten, Dir Datum und Kilometerstand des Wechsels von Bremsflüssigkeit und Belägen zu notieren. Vor jeder großen Fahrt und auch vor einem eventuellen Rennstreckenbesuch solltest Du – unabhängig von der Inspektion – noch einmal selbst die Stärke der Bremsbeläge „inspizieren".

Ist Dein Moped schon ein etwas betagteres Modell, so empfehle ich Dir dringend, die alten Bremsschläuche durch Stahlflex-Schläuche zu ersetzen. Die werksseitig verbauten Schläuche können über die Jahre spröde und rissig werden und dadurch irgendwann zu einem Sicherheitsrisiko.

Stahlflex-Bremsschlauch

Ein weiterer Vorteil der Stahlflex-Leitungen besteht darin, dass Deine Bremsanlage nun einen exakteren Druckpunkt bekommt. Die herkömmlichen Bremsschläuche können sich bei starkem Druck aufblähen und das tun die Stahlflex-Leitungen nicht. Wenn Du bei Deinem Moped über einen etwas teigigen Druckpunkt am Handbremshebel klagst, so wird das mit Stahlflex-Schläuchen zumindest besser. Die Schläuche gibt es für nahezu jedes Modell, in unterschiedlichen Farben, mit unterschiedlich farbigen Anschlussstücken und natürlich mit ABE. Eine gute Investition also. Wenn Du kein super Schrauber mit entsprechendem Equipment für eine solche Arbeit bist, so überlasse den Umbau aus Sicherheitsgründen lieber einer guten Fachwerkstatt.

Vorsicht jedoch bei Motorrädern mit ABS: Hier kannst Du nicht einfach andere Bremsleitungen montieren, sondern musst zunächst den Fachhändler oder den Hersteller befragen, denn das Verhalten der werkseitigen Bremsleitungen kann Bestandteil der Abstimmung des Regelsystems sein.

Reifenluftdruck

Viel zu selten wird leider der **Reifenluftdruck** überprüft – auch beim Auto. **Reifen** müssen eben einfach funktionieren und viele von uns sehen nicht die Notwendigkeit, ihnen Aufmerksamkeit zu schenken. Dabei stellen sie doch den einzigen Kontakt zur Fahrbahn her und haben ein wenig Beachtung verdient.

Reifenluftdruck prüfen

Foto: Thomson

Wie oft Du den Luftdruck überprüfen solltest, hängt zunächst von der Häufigkeit Deiner Fahrten und vom Einsatzzweck ab. Wenn Du z. B. täglich einige Kilometer zur Arbeit fährst, wäre es übertrieben, vor jeder Fahrt den Luftdruck zu kontrollieren. Alle zwei Wochen im Alltagsbetrieb solltest Du die Kontrolle aber schon durchführen und natürlich immer vor einer längeren Tour, einer Urlaubsreise oder einer Fahrt über die Rennstrecke.

Bei zu geringem Luftdruck verformt sich Dein Reifen stärker, er walkt und durch diese Walkarbeiten entsteht Hitze. Bei extremer Beanspruchung, z. B. bei hoher Außentemperatur und Vollgasfahrt kann Dir der Reifen um die Ohren fliegen, was zumeist nicht gut ausgeht. Auch das Kurven- und Bremsverhalten verschlechtert sich und kann Dir in einer kritischen Situation Deine Bewältigungsstrategie verwässern. Schleichender Druckverlust kann auf einen Fremdkörper, z. B. einen Nagel im Reifen hinweisen, der nicht gleich den Platzer herbeigeführt hat, sondern so sitzt, dass er noch einigermaßen abdichtet. Wenn er aber bei schneller Fahrt hohen Fliehkräften ausgesetzt ist, lässt die Abdichtung nach oder er fliegt sogar heraus.

Also kontrolliere bitte regelmäßig den Luftdruck und zwar bei kaltem Reifenzustand.

Besonders komfortabel und unabhängig von einer Tankstelle (an denen die Stangen der Prüfgeräte oft für uns Mopedfahrer nicht stark genug gebogen sind) geht es mit einem kleinen mobilen Prüfgerät, das Du im Tankrucksack lassen kannst.

Mittlerweile gibt es analog zu Systemen in modernen Pkw auch nachrüstbare Kontrollsysteme für Motorräder, die einen Druckverlust elektronisch anzeigen. Das ist eine gute Vorwarnung vor dem Ernstfall, ersetzt jedoch aus meiner Sicht nicht die Kontrolle.

Zur Höhe des Luftdrucks möchte ich hier keine Angaben machen. Beachte bitte hierzu die Angaben des Fahrzeug- und Reifenherstellers. Generell gilt, dass Du Dich beim Luftdruck vor langen Autobahnfahrten und hoher Zuladung an der oberen Grenze der Empfehlung orientierst, wogegen viele Sportfahrer den Luftdruck auf der Rennstrecke ein wenig absenken.

Kettenspannung und Kettenschmierung

Wenn Dein Moped Kardan- oder Zahnriemenantrieb hat, so ist dieses Thema nicht das Deine. Viele von uns aber haben ein Modell mit herkömmlicher Antriebskette und diese braucht ein wenig Wartung und Pflege.

Wenn ich mir die Motorräder im Alltag mal so anschaue, so hat sich angemessene **Kettenpflege** offenbar noch nicht überall herumgesprochen, denn viele Antriebsketten sind knochentrocken. Sicherlich muss und soll eine moderne O-Ring-Kette nicht vor Kettenfett triefen, aber auch sie braucht Schmierung. Besonders nach einer langen Regenfahrt signalisiert Dir Deine Kette dies durch einen silbrig-metallenen Glanz. Also her mit der Dose. Das Angebot an Kettensprays

Kettenpflege

reißen. Gut, wenn man dabei nicht in der Nähe wäre, denn eine abgeschleuderte Antriebskette kann rasiermesserartig selbst Fahrzeugteile abtrennen.

Wenn Deine Kette ihrem Lebensabend zustrebt, erkennst Du das am ungleichmäßigen Durchhang. Werden die Unterschiede größer, lässt Du die Kette am besten in der Fachwerkstatt prüfen und ggf. austauschen.

Normalerweise macht bei guter Pflege eine moderne Antriebskette nur wenig Stress. Dann wird auch das Nachspannen zu einem eher seltenen Ereignis. Ich zumindest erinnere mich nicht, wann ich das letzte Mal selbst eine Kette gespannt hätte, denn die notwendigen Intervalle waren so groß, dass entweder der nächste Reifenwechsel oder die nächste Inspektion anstand.

Viele Motorradfahrer schwören auf automatische Schmiersysteme, die der Kette immer die benötigte Menge an Schmiermittel zuführen und erzählen von astronomisch langen Lebenszeiten der Antriebskette. Eine tolle Sache – bei Interesse informiere Dich am besten im Zubehörhandel.

Ölstand

Hier gibt es eigentlich wenig zu sagen. Jedes moderne Motorrad hat eine Kontrollleuchte für den Füllstand des Motoröls, einige sogar Instrumente für den Öldruck. Auf die Kontrolllampe für den **Ölstand** solltest Du Dich jedoch nicht blind verlassen. Prüfe den Ölstand regelmäßig an dem zumeist (nicht bei Trockensumpfschmierung) vorhandenen Schauglas. Dazu muss das Moped aber gerade stehen und der Motor sollte warm sein, aber nicht gerade eben erst heiß abgestellt. Bei heißem Motor befindet sich noch zu viel Öl im Umlauf und bei völlig kaltem Motor ist fast alles nach unten geflossen. Letztlich handelt es sich hier aber um vertretbare Abweichungen und Du wirst üblicherweise bei jedem Zustand des Motors ablesen können, ob der Ölstand einigermaßen korrekt ist.

ist riesig, sogar farbloses ist erhältlich. Einige Hersteller haben auch eine „Babyflasche" für den Tankrucksack im Programm, die Du aus der großen Dose nachfüllen kannst.

Zum Einsprühen stellst Du das Motorrad am besten auf den Hauptständer (soweit vorhanden) oder auf einen Montageständer.

Du sprühst am besten von oben auf den unten liegenden Kettenstrang (der obere ist in der Regel ohnehin durch den Kettenschutz verdeckt) und drehst dabei das Rad so lange gleichmäßig weiter, bis Du einmal durch bist. Verkleckertes Kettenspray wischt Du gleich weg. Achte auch auf Deine Kleidung, denn es gibt kaum so hartnäckige Flecken wie die von Kettenspray.

Es bietet sich im Alltag an, das Einsprühen abends nach dem Abstellen des Motorrads zu machen, damit das im Spray enthaltene Lösungsmittel Zeit hat, sich zu verflüchtigen. Musst Du unterwegs nachsprühen, z. B. bei einer längeren Tour und nach ausgiebiger Wasserschlacht, so mache es zumindest zum Beginn der Pause, damit Du nicht sofort wieder so losfahren musst. Sprühe bitte die Kette nicht unmittelbar vor einem Rennstreckeneinsatz ein, damit Du zuvor noch einmal Gelegenheit hast, den Hinterradreifen auf eventuell abgeschleudertes Schmiermittel zu überprüfen.

Für die **Kettenspannung** gilt: In der Mitte des unteren Kettenstrangs gemessen, soll die Kette im belasteten Zustand nach oben und unten insgesamt ca. 3 cm Spiel haben. Dafür ermittelst Du zunächst die straffste Stelle der Kette, an der dann gemessen wird. Zur endgültigen Überprüfung setzt Du Dich am besten auf Dein Moped und greifst nach unten, um den Durchhang zu überprüfen. Beachte hierzu auch die Angaben des Fahrzeugherstellers in der Betriebsanleitung. Ist die Kette zu locker, neigt sie zum Peitschen und führt zu einer unharmonischen Übertragung im Antriebsstrang. Ist die Kette zu fest, so kann sie bei starker Belastung (und vielleicht zusätzlich noch ungenügender Schmierung) einfach

Schauglas Ölstand

Ist es zu knapp, so fülle rechtzeitig nach. Dabei übereile bitte nichts und warte ein wenig, bis das Öl sich so gesammelt hat, dass Du die Veränderung zuverlässig im Schauglas erkennen kannst.

Beachte hierzu in jedem Fall die Angaben in der Betriebsanleitung des Motorrads.

Musst Du unterwegs nachfüllen und an der Tankstelle irgendein Öl kaufen, so ist das normalerweise auch kein Problem, solange es Öl für Motorräder ist. Unterschiedliche Viskositäten kannst Du notfalls mischen, unterschiedliche Marken sowieso – nur mineralische und vollsynthetisches Öl darfst Du nicht mischen, es sei denn Du bist in der Einöde gestrandet.

Auch außerhalb von Inspektionsterminen ist es sinnvoll, den festen Sitz von Schrauben und Muttern zu überprüfen. Das gilt ganz besonders für Motorradmodelle mit starken Vibrationen, die oftmals sogar dafür bekannt sind, dass sie zum Losschütteln von Befestigungen neigen. Viele kleine Dinge und evtl. Beschädigungen kannst Du schon im Vorfeld erkennen, wenn Du dein Moped mal selber wäschst und putzt. Die kleine Pflege geht auch in der Garage oder vor dem Haus; ansonsten gibt es in Deiner Nähe sicherlich eine Station zum Selbstwaschen von Autos. Dort halte aber bitte den Hochdruckreiniger in ausreichendem Abstand zum Motorrad.

Kleine Pflege

Motorradreifen

Technische Fragen wie Wartungs- und Reparaturarbeiten oder Fahrwerkseinstellung werden in diesem Buch kaum und wenig ausführlich behandelt. Hierzu gibt es genügend Bücher, deren Autoren sicher sehr viel mehr davon verstehen als ich. Ein engagierter und guter Motorradfahrer muss nicht zwangläufig eine „Schrauber-Seele" sein. Dafür gibt es Werkstätten, die von so etwas leben und als Normalfahrer muss ich auch nicht jeden Kniff des Fahrwerks-Setups kennen. Wenn doch – lese ich in den erwähnten Büchern.
Das Thema **Reifen** ist jedoch für alle von uns so elementar und auch von Bedeutung für die Sicherheit, dass Du hierüber Einiges wissen solltest.

Unsere Reifen stellen den einzigen Kontakt zur Fahrbahn dar. Über zwei knapp handtellergroße Flächen (die Reifenaufstandsfläche wird auch „Latsch" genannt) werden alle Kräfte übertragen. Das sind enorme Antriebskräfte besonders bei leistungsstarken Maschinen, das sind Bremskräfte in alltäglichen und in kritischen Situationen und das sind Seitenführungskräfte beim Kurvenfahren. Ein Wunder eigentlich, dass das in der Regel so zuverlässig funktioniert.

Reifen leisten Schwerstarbeit

Dabei stellt ein Motorrad wesentlich höhere Ansprüche an die Reifen als üblicherweise ein Auto. Auch die Wirkung unterschiedlicher Bereifung auf das Fahrverhalten ist hier wesentlich größer. Da die Bereifung an unserem Moped so enorm wichtig ist, soll hier auch durchaus etwas ausführlicher als bei anderen technischen Fragen auf das Thema eingegangen werden.

Sportliches Reifenpaar mit Dame

Anders als beim Automobilreifen benötigen Motorradreifen unterschiedliche Profile für Vorder- und Hinterrad sowie einen unterschiedlich gestalteten Unterbau, die Karkasse. Die Profile der Reifenpaarungen sind jedoch in der grundsätzlichen Gestaltung in der Regel miteinander „korrespondierend" ausgelegt.

Während Reifen mit Diagonalkarkasse im Pkw-Bereich kaum noch eine Rolle spielen, ist diese Bauart bei Motorrad-Reifen noch verbreitet.

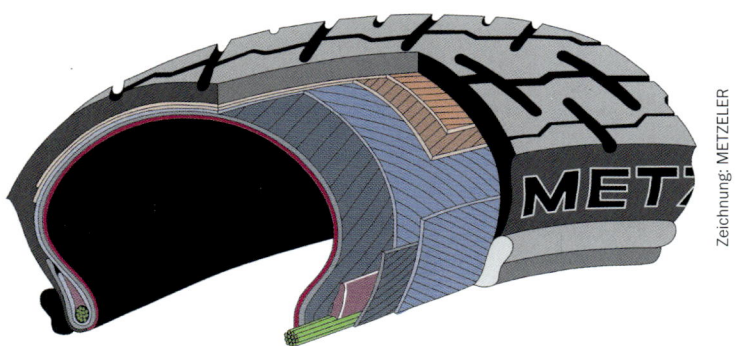

Motorradreifen diagonal

Üblich bei leistungsstarken Motorrädern ist allerdings der Reifen mit Radialkarkasse, bei dem die Fäden der Karkasse quer über den Gürtel verlaufen. [16] Der wesentliche Vorteil des Radialreifens ist seine größere Formstabilität bei hohen Fliehkräften und ein geringeres Gewicht. Weiterhin sorgt sein stabiler Aufbau für eine geringere Erhitzung, wodurch weichere Gummimischungen mit besserer Haftung verwendet werden können.

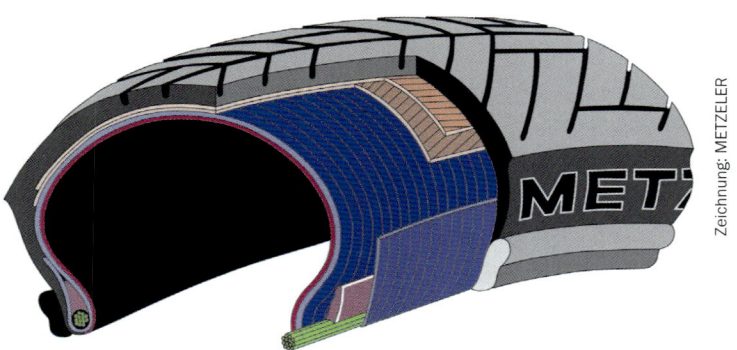

Motorradreifen radial

Die Karkasse eines modernen Motorrad-Niederquerschnitts-Reifens soll fest und formstabil und dabei gleichzeitig nicht zu schwer sein. Als Materialien werden Stahl, Kevlar und Aramidfasern verarbeitet. Bei der Gummimischung wird in der Regel zunächst eine härtere Basismischung verwendet mit einer weicheren Lauffflächenmischung darüber. [17]

Auch gibt es unterschiedliche Gummimischungen auf einzelnen Bereichen des Reifens. So verwenden einige Hersteller eine härtere und weniger verschleißanfällige Mischung in der Reifenmitte für die Geradeausfahrt und eine weichere Mischung auf der Reifenflanke für besseren Grip in Schräglage. Andere Reifenhersteller verordnen der Karkasse unterschiedliche Spannungszonen innerhalb des Gürtels, die sich jeweils günstig auf die Abriebeigenschaften, Flexibilität und Schräglagengrip auswirken.

Motorradreifen sind Spezialisten. Je nach Motorradmodell und Fahrgewohnheiten des Fahrers gibt es Reifen für Touren, Tourensport, Sport und für den Offroad-Bereich.
Bei einem typischen Tourenreifen für eine Reisemaschine ist natürlich die Haltbarkeit viel wichtiger als der letzte Hauch an Grip in Schräglage und bei einem Sportreifen ist es eher umgekehrt.

Wenn Du Deine Reifen ein wenig näher betrachtest, so erkennst Du einige Bezeichnungen und Zahlen auf der Flanke. Manche davon sind für uns durchaus von Bedeutung.

Seitenwandkennzeichnung

Die erste Zahl bezeichnet die Reifenbreite in Millimetern; in diesem Bespiel somit 190 mm. Die zweite Zahl bezieht sich auf den Nenn-Niederquerschnitt. Es handelt sich um eine Prozentzahl bezogen auf die Reifenbreite. Dieser Reifen hat also eine Höhe von 50% seiner Breite.

Dann kommt die Geschwindigkeitskategorie, der **Speed-Index**. Dieser bezeichnet, bis zu welcher Geschwindigkeit dieser Reifen zugelassen ist; hier über 240 km/h.

Nun wirst Du Dich beim Betrachten der nachfolgenden Tabelle (viele dieser Geschwindigkeitskategorien spielen allerdings bei Motorradreifen keine Rolle) vielleicht fragen, wieso die Geschwindigkeitsklasse ZR so neben den anderen Kategorien steht. Du solltest an dieser Stelle jedoch nur weiterlesen, wenn es Dich wirklich interessiert, denn es ist recht kompliziert:
Bei ZR-Reifen ist die Geschwindigkeit oberhalb von 240 km/h nicht reglementiert, kann also auch 300 km/h (Y) noch überschreiten. Der Hersteller muss jedoch überprüfen,

SPEED-INDEX	
Kategorie	**bis km/h**
P	150
Q	160
R	170
S	180
T	190
U	200
H	210
V	240
W	270
Y	300
ZR	über 240

ob der Reifen hinsichtlich seiner Tragfähigkeit (Load-Index) die Geschwindigkeit tatsächlich verträgt.

Die Tragfähigkeit wird in kg gemessen und ergibt sich aus dem Fahrzeuggewicht im Stand, verteilt auf jeden Reifen. Bei steigender Geschwindigkeit kann jedoch abhängig vom Fahrzeug immer mehr **Abtrieb** entstehen, so dass die Belastung für den einzelnen Reifen steigt. Gemäß Load-Index wird daher je 10 km/h über 240 km/h ein Abschlag bei der Tragfähigkeit in Höhe von 5 % berechnet.

Um die Kategorien zu vereinfachen, hat man über 240 km/h die Klassen W und Y geschaffen, ZR ist jedoch immer noch eine gängige Klasse. Das gilt ganz besonders für Motorradreifen.

Um den erwähnten Load-Index, der die maximale Tragfähigkeit des Reifens kennzeichnet, musst Du Dich eigentlich nicht sorgen, da Du sicher nur Reifen verwendest, die für Dein Fahrzeug zugelassen sind.

Jeder Reifen hat noch ein verschlüsseltes Produktionsdatum, an dem Du erkennen kannst, wie alt er ist. Das ist wichtig, weil zu lange gelagerte Reifen einen Teil ihrer Eigenschaften verlieren können. Die erste Zahl bezeichnet die Woche

Seitenwandkennzeichnung

und die zweite das Jahr der Herstellung. Dieser Reifen in der Abbildung ist in der 21. Woche 2010 produziert worden.
Wenn Du Dir neue Reifen kaufst, sollte aus meiner Sicht das Produktionsdatum maximal 2 Jahre zurückliegen. Bei einer sachgerechten Lagerung durch den Hersteller ist das noch tolerierbar. In der Praxis wird dies wohl kaum vorkommen; es sei denn es handelt sich um einen wenig gängigen Reifen für ein älteres oder seltenes Motorradmodell.
Beachte das Reifenalter bitte ganz besonders beim Kauf einer gebrauchten Maschine. Zu alte Reifen sind verhärtet und spröde und verlieren dadurch einen großen Teil ihrer Hafteigenschaften. Kurioserweise halten sie durch die Aushärtung der Gummimischung immer länger und Du bist vielleicht versucht, sie noch zu belassen, weil sie ja noch nicht abgefahren sind. In einer kritischen Fahrsituation bei schlechtem Wetter könntest Du das jedoch sehr bereuen.
Reifenspezialist Helmut Dähne schreibt über Reifenalterung: „Ein Reifen kann, wenn er ordentlich, kühl und dunkel gelagert wurde auch 5 Jahre nach Herstellungsdatum noch als neuwertig gelten."[18] Da Du bei der Lagerung wahrscheinlich nicht dabei warst, lasse es lieber nicht darauf ankommen.

Die für die Wasserableitung bei nasser Fahrbahn zuständigen Profilrillen im Reifen nennt man Negativ-Profil; das Übrige ist das sogenannte Positiv-Profil. Bei Reifen für sportliche Motorräder überwiegt das Positiv-Profil, während z. B. ein Geländereifen viel ausgeprägtere Profilrillen aufweist.

Denke bitte neben dem korrekten **Reifenluftdruck** auch an die Profiltiefe an Deinen Reifen, für die der Gesetzgeber als Minimum 1,6 mm festlegt. Die meisten Motorradreifen haben sogenannte Verschleiß-Indikatoren (TWI: Treadwear Indicator), das sind kleine quer über die Profilrille laufende Stege, die bei abgefahrenen Reifen dann in einer Ebene mit dem benachbarten Positiv-Profil liegen. Doch Achtung: Bei Motorradreifen liegen die Indikatoren aufgrund einer amerikanischen Norm meist in einer Ebene von 0,8 mm.
Bis zum gesetzlichen Minimum solltest Du jedoch nicht warten, ganz besonders dann nicht, wenn Du mal bei Nässe unterwegs bist (soll in Deutschland vorkommen). Je geringer die Reifenprofiltiefe, umso höher die Gefahr von **Aquaplaning**.

Bestimmt hast Du die Diskussion um Winterreifen beim Motorrad mit verfolgt. Die Winterreifenpflicht schreibt für alle Kraftfahrzeuge, also auch für Motorräder eine geeignete Bereifung bei winterlichen Wetterverhältnissen vor. Diese geeignete Bereifung muss hinsichtlich Lauffläche und Profil für Schnee und Schneematsch konzipiert sein und sich dadurch von normalen Reifen unterscheiden. Eine gesetzliche Kennzeichnungspflicht für diese Reifen besteht bislang nicht. Ob solche Reifen für die meisten Motorradmodelle überhaupt erhältlich sind, sei dahingestellt.
Winterliche Wetterverhältnisse werden definiert mit Glatteis, Schneeglätte, Schneematsch sowie Eis- und Reifglätte. Wenn Du also im Winterhalbjahr außerhalb dieser Wetterbedingungen mit dem Motorrad unterwegs bist, ist das auch mit Deiner regulären Bereifung nicht verboten.

Neue Reifen müssen immer erst vorsichtig eingefahren werden, da sie das herstellungsbedingte Trennmittel ausschwitzen und etwas angeraut werden müssen. Fahre daher erst einmal etwa 100 km sehr zurückhaltend, was Schräglage und Beschleunigung in Schräglage betrifft – ganz besonders bei Nässe. Wenn der Reifen dann ein oder zweimal richtig Hitze bekommen hat, ist das Trennmittel verflogen.

Auch wenn die Reifen nicht mehr neu sind, brauchen sie stets ihre Betriebstemperatur für eine optimale Haftung. Die Kurven auf den ersten Kilometern nach Fahrtbeginn solltest Du daher besonders vorsichtig angehen.

Eine Kleinigkeit zum Schluss: Achte bitte darauf, dass die Ventile Deiner Reifen stets mit einer Kappe vor dem Eindringen von Schmutz geschützt sind. Am besten tauschst Du die einfachen Ventilkappen gegen solche aus Metall mit einer Gummidichtlippe aus. Bei sehr hoher Raddrehzahl könnte das Ventil aufgrund der hohen Fliehkräfte gegen den Druck der Feder leicht öffnen, so dass Luft entweichen könnte.

Gepäckplanung

Gepäck auf dem Motorrad ist oft lästig. Ob Du ein Tourenfahrer bist mit großen Reise-Ambitionen, eher den kurzen Ausflug am Nachmittag liebst oder ganz einfach täglich zur Arbeit fährst – ein paar nützliche Dinge solltest Du dabei haben.

Was im Alltag dabei sein sollte

Wenn Du keine längere Tour planst, sondern nur im Alltag unterwegs bist, ist die Liste der unentbehrlichen Dinge eigentlich recht kurz. Ein wenig mehr als Geld, Fahrzeugpapiere und Handy darf es aber sicher doch sein.

Dazu gehen wir einmal davon aus, dass Du im Alltag einen **Tankrucksack** oder eine vergleichbare kleine Tasche mit Dir führst.

Allgemeingültige „Richtlinien" gibt es hier kaum. Deshalb erzähle ich einfach einmal, was ich persönlich stets im Tankrucksack habe:
- Ersatzvisier (klar oder getönt)
- Miniflasche Kettenspray
- Straßenkarte der Region
- Mini-Taschenlampe
- Wundpflaster-Set
- Ersatz-Ventilkappe
- Stück biegsamer Draht
- Rolle Isolierband
- 1 Mini-Spannriemen
- Kugelschreiber und kleiner Zettelblock
- Unterlegplättchen für Seitenständer bei losem oder morastigem Untergrund

Was Du hiervon weglassen oder hinzufügen möchtest, hat sicherlich mit Deinem Fahralltag und auch mit Deinen bis-

herigen Erfahrungen zu tun. Man vermisst ja ohnehin immer gerade das, was man nicht dabei hat.

Bei einem technischen Problem im Dunkeln wirst Du z. B. eine Taschenlampe sehr vermissen. Bei einem meiner früheren Mopeds ist mir einmal während der Fahrt und direkt vor meiner Nase die Halterung des vorderen Bremsflüssigkeitsbehälters abvibriert. Ich war sehr dankbar für mein Stückchen biegsamen Drahtes, mit dem ich die ganze Sache fixieren konnte. Das war keine Urlaubsfahrt, sondern die Rückfahrt von einem Training etwa 90 km von zuhause entfernt und ich konnte mir viel Stress ersparen.

Also erstelle Dir einmal in Ruhe Deine private Liste der Dinge, die Du mit Dir führen möchtest.

Für die Planung und Vorbereitung einer Tour ist natürlich zunächst entscheidend, wie weit sie führen und wie lang sie

Unterlegplatte für Seitenständer

dauern soll. Aber auch das Reiseziel und die Art des Aufenthaltes (Camping oder Hotel/Pension) kann Einfluss auf die Vorbereitung haben.

Zu geeigneten Gepäcksystemen findest Du in diesem Buch einige Tipps.

Aber was sollten wir mitnehmen? Eine gründliche Planung ist schon allein deshalb sinnvoll, weil der Stauraum an und auf einem Motorrad üblicherweise sehr beschränkt ist und wir daher gezwungen sind, uns auf die wesentlichen Dinge zu beschränken.

Was bei einer größeren Tour zusätzlich dabei sein sollte:
- Persönliche Dinge
- Personalausweis oder Reisepass
- Fahrzeugpapiere, grüne Versicherungskarte
- Notrufnummer des Schutzbriefanbieters
- Notrufnummer für Sperrung von Scheck- oder Kreditkarte
- Reserveschlüssel fürs Motorrad

Nichts vergessen?

- Reparatur-Handbuch
- Bordwerkzeug komplett? Sinnvolle Ergänzungen:
- Multi-Tool, Isolierband, Kabelbinder, Stück biegsamer Draht, Panzer-Klebeband

Bei Fernreisen:
- Visum
- Impfung erforderlich?

- Adressen von Botschaften, Konsulaten und Motorrad-Vertragswerkstätten
- Reiseapotheke

Das alles sollte natürlich auch wasserfest verstaut sein, denn feuchte Ersatzkleidung am Abend macht Dir auch keine Freude.

Foto: Institut für Zweiradsicherheit

Gepäcksysteme

Wenn wir mit dem Motorrad im Alltag unterwegs sind, kommen wir um irgendein Gepäcksystem nicht herum.
Für den Weg zur Arbeit oder für den kurzen Trip reicht sicherlich ein Tankrucksack oder ein kleiner Rucksack, für die lange Reise oder Urlaubsfahrt muss es wohl zusätzlich eine Gepäckrolle, ein Koffersystem oder ein Topcase sein.

Die beste Transportmöglichkeit für Deinen Kram ist zunächst der Tankrucksack. Er ist in der Regel leicht zu montieren und befindet sich auch beim Fahren ständig in Deinem „Kontrollbereich". Vor allem aber ist er mit seiner günstigen Lage auf dem Motorradschwerpunkt unter fahrphysikalischen Aspekten die beste Wahl.
Heutzutage üblich und auch sehr praktisch sind die magnetischen Modelle, die auf einem Metalltank selbst bei hohem Tempo sehr zuverlässig haften.

Foto: Thomson

Adapter-Ring für Tankrucksack

Foto: Triumph

Tankrucksack magnetisch

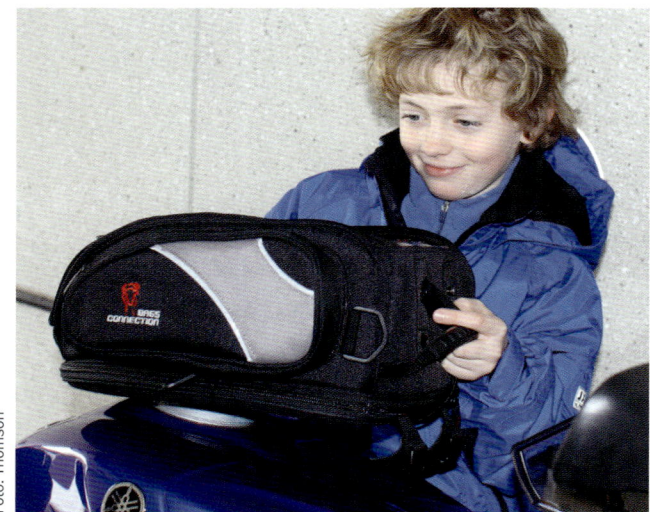

Foto: Thomson

Kinderleicht: ansetzen ...

Aber da ist schon das Problem, denn nicht jeder Tank (oder was man dafür hält, denn manchmal ist es nur eine Abdeckung zum Luftfiltergehäuse) ist aus Metall, so dass man doch wieder auf die gute alte Riemenbefestigung zurückkommen muss – eher umständlich und eigentlich wenig zeitgemäß. In jedem Fall ist dann darauf zu achten, dass nicht irgendwelche Schläuche oder Kabel eingeklemmt werden.

Moderne Systeme bieten alternativ eine Klick-Befestigung mittels eines Adapter-Rings auf dem Tankdeckel. Das funktioniert in der Regel sehr gut und ist äußerst praktisch.

Sinnvoll für den Tankrucksack sind eine Regenhaube, eine abnehmbare Außentasche für Geld, Handy etc. und ein Klar-

Foto: Thomson

... andrücken, hält!

sichtfach für die Straßenkarte. Moderne Systeme bieten sogar Kabelführungen und spezielle Fächer für mobile Navigationsgeräte.

In jedem Fall sollte das Motorrad beim Kauf des Tankrucksacks „dabei" sein. Sonst könnte es zu gewissen Unpässlichkeiten kommen durch die unterschiedlichen Konturen des Tanks. Der Tankrucksack könnte Dich beim Fahren behindern und im Extremfall bei vollem Lenkeinschlag quasi von selbst hupen oder den Kill-Schalter betätigen.
Der Tankrucksack sollte auch nicht so vollgestopft werden, dass Du über ihm hängst wie ein Segel im Wind und das Gefühl hast, kaum noch an den Lenker zu kommen.

Eine andere sehr beliebte Transportmöglichkeit für Kleingepäck ist der **Rucksack**. Das ist in Ordnung, soweit es sich um ein kleineres, genauer gesagt flacheres Exemplar handelt. Es gibt sogar Modelle, die besonders körpergerecht und aerodynamisch geformt sind.
Ich beobachte aber auch Motorradfahrer mit riesigen Rucksäcken und frage mich dann – ganz abgesehen von der Bequemlichkeit – wie bei einem Sturz wohl der Bewegungsablauf aussehen würde und was eine menschliche Halswirbelsäule macht, wenn sie bei einer Überschlags- oder Rollbewegung mit voller Wucht und der Hebelwirkung des dicken Rucksacks überstreckt wird.

Bitte benutze auch keinen handelsüblichen Freizeit- oder Wanderrucksack, sondern einen speziell für das Motorrad. Ein guter Motorradrucksack hat besonders sichere Gurtsysteme und die Reißverschlüsse sind gegen unbeabsichtigtes Öffnen durch den Fahrtwind gesichert.
Wenn es auf größerer Fahrt oder Urlaubsreise mehr sein soll, dann brauchst Du für das Heck eine **Gepäckrolle**, Gepäcktasche(n), ein spezielles Koffersystem oder ein **Topcase**. Gepäckrollen und Softbags lassen sich über die Aufnahmen der Soziusfußrasten mittels Spannriemen problemlos auf dem Beifahrersitz verzurren. Wirklich praktisch sind diese Gepäckrollen, doch sie sind „inhaltlich" sehr unübersichtlich und oft braucht man gerade das ganz dringend, was am anderen Ende oder ganz unten verstaut ist.
Insbesondere Fahrer von Sportmotorrädern bevorzugen diese Befestigungsmöglichkeit.

Auch für Sportler findet man aber auch spezielle Taschensysteme mit ausgeklügelten Befestigungen, die auch noch gut aussehen.

Koffer am Motorrad sind natürlich sehr praktisch, denn es passt viel hinein, sie sind stabil, leicht anzubringen und sogar abschließbar. Für die meisten Motorradmodelle gibt es entsprechende Trägersysteme. Durch die Koffer wird das Motorrad aber auch ziemlich breit.

Foto: HELD

Klassische Gepäckrolle

Gepäcksystem für Sportmotorrad

Koffersystem

Für alles am Heck angebrachte Gepäck gilt, dass es sich ungünstig auf das Fahrverhalten des Motorrads auswirken kann. Auch eigentlich sehr fahrstabile Motorräder können zum **Pendeln** neigen und durch die Entlastung des Vorderrades (besonders bei einem Topcase) kann es zu Lenkerschlagen **(Kickback)** oder im Extremfall zu unbeabsichtigten Wheelies kommen.

Topcase

Die schweren Sachen gehören also eigentlich in den Tank-rucksack. Auch auf eine gleichmäßige Beladung der beiden Koffer sollte geachtet werden.

Ein stark beladenes Motorrad federt natürlich stärker ein und dadurch kann sich die Schräglagenfreiheit so verändern, dass es in flott gefahrenen Kurven aufsetzen kann. Auch das Bremsverhalten wird anders, denn das zusätzliche Gewicht „schiebt" doch deutlich und besonders bei längerem Berg-abfahren führt das zu einer starken Belastung des Brems-systems und unter Umständen zu **Bremsfading**. Auch beim Beschleunigen wird das vollbepackte Motorrad behäbiger, so dass Überholmanöver länger als gewohnt dauern können.
Weiterhin hat das Gepäck Einfluss auf die dynamische **Achs-lastverlagerung** beim **Bremsen**, so dass bei starker Belas-tung des Hinterrades nun hinten mehr gebremst werden kann und sollte.
Daher solltest Du wirklich nur das mit Dir herumfahren, was Du wirklich brauchst und mit dem beladenen Motorrad ganz besonders weich und vorsichtig fahren.

Checkliste Gepäck
- Nur das Nötigste einpacken
- Zulässiges Gesamtgewicht des Motorrades beachten
- Am besten Tankrucksack verwenden
- Schwere Stücke möglichst in den Tankrucksack und dort nach unten
- Bei Koffern und Satteltaschen auf beidseitig gleichmäßi-ge Beladung achten
- Reifenluftdruck bei starker Beladung leicht erhöhen (Herstellerangaben beachten)
- Federbeineinstellung bei starker Beladung anpassen (Herstellerangaben beachten)
- Mit Änderungen beim Fahrverhalten rechnen und beson-ders angepasst fahren.

Tourenplanung

Wenn ich mich an meine Mopedzeit als junger Mann erin-nere wird mir klar, dass ich fast nichts geplant hatte. Ich bin meistens einfach drauflos gefahren. Eine vielversprechend kurvenreich erscheinende Strecke, der Dunst in den fernen Bergen zog mich an. Ich hatte keinen Plan wo ich mich ge-nau befand und eine Straßenkarte war allenfalls dann inte-ressant, wenn ich Schwierigkeiten auf dem Rückweg hatte. Navigationsgeräte waren noch Fehlanzeige. Eigentlich war dieses Sich-treiben-lassen schön.

Zumindest vor einer großen Tour oder gar einer Urlaubsfahrt wirst Du sicher eine gewisse Planungsarbeit betreiben. Das ist sinnvoll, weckt die Vorfreude und bewahrt vor mancher Überraschung.
Welche Route planst Du? Fährst Du den schnellsten Weg über die Autobahn oder suchst Du gezielt nach landschaft-lich reizvollen und kurvenreichen Strecken? Wie lang sollen die Tagesetappen sein? Welche Möglichkeiten gibt es dabei

Foto: Archiv Highlights-Verlag

Auf Tour

für Pausen und Essen, für Tankstopps und für Übernachtungen?

Viele Motorradfahrer verwenden noch die gute alte Straßenkarte für die Planung und legen diese dann – vielleicht versehen mit einigen Markierungen und Notizen – in das Klarsichtfach ihres Tankrucksacks. Achte dann bitte auf die Verwendung von Kartenmaterial im Maßstab 1:200.000, da bei größerem Maßstab oft Details verborgen bleiben. Es ist bei der Planung auch zu berücksichtigen, dass insbesondere im Gebirge kleine Zentimeter-Entfernungen in Luftlinie große Entfernungen auf Straßen bedeuten, auf denen man nur sehr langsam vorankommt.

Foto: Teppert

Vorbereitung der Tour

Eine etwas modernere Variante ist die Planung am Computer mit einem Motorrad-Tourenplaner und die Mitnahme des ausgedruckten Roadbooks.

Foto: Thomson

Vorbereitung der Tour

Foto: Fellmer

Eingabe Navigationssystem

Zunehmend jedoch haben sich auch bei uns Motorradfahrern die Navigationssysteme durchgesetzt. Besser als das transportable Auto-Navi im Tankrucksack ist natürlich ein spezielles Gerät für das Motorrad, das stabil in einer Halterung sitzt, vom Bordstrom versorgt wird und sich auch mit Handschuhen noch bedienen lässt.

Nicht anders als beim Autofahren lenkt die Beobachtung des Displays und erst recht die Bedienung des Geräts während der Fahrt extrem ab. Richte also am besten vor Beginn der Fahrt alles so ein, dass Deine Beschäftigung mit dem Gerät unterwegs so gering wie möglich ist oder halte einfach zwischendurch mal an.

Navigationssysteme sind praktisch; besonders wenn man viel in unbekannten Gegenden, in Ballungsräumen und großen Städten unterwegs ist. Sie sind aus dem mobilen Alltag kaum noch wegzudenken und man fragt sich, wie man das früher überhaupt hinbekommen hat.

Ich persönlich bin aber auch der Meinung, dass sie etwas zu unserer „Verdummung" beitragen. Viele Zeitgenossen haben nicht die blasseste Ahnung, wo sie sich eigentlich befinden und wie diese Gegend überhaupt geografisch einzuordnen ist. Sie folgen einfach dem System.

Zumindest bei einer langen Tour in unbekannte Gegenden oder einer Urlaubsreise solltest Du zur Sicherheit (auch Navigationsgeräte haben mal einen Defekt) und für einen besseren Überblick zusätzlich noch eine Straßenkarte mitnehmen. Gut vorbereitet kannst Du die Sache entspannt angehen.

Fahren in der Gruppe

Gemeinsame Touren mit Gleichgesinnten können unser schönes Hobby noch um einen Aspekt bereichern: das Gemeinschaftsgefühl. Nicht das Gemeinschaftsgefühl unter allen Motorradfahrern, das ohnehin eher diffus geworden ist

und von theoretischer Natur, sondern das Teilen von unmittelbaren Fahrerlebnissen mit anderen innerhalb einer Gruppe.

Es gibt die typischen Gruppenfahrer, die kaum mal allein unterwegs sind und es gibt die einsamen Wölfe, denen das Fahren mit anderen zuwider ist. Wenn Du zu Letzteren gehörst, kannst Du die folgenden Zeilen überspringen, aber vielleicht kannst Du in der Gemeinschaft auch neue und andere Aspekte des Motorradfahrens für Dich entdecken.

Natürlich ist es von Vorteil, wenn die Leute innerhalb der Gruppe fahrerisch gut zusammen passen. Der typische eher langsam fahrende Genießer wird mit einem kurvengierigen Sportfahrer wohl kaum harmonieren. Andererseits werden solche Unterschiede in einer Gruppe von Fahrern oftmals überbrückt, weil es sich um gute Kumpels handelt, eine feste Clique oder Teilnehmer an einer organisierten Veranstaltung. Hier bieten sich für den einzelnen Fahrer durchaus ungeahnte Chancen, indem er vielleicht andere Facetten des Motorradfahrens kennenlernt. Der Anfänger kann vom Fortgeschrittenen lernen, der eher schnell Fahrende erfährt vielleicht die touristischen Reize des Motorradfahrens und den Blick für Umwelt und Natur oder er investiert einen Teil seiner Energie für eine besonders runde und elegante Fahrweise. Kleine vermeintliche Nachteile werden wegen des Gruppengefühls in Kauf genommen und manchmal plötzlich gar nicht mehr als Nachteile erlebt.

Für ein stressfreies und vor allem für ein sicheres Fahren sind einige **Regeln der Gruppenfahrt** erforderlich, die gemeinsam und vor allem vor Beginn der Fahrt festgelegt werden sollten.

Regel 1:
Reihenfolge festlegen

Zunächst sollte geklärt werden, wer an welcher Stelle innerhalb der Gruppe fährt. Dabei ist die Festlegung des ersten und des letzten Fahrers besonders wichtig. Das Schlusslicht sollte stets ein erfahrener Biker bilden. Durch die beim Gruppenfahren kaum vermeidbaren „Ziehharmonika-Effekte" muss der Letzte stets mehr „schrauben", um mitzukommen. Ein Anfänger und/oder ein Fahrer eines schwach motorisierten Fahrzeugs kann hiermit schnell überfordert sein. Da dies in leicht abgemildertem Maße auch für den vorletzten Fahrer und den davor gilt, sollten allgemein die fahrerisch eher schwachen Gruppenmitglieder nicht hinten sein. Gut bewährt hat sich, wenn der Letzte eine Warnweste in Signalfarbe trägt, wie es sie speziell auch für uns Motorradfahrer gibt. Damit ist das Ende der Gruppe immer klar erkennbar.
Vorn fährt am besten ebenfalls ein routinierter Fahrer, der ortskundig ist, sich ortskundig gemacht hat oder ganz einfach das gute Navi an Bord hat. Er sollte vom Typ her auch jemand sein, der seine Verantwortung als Führer der Gruppe erkennt und nicht mit dem Messer zwischen den Zähnen fährt. Bei den Motorrad-Veranstaltungen habe ich zuweilen auch erlebt, dass ganz brave und unauffällige Fahrer, die auf einmal vorn fahren sollen vom Ehrgeiz gepackt werden und loslegen, als ob es kein morgen gäbe. Also sucht Euch Euren Anführer gut aus – vielleicht bist Du es ja.
Wenn das Bisherige so gehandhabt wird, ist die weitere Reihenfolge im Einzelnen nicht ganz so wichtig; wenngleich ein Wechsel zwischen geübten und ungeübten Fahrern sinnvoll sein kann. In jedem Fall ist in diesem Zusammenhang jedoch der nächste Tipp einzuhalten.

Bevor es losgeht

Foto: Thomson

Foto: Thomson

Fahren in der Gruppe

Regel 2:
Überholverbot untereinander

Das ist eine der wichtigsten Gruppenregeln überhaupt. Niemals wird innerhalb der Gruppe überholt. Darauf muss sich jeder Fahrer verlassen können. Somit bleibt die eben erwähnte feste Reihenfolge erhalten.

In organisierten Sicherheitsveranstaltungen ist hiervon manchmal der Trainer ausgenommen, wenn er einzelne Teilnehmer genau beobachten möchte und/oder Filmaufnahmen macht. Das wäre jedoch vorher mit der Gruppe abzusprechen.

Regel 3:
Jeder ist für seinen Hintermann verantwortlich

Es kann nicht jeder Fahrer in der Gruppe auf alle hinter ihm achten – allenfalls einem Trainer oder professionellen Tourguide ist dies zuzumuten. Auf den direkten Hintermann zu achten, ist jedoch zumutbar und auch dringend erforderlich. Ist Dein Hintermann weg, so musst Du unmittelbar an geeigneter Stelle anhalten. Dies wird dann auch der vor Dir Fahrende tun und somit pflanzt sich das bis vorn weiter fort. Ohne diese Regel könnte die Gruppe völlig auseinanderreißen, weil irgendeiner ein technisches Problem hat, mal eben „muss" oder vielleicht sogar gestürzt ist.

Besonders an Kreuzungen und Abzweigungen solltest Du darauf achten, dass Dein Hintermann die Richtung mitbekommen hat. Anhalten solltest Du in jedem Fall vor der Abzweigung und nicht danach, weil an solchen Stellen gern „vorbeigeblasen" wird.

Der Haltepunkt muss Platz für alle Gruppenteilnehmer bieten, damit die letzten nicht auf der Straße stehen müssen.

Deine Fahrgeschwindigkeit hängt natürlich von dem vor Dir und von dem hinter Dir ab. Du willst an Deinem Vordermann dranbleiben, aber auch Deinen Hintermann nicht verlieren. Verlierst Du ihn, so hättest Du diese Regel gebrochen und müsstest dann notfalls anhalten und auf ihn warten. Also musst du langsamer werden, damit er dranbleiben kann. Aber wie langsam? Solche Dinge müssen beim nächsten Stopp offen und ausführlich besprochen werden. Bei den organisierten Touren erlebe ich manchmal, dass gesagt wird: „Ich musste ja so langsam fahren, weil er nicht mitkam" und gleichzeitig sagt der Hintermann „Ich konnte ja nicht schneller fahren, weil er so langsam war". Also diskutiert so etwas, sonst gibt es Frust.

Falls die Gruppe doch einmal auseinanderreißen sollte, so kennt Ihr hoffentlich die Handynummern aller Mitfahrer.

Es muss noch erwähnt werden, dass einige Gruppen diese Regel bewusst nicht für sich annehmen. Sie wollen einzelnen Fahrern innerhalb der Gruppe Gelegenheit geben, ihren Stil und ihre Geschwindigkeit zu fahren und treffen sich dann wieder an der nächsten Abzweigung oder einem besprochenen Haltepunkt.

Regel 4:
Versetzt fahren

Auf geraden Strecken fährt die Gruppe versetzt. Dadurch bleibt sie geschlossener, zieht sich weniger weit auseinander und der Blick des einzelnen Fahrers nach vorn wird erleichtert. Auch von anderen Verkehrsteilnehmern wird die Gruppe leichter als Einheit angesehen.
Durch das versetzte Fahren bist Du weiterhin eher in der Lage, Bremsmanöver zu erkennen und auf sie zu reagieren. In Kurven wird das versetzte Fahren jedoch wieder aufgelöst zugunsten der **Sicherheitslinie**.

Versetzt fahren

Regel 5:
Abstand einhalten

Das ist in der Praxis ein schwieriges Thema. Nach der Faustregel „Abstand halber Tachowert" müssten wir bei Tempo 100 jeweils 50 m **Sicherheitsabstand** halten. Das würde bei 8 Fahrern allerdings bedeuten, dass wir in einem Lindwurm von 350 m durch die Landschaft fahren. Von Übersichtlichkeit kann nun keine Rede mehr sein, besonders auf kurvenreichen Straßen.
Durch das versetzte Fahren jedoch kann dieser Sicherheitsabstand maßvoll unterschritten werden. Bei einem notwendigen Bremsmanöver könntest Du notfalls noch über Deinen direkten Vordermann hinaus bis zu dessen Vordermann bremsen. Dabei ist jedoch zu bedenken, dass nicht zwangsläufig alle in Deiner Gruppe gleich gut bremsen können. Im Zweifel solltet Ihr daher stets etwas mehr Abstand halten.
Der leichthin erteilte Ratschlag, einen „ausreichenden" Sicherheitsabstand einzuhalten, wird daher in der Praxis immer ein Kompromiss zwischen Lehrbuchweisheit und Praktibilität sein.
Bei einem evtl. Sturz innerhalb der Gruppe ist es wichtig, dass Du den Blick von dem Gestürzten löst und weiter auf

Deine Fahrlinie schaust. Bei einer falschen **Blickführung** ist die Gefahr groß, dass Du auf den fokussierten Punkt zufährst und ebenfalls stürzt.

Regel 6:
Tempolimits einhalten

Ganz besonders beim Fahren in der Gruppe ist das Einhalten der Geschwindigkeitsbegrenzungen ein Muss. Durch den erwähnten Ziehharmonika-Effekt müssen die letzten immer schneller fahren als die vorderen. Wenn dann noch nach kurvigen Abschnitten auf der nächsten Gerade Unterschiede in der Fahrkompetenz auszugleichen sind, müssen einzelne Fahrer extrem Gas geben, um den Anschluss zu halten.
Bei Ortsdurchfahrten können die Letzten in der Gruppe in den Führerschein gefährdende Geschwindigkeitsbereiche geraten, wenn der Gruppenführer sich nicht absolut korrekt an das Tempolimit hält. Dazu gehört für den Führer der Gruppe auch ein verzögerter Übergang, d.h. er verzögert schon ausreichend lange vor der Ortseinfahrt, fährt mit korrektem Tempo schon am Ortseingangsschild und beschleunigt nach dem Ortsausgangsschild sanft und mit leichter zeitlicher Verzögerung.

Regel 7:
Sicher überholen

Das innerhalb der Gruppe nicht überholt wird ist klar und ergibt sich schon aus Regel Nr. 1 „Reihenfolge festlegen". Wenn jedoch andere Fahrzeuge überholt werden, so ist jeder für seinen Überholvorgang selbst verantwortlich. Auch bei Überholvorgängen gibt es sogenannte Mitzieheffekte. Ohne konkrete Überlegung neigen wir oftmals dazu, einfach

Überholen in der Gruppe

dem Vordermann hinterher zu „blasen", da er es schließlich auch geschafft hat.

Gestalte Deine Überholvorgänge stets so, dass Du für Dich ganz allein ein gutes Gefühl hast und warte lieber einmal mehr ab – schließlich seid Ihr nicht auf der Flucht oder auf der Rennstrecke.

Wenn der Überholvorgang des Einzelnen abgeschlossen ist, muss dem Nachfolgenden unbedingt genügend Raum zum Einscheren gelassen werden. Bleibe also etwas länger am Gas, damit zwischen Dir und dem gerade überholten Auto eine ausreichende Lücke für Deinen Hintermann bleibt. Nach dem Einscheren fahre zunächst erst einmal rechts, um Deinem Hintermann noch mehr Platz zu lassen.

Regel 8:
Zeichen vereinbaren

Wenn Du regelmäßig in derselben Gruppe fährst, wird sich eine wortlose Kommunikation sicher von selbst ergeben. Eine bis ins Feinste ausgeklügelte Zeichensprache wäre sicherlich eine unnötige Ablenkung, doch einige deutliche Zeichen und Gesten können die Verständigung untereinander erleichtern.

Hier einige Beispiele:

- Deuten auf den Tank: Ich muss tanken.
- Drehbewegung der flach nach unten zeigenden Handfläche: Vorsicht rutschig.
- Zeigefinger und Daumen auf und zu: Du hast den Blinker vergessen auszustellen.
- Faust und geöffnete Hand auf und zu: Achtung Blitzer.
- Pumpbewegung der flach nach unten zeigenden Hand: Langsam.
- Hand aufrecht nach oben: Achtung Gefahrenstelle oder besondere Aufmerksamkeit.

Wenn Ihr öfter zusammen fahrt, werdet Ihr Euch mit solchen oder anderen Gesten relativ zuverlässig untereinander verständigen können.

Regel 9:
Weitere Regeln gemeinsam klären

Weitere Regeln sind möglich und sollten stets gemeinsam besprochen und „ausgehandelt" werden. Nur diejenigen Regeln, die einen Konsens in der Gruppe finden und für jeden nachvollziehbar sind bieten die Gewähr, dass sie auch verbindlich eingehalten werden.

Foto: Thomson

Manöverbesprechung

Nun sollte einer entspannten und spaßbringenden gemeinsamen Tour nichts mehr im Wege stehen.

Als letzten Tipp möchte ich noch empfehlen, besondere Rücksicht auf Motorradneulinge und fahrerisch eher schwache Gruppenmitglieder auch bei der Planung der Tour (Streckenlänge, Länge der Etappen, Pausen, Schwierigkeit der Strecke) zu nehmen.

Fahren mit Sozius

Das Fahren mit Sozius ändert nichts Grundsätzliches am Motorradfahren, hat jedoch Auswirkungen auf etliche wichtige Aspekte:

- Das **Stabilisieren** des Fahrzeugs im Langsamfahrbereich wird nun schwieriger durch das Mehrgewicht und den veränderten Schwerpunkt.
- Beim **Bremsen** hat das höhere Gewicht auf der Hinterachse Einfluss auf das Verhältnis der **Achslastverlagerung**. Deine Hinterradbremse gewinnt mit Sozius an Be-

deutung. Durch das höhere Gewicht musst Du stärker als gewohnt bremsen. Der Bremsweg wird auch durch den nun heftig nach vorn schiebenden Beifahrer bestimmt, das heißt Du kannst nun wahrscheinlich weniger bremsen, als eigentlich möglich wäre.
- Beim Kurvenfahren verringert sich die Bodenfreiheit des Fahrzeugs. Du kannst in Schräglage früher aufsetzen. Weiterhin ändert sich durch die Achslastverlagerung die Lenkgeometrie, so dass Du unter Umständen ungewollt eine weitere Bahn ziehst.
- Beim starken Beschleunigen steigt die Gefahr eines Wheelies. Das kann zu einer sehr kritischen Fahrsituation führen oder auch zum Verlust Deines Beifahrers. Diese Tendenz wird noch deutlicher bei starken Steigungen.
- Die Empfindlichkeit gegenüber **Seitenwind** nimmt zu.

Ist Dein Beifahrer „neu", so solltest Du mit ihm einige grundlegende Dinge wie das Festhalten schon vorher in Ruhe besprechen. Hält er sich an Deiner Hüfte fest, umschließt er mit den Armen Deinen Bauch oder benutzt der den Halteriemen, der über die Sitzbank verläuft? Wichtig ist auch die Klärung, wo der Beifahrer sich bei einer Bremsung abstützt.

Fahren mit Beifahrer vorher üben

Am besten macht er das vorn am Tank, aber ob er dort überhaupt mit den Armen hinkommt, müsst Ihr zuvor ausprobieren. Das Abstützen darf auf keinen Fall oberhalb der Hüfte erfolgen, weil ein unmittelbarer Druck auf den Oberkörper und somit auf die Arme des Fahrers die Betätigung von Bremse und Lenkung erschwert. Es sind sogar Nierengurte mit Haltegriffen erhältlich oder auch ein Haltegriff-Ring, der am Tankeinfüllstutzen fest montiert wird.

Beim Kurvenfahren bleibt der Beifahrer in einer Linie mit Dir und richtet den Blick über Deine kurveninnere Schulter.

Auch das Auf- und Absteigen solltest Du thematisieren, auch wenn es eher banal zu sein scheint. Steigt Dein Beifahrer für Dich unerwartet auf oder ab, kann Dich das aus dem Gleichgewicht bringen, besonders wenn er nicht gerade ein Fliegengewicht ist. Vereinbart also, dass er stets die linke Seite zum Auf- und Absteigen benutzt und das verbal, durch ein Schulterklopfen oder ähnliches ankündigt und es erst tut, wenn Du es bestätigt hast.

Vor der ersten richtigen Fahrt solltest Du das alles mit ihm zunächst auf einem leeren Parkplatz oder auf einer kleinen gemäßigten Fahrt über verkehrsarme Strecken testen und üben. Das ist besser, als später Überraschungen zu erleben. Falls Dein Beifahrer sich in der Kurve entgegengesetzt lehnt, kann es schwierig werden.

Auch auf einige Zeichen zur Verständigung solltet Ihr Euch einigen. Geht es dem Beifahrer vielleicht zu schnell, muss er mal zur Toilette, will er auf eine mögliche Gefährdung oder nur auf eine Sehenswürdigkeit hinweisen? Sprecht einige unmissverständliche Hand- und Klopfzeichen ab, denn eine akustische Verständigung ist naturgemäß schwer. Viele Paare rüsten sich daher mit einer Helm-Gegensprechanlage aus, was eine gute Sache ist.

Bei Mitnahme eines Beifahrers musst Du auch den **Reifenluftdruck** gemäß Betriebsanleitung erhöhen und ggf. auch das hintere Federbein neu einstellen. Lies hierzu ebenfalls in der Betriebsanleitung nach und lasse Dich bei Deinem Fachhändler beraten.

Weiterhin kann eine ohnehin schon sehr stramm eingestellte Antriebskette durch die hohe Zuladung nun übermäßig straff werden. Korrigiere daher vor einer längeren Fahrt mit Sozius und Gepäck nochmals die **Kettenspannung**.

Nimmst Du einen Sozius plus Gepäck mit, so ist auch das zulässige Gesamtgewicht Deines Motorrades zu beachten.

Viele Motorradfahrer wollen auch ihre Kinder mitnehmen. Kinder können grundsätzlich unabhängig vom Alter mitgenommen werden, wenn das Motorrad über einen Beifahrersitz, Soziusfußrasten und eine geeignete Haltemöglichkeit verfügt. Das Kind muss aber auch in der Lage sein, die Fuß-

Fahren mit Kind als Beifahrer

rasten und den Haltegriff zuverlässig zu erreichen. Ist das Kind unter 7 Jahre alt, so müssen die Bedingungen nicht gegeben sein, soweit für das Kind ein besonderer Sitz vorhanden ist. Diese Sitze werden am Motorrad befestigt und verfügen über eine hohe Reling im Rücken- und Seitenbereich sowie ggf. über Abdeckungen zum Hinterrad mit speziellen Abstellbügeln für die Füße. [19]

Ganz besonders bei der Mitnahme von Kindern ist natürlich wichtig, das gemeinsame Fahren erst einmal auf einem freien Parkplatz auszuprobieren und zu üben.

Selbstverständlich sollten Beifahrer – ob Erwachsener oder Kind – mit **Helm** und kompletter **Schutzkleidung** ausgestattet sein. Man sieht allerdings immer wieder Beispiele mit jungen Damen im Disco-Outfit auf dem Soziussitz. Sicher – es sind oft nur kurze Strecken, aber auf kurzen Strecken kann auch etwas passieren und das kann die Schönheit nachhaltig ruinieren.

Bedenke bitte auch, dass Dein Beifahrer Dir großes Vertrauen entgegenbringt, wenn er überhaupt bei Dir mitfährt. Erhalte dieses Vertrauen durch eine gemäßigte und defensive Fahrweise, dann habt Ihr beide länger gemeinsam Spaß auf dem Motorrad.

FAHREN IM ALLTAG

Einstieg in die neue Saison

Geht es Dir auch so, dass Du nach der Winterpause ein wenig „eingerostet" bist, wenn Du wieder auf Dein Moped steigst? Besonders wenn Deine Fahrerfahrung insgesamt noch nicht so groß ist, brauchst Du ein wenig Zeit, um Dich wieder an das Motorradfahren zu gewöhnen.

Vielleicht bist Du aber auch ein erfahrener Fahrer, hast Dich aber bislang nicht so intensiv mit der Handhabung Deines Motorrades im Rangierbetrieb auseinandergesetzt.

Rangieren und Balancieren

Wann hast Du das letzte Mal Dein Motorrad geschoben? Ich finde, man muss auch nicht jeden Meter fahren. Wenn Du z. B. Dein Moped vor der Garage abstellst, um das Tor aufzuschließen, fährst oder schiebst du es dann anschließend hinein?

Nutze besonders zum Saisoneinstieg kleine Gelegenheiten, Dein Moped auch beim Schieben zu spüren.

Betätige ruhig auch bei leicht eingeschlagener Lenkung mal die Vorderradbremse, aber bitte mit Gefühl. Achte auf die Reaktionen Deines Motorrades. Wenn Du so etwas noch nie gemacht haben solltest, probiere es mit einem Kumpel zur Absicherung.

Spiele ein wenig mit Deinem Motorrad, halte es nur mit einer Hand, nur angelehnt an Deinen Oberschenkel oder halte es an Lenker und Sitzbank, während Du daneben in die Hocke gehst.

Foto: Thomson

Motorrad nur mit Oberschenkel halten

Beim Abstellen des Motorrades auf dem Seitenständer achte bitte stets auf eine evtl. Neigung der Parkfläche. Das gilt nicht nur für eine seitliche Neigung, bei der Du gleich eine Rückmeldung durch ein viel zu schräges oder zu aufrechtes Motorrad auf dem Seitenständer bekommst, sondern das gilt insbesondere für eine Neigung nach vorn. Geht es nach vorn bergab, lege den 1. Gang zum Parken ein (was ohnehin auch sonst keine schlechte Idee ist), damit sie Dir nicht vom Ständer „huckt".

Foto: Thomson

Schieben u. mit Gefühl an die Bremse

Foto: Thomson

*Ausbalancieren
des Motorrades*

 ÜBUNG:

Ausbalancieren des Motorrads

Versuche einmal einen kleinen Spaziergang um Dein Motorrad herum. Du balanciert das ohne Ständer stehende Moped mit viel Ruhe und Gefühl so aus, dass Du es mit einer Hand kontrollierst. Gehe nun einmal um das Motorrad herum. Du wirst erstaunt sein, wie wenig Du vom Eigengewicht des Fahrzeugs spürst, wenn es genau ausbalanciert ist.

Probiere das am besten mit einem Kumpel, der Dir zur Seite steht, falls das Motorrad doch kippen sollte. Seine Anwesenheit wird auch dazu beitragen, dass Du Dich einfach sicherer fühlst und mehr Selbstvertrauen bei dieser Übung hast. Du kannst und solltest auch den Seitenständer ausgeklappt lassen. Es ist auch nicht erforderlich, es – wie hier gezeigt – mit einer Hand oder mit einem Finger zu machen.

Achte auf einen ruhigen Atem. Wenn Du aufgeregt bist, wirst Du unsicher. Übe nur soviel wie Du Dir zutraust und probiere es beim nächsten Mal wieder. Nach und nach werden Deine Sicherheit und Dein Selbstvertrauen zunehmen.

Eine zu starke Neigung nach vorn bei gleichzeitiger Begrenzung der Fläche kann Dir beim Losfahren die unangenehme Erkenntnis bescheren, dass es viel leichter war hineinzukommen als nun die Fuhre rückwärts gegen den Berg zu schieben.

Zum Thema Seitenständer fällt mir noch ein, dass Du ihn nicht unbedingt gleich nach dem Anhalten ausklappen musst. Steige doch einfach mal so ab und klappe erst danach den Ständer aus. Umgekehrt klappst Du vor dem Aufsitzen schon den Ständer hoch. Wenn Du das niemals machst, fühlst Du Dich vielleicht unsicher. Es ist scheinbar nur eine Kleinigkeit, aber auch solche tragen dazu bei, dass Du ein besseres Gefühl für Dein Motorrad bekommst.

Wenn Dein Motorrad über einen Hauptständer verfügt, so benutze ihn auch. Es steht so viel sicherer. Das Aufbocken hat übrigens wenig mit Kraft zu tun. Der Trick ist, dass Du Dich mit Deinem ganzen Gewicht auf den Fußtritt des Hauptständers stellst und gleichzeitig nach oben ziehst. Wenn Du dabei Dein Körpergewicht auch auf das rechte Bein verlagerst, so musst Du selbst bei einem schweren Motorrad weniger nach oben ziehen als man vermutet.

Aufheben des Motorrades

Könntest Du Dein Motorrad aufheben, wenn es umgekippt auf der Seite läge?

Keine schöne Vorstellung, aber ein „Umkipper" im Stand ist keine Schande und sicherlich den allermeisten von uns schon einmal passiert. Es wäre also gut, wenn Du das kannst, denn es kann Dich vor allerlei Unannehmlichkeiten und Peinlichkeiten bewahren. In einigen Ländern ist das Aufheben eines Motorrades Pflichtbestandteil in der Führerscheinausbildung.

So gehst Du vor:

Falls der Untergrund abschüssig ist, vergewisserst Du Dich, dass ein Gang eingelegt ist, damit Dir die ganze Fuhre nach erfolgreichem Aufrichten nicht wegrollt.

Falls erforderlich klappst Du den Spiegel weg; bei Lenker-Spiegeln drehst Du ihn beiseite.

Den Lenker nun mit beiden Händen greifen, am besten mit der einen Hand direkt um das äußere Lenkerende herum, damit es sich beim Heben oder einem evtl. Misserfolg nicht in Deinen Körper rammen kann. Nun den Lenker mit beiden

Zum Üben weiche Stelle suchen

Händen leicht anheben und dann komplett zu der Dir abgewandten Seite einschlagen, damit er sich beim Anheben nicht unkontrolliert bewegen kann.

Jetzt nur noch senkrecht nach oben ziehen und dabei den Rücken möglichst gerade halten. Die Kraft soll aus Deinen Armen und Oberschenkeln kommen, sonst ist das nicht gut für Deinen Rücken. Wenn Du etwa das erste Drittel geschafft hast, stützt Du das Motorrad zusätzlich mit dem Oberschenkel oder der Hüfte ab. Ab jetzt ist es ganz einfach. Zähme jedoch Deine Energie, damit das gute Stück vor lauter Schwung nicht gleich zur anderen Seite umkippt.

Lenker anheben ...

... mit Hüfte u. Bein stützen ...

... entgegengesetzt einschlagen

... geschafft!

ÜBUNG:

Motorradturnen

„Turnübungen" auf dem Motorrad werden üblicherweise bei Sicherheitstrainings als „warming up" angeboten. Viele Motorradfahrer reagieren auf ein solches Ansinnen mit Befremden und fragen sich, wozu einige dieser Übungen taugen sollten. Schließlich fährt im Alltag kein Mensch z. B. im Damensitz auf dem Motorrad. Die hier dargestellten Fahrübungen können jedoch dazu beitragen, Deine Fahrzeugbeherrschung, Deinen Gleichgewichtssinn und Deine Körperkoordination beim Motorradfahren zu verbessern sowie Dein Selbstbewusstsein als Fahrer zu stärken.

Probiere die hier dargestellten Möglichkeiten äußerst vorsichtig und nur auf einem ebenen und leeren Parkplatz oder auf einem einsamen, asphaltiertem und nicht zu schmalem Feldweg aus. Der Motor sollte bereits warmgefahren sein.

Foto: Thomson

Im Stehen ...

Foto: Jung

... im Knien

Foto: Jung

... im Stehen auf der Sitzbank

Fahre im 2. Gang, da der 1. zumeist zu ruckelig ist. Das Tempo darf ohnehin nicht zu niedrig werden, da sonst die stabilisierenden **Kreiselkräfte** schwinden.

Bei Unsicherheiten und ganz besonders beim Umwechseln von Bewegungsabläufen neigst Du jedoch unwillkürlich dazu, langsamer zu werden. Mache Dir diese Tendenz bewusst und achte darauf, dass Du nicht in einen Geschwindigkeitsbereich gerätst, bei dem es im Antriebsstrang ru-

ckelt und zuckelt und Du selbst ohne „Turnübung" schon mit dem **Stabilisieren** zu tun hättest. Erhöhe dann unverzüglich Deine Geschwindigkeit, soweit die Platzverhältnisse dies zulassen. Wenn das nicht möglich sein sollte, hast Dir den falschen Platz zum Üben ausgesucht.

Immer dann, wenn Du sehr langsam fährst oder Du den Lenker eingeschlagen hast, lasse bitte die Finger von der Vorderradbremse.

Foto: Thomson

... im Damensitz

Foto: Jung

Abrollern wie vom Fahrrad

Beginne mit ganz einfachen Übungen, wie z. B. dem Fahren im Stehen. Diese einfachen Übungen können jedoch für einen Anfänger oder ungeübten Fahrer bereits eine Herausforderung darstellen.

Mache nur das, womit Du Dich auch wohl fühlst und setze Dich nicht selbst unter Druck. Gehe diese Übungen sorgfältig, aber innerlich mit einer spielerischen Einstellung an. Wenn Du Dir nicht ganz sicher bist, lasse es zunächst und bleibe bei einfachen Übungen. Vielleicht nimmst Du nach dem sicheren Beherrschen einfacherer Übungen die Herausforderung noch einmal an und probierst es zu einem späteren Zeitpunkt erneut.

Am besten übst Du es unter fachkundiger Anleitung bei einem **Sicherheitstraining**.

Foto: Thomson

Hände hoch

Langsames Fahren

Ist das Langsamfahren überhaupt ein wichtiges Thema für ein Buch über sicheres Motorradfahren? Kurvenfahren und hohe Geschwindigkeiten sind doch eher das Salz in der Suppe, oder?

Natürlich ist es wichtig und Du weißt es auch oder wirst es zumindest vermuten, wenn diesem Thema schon ein Kapitel im Buch vorbehalten ist.

Langsamfahren ist schwer. Es ist zumindest viel schwerer als Schnellfahren, denn die unzureichenden Kreiselkräfte der Räder fordern bei geringem Tempo viel mehr die regelnden Eingriffe des Fahrers.

Ich behaupte sogar behaupten, dass das Langsamfahren ein wichtiger Aspekt ist, um einen guten Motorradfahrer zu erkennen. Wenn ich mit dem Motorrad oder dem Auto unterwegs bin und ein Motorradfahrer neben mir an der Ampel hält, so verrät dieses Anhalten in seiner unharmonischen oder aber eleganten Art und Weise, wie er seinen Fuß absetzt, schon eine Menge über seine Fahrfertigkeiten.

Wo aber kann oder muss man das langsame Fahren anwenden?

Im Alltagsverkehr erlebst Du unweigerlich viele Situationen, die Dich zum langsamen, ja sogar zum sehr langsamen Fahren zwingen. Im dichten Stadtgewühl, im Stau, in verkehrsberuhigten Bereichen und bei vielen anderen Gelegenheiten oder „Ungelegenheiten".

Sieh das nicht nur als lästig an, sondern betrachte es als eine Möglichkeit, Deine Geschicklichkeit auf dem Motorrad zu schulen. In städtischen Bereichen kenne ich in meiner Gegend einige dicht aufeinanderfolgende Ampeln, die so geschaltet sind, dass ich stets an der nächsten wieder warten muss. Wenn die Verkehrsverhältnisse es zulassen, benutze ich das als Übungsgelegenheit zum Stabilisieren und fahre so langsam, dass ich vor der nächsten Grünphase nicht anhalten muss.

Alltag in der Stadt

ÜBUNG:

Stabilisieren

Wähle einen leeren, ebenen Parkplatz oder einen befestigten einsamen Feldweg. Markiere mit Kreide eine ca. 40-50 cm breite Fahrgasse in beliebiger Länge geradeaus, ggf. am Ende oder zwischendurch mit einer gemäßigten S-Kurve. Fahre nun so langsam wie möglich durch diese Gasse, indem Du mit Gas und Kupplung spielst. Dabei ist wichtig, dass Du Dich zum richtigen **Blickverhalten** zwingst, also nicht direkt vor das Vorderrad, sondern entlang der Fahrgasse einige Meter voraus blickst. Halte **Knieschluss** und mache die bei langsamer Fahrt notwendigen Ausgleichbewegungen nicht mittels Zappeln der Knie, sondern mittels Druck der Knie am Tank und locker aus der Hüfte heraus. Wenn Du das Gefühl hast, Du fällst jetzt um, so gibst Du einfach etwas mehr Gas, so dass die **Kreiselkräfte** das Motorrad wieder stabilisieren. Soweit Du Raum genug hast, kann ja nichts passieren, außer dass Du die Pylonen umwirfst. Du kannst auch anhalten und die Füße absetzen, bremse bei dieser Übung jedoch niemals mit der Vorderradbremse. Die Wahrscheinlichkeit ist groß, dass der Lenker eingeschlagen ist und Du nun ein Kippmoment auslöst. Nachdem Du einige Runden gefahren bist (Du kannst es gleich mit der Übung „**Wenden auf engem Raum**" verbinden), kannst du versuchen, das Langsamfahren durch den Einsatz der Hinterradbremse zu optimieren. Dazu lässt Du die Hinterradbremse gleichmäßig schleifen (nicht pumpen, das bringt Unruhe) und arbeitest mit Gas und Kupplung gegen die Brem-

se an. Dadurch entsteht ein stabilisierender Verspannungseffekt im Motorrad, durch den Du spürbar besser langsam fahren kannst. Weiterhin werden dadurch Lastwechselreaktionen im Antriebsstrang vermindert.

Alternativ oder als Ergänzung zur Spurgasse kannst Du mit einfachen Mitteln einen Langsam-Slalom aufbauen. Benutze hierzu Pylonen, halbierte Tennisbälle oder auch deutliche Kreidemarkierungen im Abstand von 3-4 m. Die Übungsanweisungen entsprechen dem, was Du zum langsamen Fahren bereits gelesen hast. Da hier Lenkeinschläge zwangsläufig sind, gilt jedoch ganz besonders: Finger weg von der Vorderradbremse.

Bist Du mit anderen unterwegs, um gemeinsam zu üben, fordere Deinen Kumpel zu einem Rennen auf; zu einem Schneckenrennen. Du wählst einen Start- und einen Zielpunkt. Gewonnen hat derjenige, der zuletzt am Zielpunkt ankommt, ohne jedoch die Füße abzusetzen.

Diese Übungen kannst Du prinzipiell auch mit Deinem **Beifahrer** durchführen. Hier musst Du nun das höhere Gewicht und die veränderte Schwerpunktlage bedenken. Das plötzliche Absetzen der Füße ist nun auch nicht mehr so einfach, weil Du viel mehr Masse abzufangen hast. Besser ist also, es zwar engagiert zu üben, aber es nicht zu übertreiben.

Foto: Thomson

Schneckenrennen

IN DER STADT

Viele unserer Wege mit dem Motorrad führen durch die Stadt – aus der Stadt heraus zu einer schönen Tour, in die Stadt hinein für eine Besorgung oder zu einer Veranstaltung. Das Motorrad im Stadtverkehr ist praktisch, weil klein und wendig und weil wir von nerviger Parkplatzsuche verschont bleiben. Manchmal ist es aber auch unpraktisch weil wir nicht wissen wohin mit den Klamotten beim Kinobesuch und weil es ausgerechnet jetzt anfangen muss zu regnen.

Alltag in der Stadt

In jedem Fall gehört das Fahren in der Stadt zu unserem Alltag – wahrscheinlich auch für Dich. Wo viel Verkehr ist, die unterschiedlichsten Verkehrsteilnehmer sich den Verkehrsraum teilen müssen, gibt es natürlich auch mannigfaltige Gefahren für uns Mopedfahrer. Mit Sicherheit fällt Dir mindestens eine brenzlige Situation ein, der Du mit Geschick oder auch einfach nur mit einer Portion Glück entronnen bist.

Damit die Frage, wie Du solche Situationen bestehst, nicht nur vom Glück oder Deiner Tagesform abhängt, sondern durch eine vorausschauende Fahrweise möglichst schon vermieden werden kann, solltest Du die wichtigsten Unfalltypen kennen.

Klassische Unfallsituationen

An Unfällen von uns Motorradfahrern in der Stadt sind häufig Autofahrer beteiligt. Die klassischen Situationen lassen sich so zusammenfassen:[20]

- Pkw biegt in Vorfahrtstraße ein oder überquert sie – Motorrad kommt von links oder rechts
- Pkw biegt links ab – Motorrad kommt entgegen
- Pkw wendet – Motorrad kommt von hinten oder entgegen
- Motorrad überholt – Pkw wechselt Spur oder biegt ab
- Pkw überholt oder kommt in Kurve auf Gegenfahrbahn – Motorrad kommt entgegen

Schauen wir uns diese Fälle etwas näher an.

Pkw biegt in Vorfahrtstraße ein oder überquert sie – Motorrad kommt von links oder rechts

Der Autofahrer nähert sich einer Kreuzung oder Einmündung. Er ist wartepflichtig und muss sich erst einmal orientieren, vielleicht ist er auch abgelenkt, unter Stress, ortsfremd oder alles zusammen. Zu spät erkennt er das sich nähernde Motorrad und die geringe Distanz. Der Motorradfahrer versucht zu bremsen, schafft es aber nicht mehr, wird gegen oder über das Auto geschleudert oder aber überbremst das Vorderrad und stürzt schon vorher.

Dieser typische Stadt-Unfall ereignet sich häufig an Kreuzungen mit Rechts-vor-links-Regelung, wenn hierbei für den Autofahrer auch noch die Sicht durch Gebäude, Hecken oder parkende Fahrzeuge eingeschränkt ist. Sei daher in solchen Bereichen stets besonders vorsichtig, auch wenn Du eigentlich Vorfahrt hast. Wenn sich ein anderes Fahrzeug nähert, fahre langsam, sei bremsbereit und suche Blickkontakt zum Fahrer, bevor Du weiterfährst.

Eine weitere häufige Variante dieses Unfalltyps ist die Annäherung des Motorrads von links auf einer bevorrechtigten Straße.

Dabei wird oftmals die Sicht des Motorradfahrers durch ein vorausfahrendes Fahrzeug verdeckt. Typischerweise handelt es ich um ein großes Fahrzeug, einen Lkw oder Lieferwagen. Dieser wird langsamer, weil er nach rechts in die Nebenstraße einbiegen will. Der hinter ihm fahrende Motorradfahrer kann den wartenden Autofahrer in der Nebenstra-

Pkw sichtbar von rechts

Pkw verdeckt von rechts

ße nicht sehen und hat auch keine Lust, den Abbiegevorgang des langsamen großen Fahrzeugs abzuwarten. Er fährt links vorbei. Der wartepflichtige Autofahrer seinerseits kann durch den abbiegenden Lieferwagen den Motorradfahrer erst recht nicht sehen oder rechnet damit, dass dieser hinter dem Lieferwagen bleibt. Er nutzt die Lücke, um auf die Hauptstraße einzubiegen oder sie zu überqueren.

Immer wenn die Verkehrslage nicht völlig klar ist, solltest Du alle Deine Handlungen noch einmal mehr überdenken. Halte Deine Sicht frei, indem Du Abstand hältst zu vorausfahrenden größeren Fahrzeugen und erst überholst, wenn Du alle Bereiche wirklich überblicken kannst. Und wenn Du mal hinter dem langsamen Fahrzeug bleibst – was macht es schon? Die paar verlorenen Sekunden kannst Du verschmerzen.

Pkw biegt links ab – Motorrad kommt entgegen

Bei dieser Situation fährt der Motorradfahrer auf der Vorfahrtstraße. Der Autofahrer will an einer Kreuzung abbiegen. Er sieht das Motorrad, unterschätzt jedoch dessen Geschwindigkeit und Beschleunigung. Falls er langsamer wird oder zunächst stehen bleibt, deutet der Motorradfahrer dies als Warten.

Oder aber der Autofahrer will in eine Einfahrt (Tankstelle, Parkplatz etc.) einbiegen. Er möchte die hinter ihm Wartenden nicht unnötig aufhalten und fährt überhastet an. Manchmal wartet der Autofahrer andere vor dem Motorrad fahrende Autos noch ab, da sein Blick auf größere Fahrzeuge fixiert ist und fährt dann vor dem kleineren Motorrad los. Der Motorradfahrer baut darauf, dass der Autofahrer ihn sieht.

Du solltest daher an Kreuzungen immer damit rechnen, dass abbiegende Autofahrer Dich übersehen können oder Deine Geschwindigkeit falsch einschätzen. Fahre daher „auffällig" indem Du durch kleine Schlenker Deine Fahrspur leicht veränderst. Auf die warnende Lichthupe solltest Du verzichten,

denn das könnte auch als Aufforderung zum Durchfahren aufgefasst werden. Grundsätzlich gilt bei allen Fahrzeugen, die abbiegen und Deine Spur kreuzen wollen: Rechne immer damit, dass sie losfahren könnten. Meistens tun sie es nicht, aber wenn doch bist Du besser darauf eingestellt.

Besondere Vorsicht gilt bei ungünstigen Sichtverhältnissen durch Dunkelheit und schlechtes Wetter oder bei tiefstehender Sonne. Wenn Du mit Deinem Moped einen langen Schatten voraus wirfst, so sollten Deine Alarmglocken klingeln, denn für die anderen Verkehrsteilnehmer kommst Du aus der blendenden Sonne.

Pkw wendet – Motorrad kommt von hinten oder entgegen

Wendemanöver des Autofahrers sind oft mit Stress verbunden. Wenn wir wenden müssen, haben wir ja in aller Regel schon etwas falsch gemacht, uns z. B. verfahren. Der Autofahrer ist möglicherweise ortsfremd und seine Aufmerksamkeit ist durch die Suche nach dem richtigen Weg oder durch das Navigationssystem beeinträchtigt. Er ist genervt und sucht eine breitere Stelle zum Wenden, z. B. einen Parkstreifen rechts oder eine Bushaltestelle; vielleicht vergisst er auch zu blinken. Der hinter ihm fahrende oder auch entgegenkommende Motorradfahrer rechnet damit, dass er rechts anhalten oder parken möchte.

Nicht selten ist auch die Variante, dass dem wendenden Pkw andere Fahrzeuge folgen, die ihr Tempo verringern, weil sie dessen Vorhaben erkannt haben. Der Motorradfahrer erkennt die Absicht nicht und will überholen.

Sei also immer besonders vorsichtig, wenn Autofahrer langsamer werden oder rechts anhalten. Ein Blinksignal kann bedeuten, dass sie sich in die Spur einfädeln möchte, aber auch dass sie wenden wollen. Behalte die Vorderräder des Autos im Auge und achte insbesondere auf Fahrzeuge mit ortsfremden Kennzeichen.

Foto: Institut für Zweiradsicherheit

Pkw biegt ab

Motorrad überholt – Pkw wechselt Spur oder biegt ab

Bei diesem Unfalltyp fährt das Motorrad hinter dem Auto oder auch daneben auf einer parallelen Spur. Der Autofahrer übersieht das überholende Motorrad und wechselt die Spur, bzw. biegt nach links ab. Der Autofahrer blinkt spät

Pkw könnte wenden

oder gar nicht, der Motorradfahrer deutet die langsamere Fahrt des Pkw falsch. Nun stößt das Motorrad mit dem Auto zusammen oder wird von diesem beiseite gedrückt und prallt dann auf Hindernisse am Straßenrand oder frontal in den Gegenverkehr.
Dabei befindet sich das Motorrad oftmals im toten Winkel des Pkw.

Halte Dich nicht länger als unbedingt erforderlich im Bereich des toten Winkels auf. Entweder fährst Du gleich an dem Auto vorbei oder bleibst so weit dahinter, dass ein möglicher Spurwechsel des Fahrzeugs für Dich kein Problem wäre. Wenn ein Fahrzeug langsamer wird, frage Dich immer, welche Beweggründe der Fahrer haben könnte.

Pkw wechselt die Spur

Pkw überholt oder kommt in Kurve auf Gegenfahrbahn – Motorrad kommt entgegen

Dieses Szenario kommt allerdings meist nicht in der Stadt sondern auf Landstraßen vor und setzt ein Überholmanöver des Pkw trotz entgegenkommendem Motorradfahrer voraus. Der Autofahrer hat entweder den Motorradfahrer komplett übersehen oder dessen Geschwindigkeit falsch eingeschätzt. Für den Motorradfahrer ist dies in der Regel nicht vorhersehbar – die Frontalkollision kommt überraschend und folgenschwer.
Häufig ereignet sich dies auch bei Überholmanövern von Pkw in der Kurve oder wenn der Autofahrer aus der Kurve in den Gegenverkehr herausgetragen wird. Wenn dies passiert und es zu einem Frontalcrash kommt, was würde der Autofahrer wohl hinterher behaupten, wenn Du keine Gelegenheit mehr zum Widersprechen hast? Genau, Du bist herausgetragen worden und hast den Zusammenprall verursacht und alle würden sagen: „Klar, Motorradfahrer, typisch Raser eben".
Rechne daher stets mit unliebsamen Überraschungen. Werde argwöhnisch bei entgegenkommenden Autoschlangen hinter einem langsamen Fahrzeug und bei nervös zur Seite schwenkenden Pkw. Oftmals handelt es sich hier um Fahrer leistungsstarker Limousinen sogenannter Premium-Marken oder Kollegen aus der Tieferlegungs-Fraktion.
In Kurven solltest Du Deine Kurvenlinie so wählen, dass Dir noch Reserven für den Fall der Fälle verbleiben.

Du kennst jetzt die häufigsten kritischen Situationen beim Motorradfahren in der Stadt. Viele davon lassen sich durch deren Kenntnis sowie durch eine vorausschauende und defensive Fahrweise vermeiden oder zumindest entschärfen.
Einer der wichtigsten Grundsätze bei einem Motorrad-**Sicherheitstraining** lautet daher: Gefahrenvermeidung geht vor Gefahrenbewältigung.
Eine Gefahr, die Du rechtzeitig erkannt und der Du durch ein umsichtiges Verhalten aus dem Wege gehen kannst, musst Du gar nicht mehr bewältigen. Die Bewältigung einer kritischen Fahrsituation ist auch bei einem guten Fahrer immer mit dem Risiko des Scheiterns verbunden – und das kann folgenschwer ausgehen.
Es lassen sich aber nun einmal nicht alle Gefahren vermeiden. Dann ist eine angemessene und sichere Bewältigung der Situation erforderlich. In diesem Fall werden in Sekundenbruchteilen und auf einen Schlag Deine Fahrfertigkeiten abgefragt. Dummerweise treten solche Situationen unvorbereitet und stets im falschen Moment auf. Die Situation nimmt keine Rücksicht darauf, dass Du schon lange vorhattest, ein Sicherheitstraining zu machen, aber nie dazu gekommen bist. Sie nimmt keine Rücksicht darauf, dass Du gerade müde, abgespannt oder durchgefroren bist und überhaupt dringend zur Toilette musst.
Diese Extremsituationen sind stets anders und ohnehin nur schwer zu verallgemeinern. Genau das trifft dann auch auf die erforderlichen Handlungsmuster zu. Einige grundsätzliche Bewältigungsmechanismen können jedoch auch hier im Buch in der Theorie und durch **Mentales Training** „durchgespielt" werden.

Bremsen

Die für viele innerstädtische Situationen angebrachte Bewältigungsmethode ist zunächst das Bremsen.

Richtiges **Bremsen** ist jedoch gar nicht so einfach – ganz besonders beim Motorrad. Hier sollen zwei voneinander un-

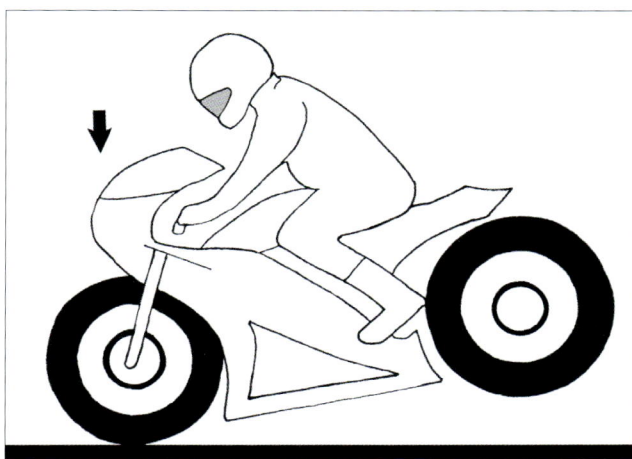

Dynamische Achslastverlagerung

abhängige Bremsen mit zwei verschiedenen Körperteilen (Hand und Fuß) bedient und optimal dosiert werden. Zwei Variablen machen es dabei noch schwerer: Die **Achslastverlagerung** und die Fahrbahnbedingungen.

Wir alle wissen, dass beim Bremsen die Radlast nach vorn wandert. Man bezeichnet dies als dynamische **Achslastverlagerung**. Das Motorrad federt vorn ein und die Vorderradlast erhöht sich mit steigender Bremsleistung. Durch die Verschiebung der Achslast nach vorn und den höheren Anpressdruck des Vorderradreifens auf die Fahrbahn können nun vorn mehr Bremskräfte übertragen werden und hinten entsprechend weniger.

Als moderner Motorradfahrer weiß man heutzutage, dass die Vorderradbremse wichtiger ist als hinten. Fragt man dagegen Mofa- und Mokickfahrer, lässt dieser Informationsvorsprung deutlich nach; Fahrradfahrer behaupten häufig sogar das Gegenteil. Das Phänomen der **Achslastverlagerung** tritt jedoch immer auf und zwar unabhängig vom Vorhandensein eines Federungssystems.

Radlastverschiebung mit „Stoppie"

Im Extremfall kann sich das Fahrzeug nach vorn überschlagen. Das wird bei einem herkömmlichen Tourenmotorrad kaum passieren, bei einem Sportler mit kurzem Radstand und griffigen Sportreifen kann das jedoch ganz schnell gehen.

Gegen Überschlagtendenzen hilft aus fahrzeugkonstruktiver Sicht ein langer Radstand und ein niedriger Schwerpunkt und aus fahrtechnischer Sicht eine korrekte Sitzposition (dazu gleich mehr).

Im gleichen Maße, wie die Radlast vorn ansteigt, wird sie hinten geringer. Durch den fehlenden Anpressdruck neigt das Hinterrad dann eher zum Blockieren. Hast Du durch Gepäck oder Sozius oder beides aber mehr Gewicht auf dem Hinterrad, sieht es etwas anders aus.

Zusätzlich verläuft die Bremskraftverteilung zwischen vorn und hinten nicht linear, sondern abhängig von der Qualität der Verzögerung insgesamt, das heißt: Je besser die Bremsung, desto unwichtiger wird das Hinterrad.

Das ist vielleicht schon schwer genug zu verstehen, doch noch schwerer in der Praxis zu leisten. Wenn dann noch die Unwägbarkeiten von Wetter und Fahrbahnbelag hinzukommen, sind selbst routinierte Fahrer oftmals überfordert. Man kann sogar sagen, dass wir Menschen aufgrund unserer naturgegebenen Fähigkeiten eigentlich gar nicht in der Lage sind, dieses komplexe Regelsystem optimal zu beherrschen. Bei einer Gefahrenbremsung mit einem Motorrad ohne ABS befindest Du Dich auf einer Gratwanderung zwischen Sturz durch Überbremsen oder zu geringer Bremsleistung mit verschenkten Metern.

Du bist entmutigt? Nicht doch. Du steigst am besten bald auf ein Motorrad mit **ABS** um (dann bist Du einen großen Teil dieser Probleme los) und wir gehen den Ablauf einer guten Bremsung in aller Ruhe gemeinsam durch.

Was genau tust Du beim Bremsen? Wie sitzt Du auf dem Motorrad und wie sieht Dein Bewegungsablauf im Einzelnen aus?

Foto: Thomson

Fuß über dem Bremspedal

Sitzhaltung beim Bremsen

Beginnen wir mit der Sitzhaltung und gehen von unten nach oben vor.

Dein rechter Fuß ruht über dem Bremspedal für das Hinterrad. Hier ist eine korrekte Einstellung aller **Bedienelemente** sehr wichtig. Steht das Bremspedal zu hoch, kannst Du den Fuß nicht locker darüber halten, sondern müsstest ihn zum Bremsen erst drehen oder Du stehst dauernd leicht auf der Bremse. Weiterhin geht Dir so jedes Feingefühl für die Betätigung verloren. Steht das Pedal zu niedrig verlierst Du Zeit und mit stark abgewinkelten Fuß auch hier wieder das Feingefühl für die Betätigung.

Wir gehen weiter nach oben zu Deinen Beinen. Hier wird eine Grundregel wichtig, die in diesem Buch nicht umsonst mehrfach angesprochen wird: **Knieschluss** halten. Natürlich sollen wir beim Fahren stets locker und unverkrampft sitzen, doch beim Bremsen kommt schon eine gewisse Anspannung in Deinen Körper. Beim Bremsen drückst Du die Knie an den Tank, um Dich auf der Maschine zu fixieren und nicht nach vorn zu rutschen. Den Rücken hältst Du leicht gebeugt, was auch nur dann geht, wenn Du wegen mangelndem Knieschluss nicht zu weit nach vorn gerutscht bist. Durch den leicht gebeugten Rücken und ein leicht nach vorn gekipptes Becken bleibst Du lockerer und senkst Deinen Schwerpunkt

etwas ab, was beim Bremsen aus physikalischen Gründen hilfreich ist.

Die Arme hast Du unter Muskelspannung leicht angewinkelt, aber nicht komplett durchgestreckt. Durchgestreckte Arme bedeuten ein starres System ohne Feingefühl und bei einem Aufprall wären schlimme Verletzungen die Folge. Mache hierzu ein kleines Experiment: Stelle Dich auf Dein Sofa oder Ähnliches (nicht zu hoch) und springe herunter. Was machst Du automatisch? Du federst in den Knien ein und gibst Deinem Bewegungsapparat die Gelegenheit, der regulären Gelenkbewegung zu folgen. Dadurch wird der Schwung aus dem Aufprall genommen. Stelle Dich nun wieder auf die Couch, drücke Deine Beine durch und mache Deinen Körper stocksteif von der Sohle bis zum Scheitel. (Bitte erst zu Ende lesen und nicht versuchen.) Würdest Du nun selbst aus dieser geringen Höhe ungefedert mit den Hacken zuerst aufkommen wollen? Wichtig ist aber auch, dass Du beide Arme gleich hältst. Manche von uns sitzen ja eher schief auf dem Moped und haben sich kleine Haltungseigenarten angewöhnt. Ich habe einmal bei einem parallel zu meinem Kurs stattfindenden Sicherheitstraining einen dadurch bedingten Sturz beobachtet. Die Fahrerin hatte einen Arm angewinkelt und den anderen starr durchgedrückt. Bei einer Bremsübung hat ihr dies offenbar das Vorderrad weggehebelt.

Die Hand an der Bremse

Nun kommen die Hände, die natürlich besonders wichtig sind, denn Deine rechte Hand soll die Vorderradbremse betätigen. Mit wie vielen Fingern bremst Du eigentlich? Weißt Du es genau? Wenn nicht, dann mache es Dir bewusst und reflektiere das.

Bremsen mit der ganzen Hand ...

... oder mit zwei Fingern

Viele Fahrer bremsen mit der ganzen Hand, also mit vier Fingern. Bei einem Motorrad mit ABS geht das sowieso klar und es ist sicherlich auch nötig bei einigen Modellen (nicht nur bei älteren) deren Bremsanlagen eine hohe Handkraft erfordern.
Moderne Tourensportler oder Sportmaschinen haben meist Bremsanlagen, bei denen zwei Finger für die Vorderradblockade oder den Überschlag genügen. Wenn Du eine solche Superbremse mit der ganzen Hand bedienst, so ist das zu-

nächst völlig in Ordnung. Du kannst auch mit vier Fingern feinfühlig und dosiert bremsen. Was jedoch tust Du in einer Schrecksituation? Du machst genau das, was Deinem üblichen Schema entspricht, doch geht Dir bei dem Schreck das Feingefühl flöten. Du langst hinein und stürzt mit überbremstem Vorderrad. Das eigentliche Problem ist hier zwar der Schreck und nicht die Anzahl der Finger am Bremshebel, aber mit der ganzen Hand ist die Bremsung wahrscheinlich zu brutal.
Es lohnt sich also, die Angelegenheit zu überdenken. Vielleicht gewöhnst Du Dir auch an, in Zukunft mit zwei Fingern zu bremsen, dann aber in der Regel auch mit etwas mehr Nachdruck. Voraussetzung ist allerdings, dass Deine Bremsanlage und der Abstand des Hebels die volle Bremswirkung erlaubt, ohne die den Griff umfassenden Finger einzuklemmen, da Du sonst nicht mehr weiter durchziehen könntest. Probiere vorsichtig aus, was am besten zu Dir passt, dann bleibe dabei und versuche es zu optimieren.

Zur Sitzhaltung fassen wir also zusammen:
• Rechter Fuß über Bremspedal
• Knieschluss halten
• Oberkörper leicht gebeugt
• Arme unter Muskelspannung leicht angewinkelt
• Hände an Vorderradbremse und Kupplung

Dosierung der Bremsung

Jetzt kommt der eigentliche Bewegungsablauf bei der Dosierung der Bremse. Wie und wie stark bremst Du eigentlich? Wir gehen von einer Gefahrenbremsung mit einem Motorrad ohne ABS aus. Du musst so schnell wie möglich zum Stehen kommen, indem Du Deine Bremsanlage möglichst optimal betätigst.
Unabhängig von der soeben erörterten Frage, mit wie vielen Fingern Du die Vorderradbremse betätigst ist es zunächst wichtig, dass Du nicht wie ein Berserker hineinlangst. Alle abrupten Lastwechselreaktionen können einen Traktionsverlust hervorrufen und bringen Unruhe in das gesamte Motorrad.
Wir hatten zuvor das Thema der dynamischen **Achslastverlagerung** behandelt. Erst durch die Verlagerung der Achslast nach vorn kann die Vorderradbremse optimal verzögern. Die **Achslastverlagerung** kommt beim Bremsen in jedem Fall, selbst dann wenn Du nur hinten bremsen solltest. Aber sie braucht einen kleinen Augenblick. Wenn Du aber schnell und brachial an der Vorderradbremse reißt, so bleibt der Fahrzeugfront keine Zeit zum Eintauchen und durch die vorn noch nicht aufgebaute Achslast blockiert das Vorderrad. Physikalisch betrachtet steigt die Bremskraft schneller an als die Radaufstandskraft.
Betätige in der Anfangsphase der Bremsung daher die Bremsen noch nicht mit vollem Druck, sondern steigere diesen erst nach dem Eintauchen der Front.
Ein Sportschütze würde empfehlen, den Auslöser nicht durchzuziehen sondern zu drücken. Diese Analogie auf uns

übertragen bedeutet, die Bremse zu drücken und nicht einfach zuzupacken. [21]

Betätige nun die Vorderradbremse möglichst optimal, ohne das Rad zum Blockieren zu bringen. Achte dabei genau auf die Reaktionen Deines Motorrads. Bei maximaler Verzögerung neigt der Vorderradreifen zum Heulen und das Blockieren kündigt sich meist mit einem „teigigen" Gefühl an. Vermeide das und bremse lieber ein wenig zurückhaltender.

Wenn das Vorderrad blockieren sollte, so bleibt Dir nur die Chance, den Hebel unverzüglich loszulassen. In einer realen Situation wäre es allerdings besser, die Bremse nicht komplett zu lösen, sondern nur so weit, dass die Blockierneigung verschwindet. Aber wer kann das schon so genau dosieren? Ich rate Dir dringend, so etwas zu vermeiden und das optimale Bremen bei einem Sicherheitstraining unter fachkundiger Anleitung zu lernen und zu üben.

Dazu eignet sich besonders gut ein mit Auslegern versehenes Motorrad, bei dem sich das ABS ein- und abschalten lassen kann.

Blockiertes Vorderrad bei Ausleger-Motorrad

Foto: Stern, Institut für angewandte Verkehrspädagogik

Wie steht es nun mit der Hinterradbremse? Oftmals wird empfohlen, hinten voll draufzutreten, damit zumindest an einem Rad die optimale Bremsleistung erreicht wird. Leitsprüche hierzu waren und sind: „Hinten blockiert, vorne dosiert" oder „Hinten voll, vorne toll". Ein blockiertes Hinterrad lässt sich bei Geradeausfahrt und moderatem Tempo in der Regel beherrschen und stellt keine wesentliche Gefahr dar. Ist jedoch eine nur geringfügige Schräglage im Spiel, weil es sich um eine leichte Kurve handelt, ist die Bremsung nicht sauber von einem **Ausweichmanöver** getrennt oder ist eine Fahrbahnneigung vorhanden ist, so sieht es anders aus.

Ein blockiertes Hinterrad bringt Unruhe in das Motorrad, lenkt den Fahrer ab und führt dazu, dass viele Fahrer dann die Bremse lösen – und zwar ebenfalls vorn. Somit wird wertvoller Bremsweg verschenkt. Ich empfehle daher, die Hinterradbremse stets zu benutzen (nachdrücklich vor allem in der Anfangsphase der Bremsung), sie jedoch so zu dosieren, dass ein Blockieren unterbleibt. Richte Dein Augenmerk auf den

optimalen Einsatz der Vorderradbremse und je besser Du vorn bremst, desto unwichtiger wird das Hinterrad. Letzteres hängt jedoch sehr von Deinem Motorrad ab. Bei vielen Choppern bleibt die Hinterradbremse auch dann unverzichtbar.

Das ist aber immer noch nicht alles, denn Du musst noch die Kupplung ziehen. Das ist aus mehreren Gründen erforderlich:

Zunächst einmal musst Du den Motor noch mit herunter bremsen, wenn Du ihn nicht vom Antriebsstrang trennst. Im Verlauf der Bremsung würde das Hinterrad zum Stempeln neigen (hopping), was zu Unruhe und sogar zum Traktionsverlust führen kann.

Weiterhin kann es passieren, dass Du nach einer erfolgreichen Bremsung schnell diesen Bereich verlassen musst, um Dich und Dein Moped in Sicherheit zu bringen. Wenn Du jedoch den Motor abgewürgt hast, bist Du nicht handlungsfähig. Erfahrungsgemäß springt bei einigen Motorrädern der Motor nach einer Vollbremsung schlechter an oder die Gänge hakeln. Falls noch eine Ausweichbewegung erforderlich sein sollte, müsstest Du die Bremse zunächst lösen. Bei nicht gezogener Kupplung würdest Du in der Ausweichbewegung nicht nur Seitenführungskräfte übertragen sondern ungewollt auch Bremskräfte (siehe **Kamm'scher Kreis**) durch die Bremswirkung des Motors auf die Hinterhand.

Eine gute Bremsung in einer Gefahrensituation ist natürlich von elementarer Wichtigkeit und erhöht Deine Chancen, unversehrt zu bleiben. Noch wichtiger aber ist: oben bleiben. Wenn Du die Bremsung übertreibst und mit blockiertem Vorderrad stürzt, so sinken Deine Chancen beträchtlich. Viele innerstädtische Unfälle zwischen Motorrad und Auto gehen so aus. Der Motorradfahrer stürzt bei überbremstem Vorderrad und schleudert nahezu ungebremst gegen harte Fahrzeugteile des Unfallgegners wie Stoßfänger oder Räder, gerät bei eingeschlagenen Autorädern in die Radkästen oder verkeilt sich noch teilweise unter dem Auto – vielleicht schleudert die Maschine noch hinterher. Durch den vorherigen Sturz besteht keinerlei Chance, das Hindernis zu überfliegen. Fachleute raten schließlich auch dazu, sich vor einem unvermeidlichen Anprall aufzurichten, um so einen Überflug zu erleichtern. Dieser Überflug ist umso unwahrscheinlicher, je tiefer und gebeugter Deine Sitzposition ist. Vor etlichen Jahren hatte ich selbst einen solchen Unfall, als ein Autofahrer plötzlich über alle Spuren wendete. Da ich vorn seitlich aufprallte, konnte ich das Auto im Bereich der Motorhaube überfliegen und hatte nur relativ geringe Verletzungen. Ob man dieses vorherige Aufrichten wirklich schafft, ist aus meiner Sicht jedoch eher zu bezweifeln. Du kannst die Chancen des Gelingens jedoch durch **Mentales Training** erhöhen.

Das klingt bislang alles recht schwierig und manches auch nicht so hoffnungsvoll. Tatsächlich ist – wie bereits erwähnt – das „Regelsystem Mensch" mit einer Gefahrenbremsung auf dem Motorrad prinzipiell überfordert. Es ist sehr schwer, eine gute Lösung zu finden zwischen den Extremen der Vorderradblockade auf der einen und einer zu laschen Bremsung mit verschenkten Wegen auf der anderen Seite.

INFO-BOX:
ABS

Das ABS (gleichgültig ob für Auto oder Motorrad) ist eine Regeleinrichtung, die das Blockieren eines gebremsten Rades verhindert. Es ermittelt durch Sensoren und eine Loch- oder Zahnscheibe, die aktuelle Raddrehzahl. Es stellt fest, ob ein Rad überbremst wird und blockiert und verringert in diesem Fall den Druck in der Hydraulik.

Während ältere Systeme noch relativ grob zwischen Blockieren und Lösen regelten, sind die Regelintervalle bei modernen Systemen viel feinfühliger und kürzer. Dadurch bleiben die Lastwechselreaktionen des Fahrzeugs gering (Pumpen in der Federung). Die Regelfrequenzen moderner ABS-Systeme liegen derzeit bei bis zu 15 Regelvorgängen pro Sekunde. Das heutige ABS hält das Rad dicht an der Balance zwischen optimalem **Haftreibungswert** und Schlupf.

Hier wäre also zunächst der Begriff **Schlupf** zu klären. Man spricht von Schlupf, wenn die pro Radumdrehung zurückgelegte Strecke vom tatsächlichen Radumfang abweicht.
So hat z. B. ein Motorrad einen Bremsweg von 20 m benötigt. Dabei hat sich Vorderrad mit einem Umfang von 2 m achtmal gedreht und somit nur einen Weg von 16 m zurückgelegt. Aus dem Verhältnis von 20 zu 16 m ergibt sich ein Schlupf von -20 %. [22]
Wir kennen das Phänomen vom Blockieren oder vom Durchdrehen der Räder. Beim Bremsen bedeutet 100 % Schlupf, dass das Rad blockiert und stillsteht, während das Motorrad sich noch bewegt. Beim Beschleunigen bedeutet 100 % Schlupf, dass das Rad durchdreht, während das Motorrad stillsteht.
Ein geringes Maß an Schlupf ist beim Fahren regelmäßig vorhanden und sogar erforderlich. Nur ein Reifen, der ohne Antrieb rollt, hat 0 % Schlupf. Fahrphysikalisch betrachtet, erreicht ein Rad (abhängig von Reifen und Fahrbahnzustand) dann die optimalen Verzögerungswerte, wenn ca. 25 % Schlupf auftreten. Das ABS-System hält das Rad während der Bremsung in diesem optimalen Bereich.

Somit ist das technische Regelsystem ABS dem „Regelsystem Mensch" deutlich überlegen; ganz besonders im Motorrad-Alltag bei unterschiedlichen Wetter- und Fahrbahnbedingungen.

Der einzige Nachteil von ABS kann bei Fahrten auf losem Untergrund, wie z. B. Schotter auftreten. Hier kann ein blockiertes Rad einen bremsenden Keil vor sich aufbauen, während das ABS-gebremste Rad immer wieder öffnet und schließt. Bei einigen Motorrad-Modellen, die auch für den Einsatz im Gelände geeignet sind, ist daher das ABS abschaltbar. Grundsätzlich ist je nach System zwischen 4-10 km/h das ABS nicht mehr wirksam.

Foto: Thomson
Vorderrad mit ABS-System

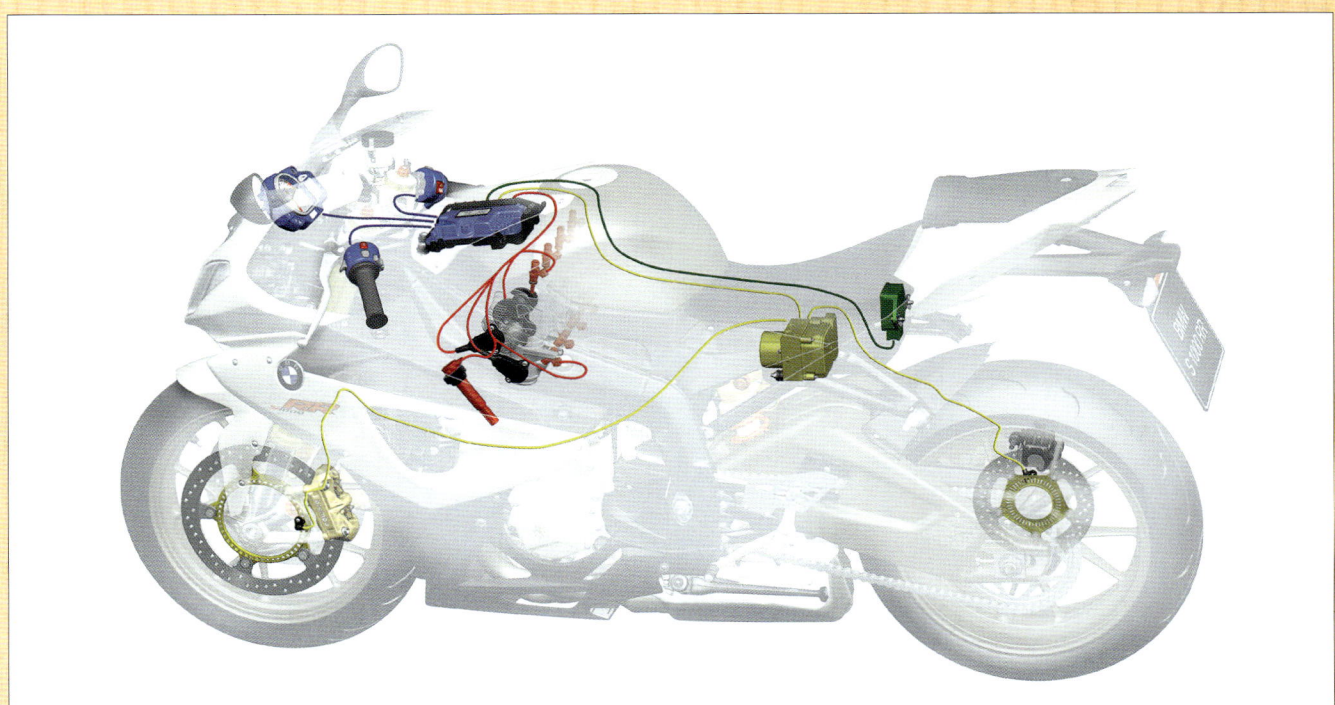
Grafik: BMW
Modernes ABS und Traktionskontrolle

ABS für Motorräder

Einen Ausweg aus der Misere bietet uns das **ABS** für Motorräder. Erstmals 1985 vorgestellt und seit 1988 in der Serienfertigung verfügen heute viele Modelle über dieses System oder sind zumindest optional damit erhältlich. Bei den Modellen, die optional mit ABS angeboten werden, entscheiden sich die meisten Käufer auch dafür. Ich empfehle es Dir ebenfalls – eine bessere Investition in Deine Sicherheit beim Mopedfahren gibt es kaum.

Das ABS wurde ständig weiterentwickelt in Bezug auf die Regelqualität und vor allem hinsichtlich des Gewichts. Auch bei Sportmotorrädern setzt sich nach und nach ein Sport-ABS durch. Hierbei gibt es jedoch wiederum unterschiedliche Philosophien der Hersteller. Allgemein kann gesagt werden, dass das Sport-ABS später regelt, unter Umständen auch ein Abheben des Hinterrades gestattet und (was für Sportfahrer wichtig ist) weniger wiegt.

Durch das ABS könnten viele Unfälle vermieden werden. Ein Ausweg aus dem oben beschriebenen Dilemma ist somit möglich. Mit ABS kannst Du normalerweise nicht stürzen, weil Du zu schnell und zu brutal an der Bremse gerissen hast und aufgrund dieses Wissens kannst Du es bei Geradeausfahrt auch wagen, wirklich voll zu bremsen ohne unnötig Bremsweg zu verschenken.
Das gilt auch und besonders dann, wenn Du auf schwierigem Untergrund bremsen musst, wie auf Rollsplit, Sand, nassem Kopfsteinpflaster und vielerlei mehr. Während ein Profi unter absolut gleichbleibenden Bedingungen auch ohne ABS sehr gute Bremsleistungen erzielen kann, geht die Sache völlig anders aus, wenn sogenannte Reibwertsprünge im Spiel sind. Eine feuchte Stelle bei ansonsten griffigem Belag, ein Kanaldeckel, eine Bitumenverfüllung und das menschliche Regelvermögen beim Bremsen ist völlig am Ende. Das ABS-Motorrad hingegen passt den Bremsdruck in für uns unmöglich kurzen Intervallen an den Untergrund an.

Die von den Motorradherstellern verbauten ABS-Systeme mit ihrer Elektronik unterscheiden sich nicht nur hinsichtlich ihres technischen Aufwandes, sondern auch in der effektiv möglichen Verzögerungsleistung. Einen ebenso großen Einfluss auf die Bremsverzögerung hat jedoch zunächst das gesamte Fahrzeugkonzept. Die ABS-Elektronik bei einem kurzen Supersportler muss auch immer die Möglichkeit eines Überschlags berücksichtigen, wenn das Hinterrad abhebt und wird sodann die Bremsleistung reduzieren. Bei einem Tourer oder Cruiser mit langem Radstand und tiefem Schwerpunkt ist diese Gefahr kaum oder gar nicht gegeben und das System kann die volle Bremsleistung zulassen. Ein Supersportler mit Sport-ABS kann daher durchaus einen längeren Bremsweg haben als manches Alltags-Modell.

Besonders beim Bremsen auf holpriger Straße hat es die Regelelektronik schwer. Ein auf den Wellen stuckerndes und leicht abhebendes Hinterrad kann dem ABS-System durch den Abgleich der Umdrehungsgeschwindigkeiten der Räder eine Überschlaggefahr signalisieren, was es mit einer sofortigen Verringerung des Bremsdrucks beantwortet, vielleicht sogar mehr als eigentlich nötig wäre. Entscheidend für die Bremsleistung im Alltag ist auch die Art und Weise der Regelintervalle. Ein feinfühliges Regeln des Systems hält das Fahrwerk ruhiger und gibt dem Fahrer ein besseres Gefühl als grobe, ruppige Regelintervalle.

Die technische Entwicklung bei ABS-Systemen ist im Fluss und ich empfehle Dir, Dich durch Testberichte über die praktischen Eigenschaften und Bremsleistungen Deines nächsten ABS-Motorrades zu informieren. Jedes ABS-System ist aber besser als gar keines und viel wichtiger als die Verkürzung des Bremsweges ist: Du bleibst oben und kannst bei einer Gefahrenbremsung den Sturz mit überbremsten Rädern vermeiden.

Viel diskutiert wird über die Wirkung von ABS in Schräglage. Eine allgemeingültige Aussage hierzu wäre leichtfertig. Du kannst jedoch davon ausgehen, dass Dir Dein ABS-System auch bei leichter Schräglage noch hilft. Dabei musst Du jedoch mit einer deutlichen Aufstellneigung rechnen, die Dich und Dein Motorrad in einen weiteren Kurvenradius zwingt. Besser ist in jedem Fall, wenn Du durch eine angepasste Fahrweise bemüht bist, eine solche Grenzsituation zu vermeiden. Die technische Entwicklung geht jedoch in die Richtung, das Motorrad-ABS kurventauglich zu machen. Es existieren bereits Systeme, die mit einem Schräglagensensor eine Kurvenfahrt erkennen und sodann die Regelintervalle entsprechend verändern.

Auch wenn es Dich technisch eigentlich nicht interessiert, solltest Du in jedem Fall informiert sein, wie Dein ABS arbeitet. Werden Vorder- und Hinterradbremse (wie normalerweise bei einem Motorrad) getrennt gesteuert? Hat Dein derzeitiges oder zukünftiges Motorrad ein kombiniertes System, bei dem durch Betätigung der Vorderradbremse hinten ebenfalls gebremst wird oder umgekehrt? Hat das Motorrad ein sogenanntes Vollintegralsystem, bei dem bei einer Vollbremsung die Bremsleistung verteilt wird, egal ob vorn oder hinten gebremst wird?
Sprich hierüber mit Deinem Motorradhändler und lese das Fahrzeughandbuch. Da die technischen Systeme mannigfaltig sind, möchte ich hier keine allgemeingültigen Aussagen für die Fahrpraxis machen. Probiere Dein ABS-System vorsichtig aus – am besten unter fachkundiger Anleitung bei einem **Sicherheitstraining**.
Solche kombinierten Bremssysteme gibt es allerdings auch bei Motorrädern ohne ABS. Die Hersteller wollen damit eine optimale Bremskraftverteilung erzielen. Bei einem Motorrad ohne ABS kann es bei einigen dieser Systeme im Extremfall und bei sehr schlechten Fahrbahnbedingungen aber auch dazu kommen, dass bei alleiniger heftiger Betätigung der Hinterradbremse das Vorderrad blockiert. Falls beim Einsatz beider Bremsen das Vorderrad blockiert, müssen nun auch beide Bremsen gelöst werden. [23]

INFO-BOX:
Reaktionsvermögen

Wir kommen erst am späten Abend nach Hause, abgespannt vom Arbeitstag. Nur noch wenige Kilometer sind zu fahren. In einem Waldstück sehen wir Augen blitzen im Scheinwerferlicht und noch ehe wir diesen Anblick in eine wirkliche Erkenntnis umsetzen können, passiert es: Ein Reh springt in langen Sätzen über die Straße, hinter ihm ein zweites.

Das ist eine Vorstellung, die wir lieber nicht wirklich erleben, die jedoch aufzeigt, wie wichtig eine gute und angemessene **Reaktion** ist und wie eng gleichzeitig deren Grenzen sind.

Wie lange dauert es eigentlich, bis wir eine ankommende Information in eine Handlung umsetzen?

Es gibt eine Vielzahl von Reaktionstestgeräten, auch im Internet gibt es entsprechende kleine Programme, an denen wir unser Reaktionsvermögen testen können. Sie alle funktionieren nach folgendem Schema: Wenn rote Lampe leuchtet, roten Knopf drücken oder: wenn Farbe im Feld verändert, mit Maustaste klicken.

Wer fit ist, schafft das – zumindest mit einiger Übung – in ca. 0,2 bis 0,3 Sekunden. Schön wäre es, könnten wir diese Zeiten auch im Straßenverkehr erreichen. Wenn dort die Bedingungen ebenso klar definiert wären (rote Lampe), die Auswahlmöglichkeiten ebenso eingeschränkt (roter Knopf) und das Zeitfenster annähernd so klein (es wird genau jetzt in den nächsten Sekunden sein), wäre Vieles leichter.

Leider haben wir in dem Waldstück nicht unbedingt mit Wildwechsel gerechnet, zumal dort auch gar kein Schild steht. Ob wir die Bremse betätigen oder nicht, mussten wir erst entscheiden – viel hat man schon darüber gehört, dass man in einem solchen Fall (zumindest mit dem Auto) nicht ausweichen sollte. Und letztlich hat uns das Ereignis gänzlich überrascht, da wir schon fast zu Hause waren. Musste das ausgerechnet jetzt noch sein?

Bei „echten" Situationen im Straßenverkehr läuft es also völlig anders. Die Unfallforscher sprechen dabei von der Verlust-Grundzeit. Diese beinhaltet:

Blickzuwendung

Die periphere Wahrnehmung des Objekts oder des Ereignisses bis zur Fixierung mit dem Blick.

Aufnahme der Information und Weiterleitung an das Gehirn

Die Lichtsinneszellen im Auge senden Impulse an den Thalamus, einen Nervenknoten im Zwischenhirn. Nach einer groben Selektierung werden sie an die Sehrinde des Großhirns gesendet.

Verarbeitung der Information

Im Großhirn werden die eintreffenden Impulse mit bereits gespeicherten Vorstellungsbildern und Erlebnissen gekoppelt und abgeglichen. Danach wird eine Entscheidung über das weitere Handeln getroffen.

Umsetzung der Information

Von der Sendung von Impulsen an die Muskeln der entsprechenden Körperteile bis zur Berührung des Bremshebels.

Ansprechzeit und Schwellzeit der Bremse

Vom Beginn der Bremsung bis zum Einsetzen der vollen Bremsleistung.

Das alles dauert natürlich seine Zeit. Die Rechtsprechung räumt uns je nach der konkreten Situation eine Reaktionszeit von 0,7 bis 1 Sekunde ein. Augenmediziner weisen jedoch darauf hin, dass allein die Blickzuwendung unter ungünstigen Bedingungen wie z. B. bei schlechten Lichtverhältnissen oder momentaner Blickfixierung auf ein anderes Objekt schon für sich 0,5 Sekunden dauern kann. Die Zeitdauer der Blickzuwendung und somit die Reaktionszeit kann sich dagegen verringern, wenn das Objekt oder das Ereignis sich nicht am Rande, sondern in der Mitte des Blickfeldes befindet, z. B. das Aufleuchten der Bremslichter beim vorausfahrenden Fahrzeug.

Daher ist unter optimalen Bedingungen mit einer Reaktionszeit von 1 bis 1,5 evtl. auch mit 2 Sekunden zu rechnen. Sind wir jedoch augenblicklich in schwacher Form, übermüdet, abgelenkt oder gar unter dem Einfluss von Medikamenten oder selbst geringer Konzentration von Alkohol, bzw. Restalkohol, werden selbst die 2 Sekunden nicht reichen.

Die 2 Sekunden werden auch dann nicht reichen, wenn wir in einer bestimmten Situation kein Handlungsrepertoire für deren Bewältigung zur Verfügung haben. Wenn uns also nicht genau klar ist, was wir tun sollten, dauert es länger und dann tun wir möglicherweise noch genau das Falsche.

Ein solches Handlungsrepertoire für Notsituationen kann man sich aneignen – am besten bei einem Motorrad-Sicherheitstraining. Die dort erworbenen Kenntnisse können dann wiederum durch Mentales Training verfestigt werden, indem wir uns die Situation und unsere Handlung immer wieder vergegenwärtigen. Tritt die Situation dann tatsächlich auf, stehen wir ihr zumindest nicht völlig unvorbereitet und nicht ohne Lösungsansätze gegenüber.

Durch lange Erfahrung und ständiges Lernen können sich Reaktionsmuster einprägen, so dass wir in der Lage sind, den Reaktionsablauf auch ohne Einschaltung des Bewusstseins zu steuern. Solche sozusagen vor-bewussten Reaktionshandlungen laufen in kürzerer Zeit ab, weil der lange Weg über die Hirnrinde entfällt.

Vielen von uns ist es sicher schon mal passiert, dass wir eine Schranktür öffnen, und uns etwas entgegenfällt, was wir ohne jedes Nachdenken noch im Flug fangen. Das war eine gute Reaktion, die jedoch ohne Einschaltung des Bewusstseins abgelaufen ist.

Ein erfahrener Motorradfahrer wird bei bestimmten kritischen Situationen konzentriert und bremsbereit sein, noch bevor er den Grund für seine Alarmbereitschaft erklären kann.

Ob vollintegral, teilintegral oder dual – die Zukunft liegt sicher in diesen Systemen, denn auch das ABS kann eine grundlegende Problematik nicht beseitigen: Wir müssen immer noch zwei verschiedene Bremsen mit zwei verschiedenen Körperteilen bedienen. Damit ist das „Regelsystem Mensch" insbesondere in einer Schrecksituation meist überfordert.

Viele ungeübte Motorradfahrer neigen dazu, vorrangig mit dem Fuß zu bremsen, weil dies dem typischen Reflex des Autofahrers entspricht. Dabei wird die Vorderradbremse trotz des beruhigenden Wissens um das Vorhandensein des ABS oftmals nur halbherzig betätigt. Wenn nun ein kombiniertes Bremssystem auch unter diesen ungünstigen Umständen noch beachtliche Verzögerungswerte erreicht, so ist das ein großer Sicherheitsgewinn.

Im Segment der Sportmotorräder sind solche kombinierten Systeme eher unerwünscht im Hinblick auf eine separate Kontrolle der gebremsten Räder.

Letztlich ist Fahrern von ABS-Motorrädern noch dringend zu raten, auf ihre ABS-Warnleuchte zu achten. Ist die Kontrollleuchte nach dem Starten des Fahrzeugs wirklich erloschen? Auch unterwegs sollten die Instrumente unter diesem Aspekt im Auge behalten werden, denn technische Fehler sind auch bei modernen Fahrzeugen nicht ausgeschlossen. Zudem kann bei längerem „Zuckel-Betrieb" in der Stadt oder im Stau (oft noch begünstigt durch zusätzliche Stromabnehmer wie Griffheizung, Navi oder Radio) eine Spannungs-Unterversorgung auftreten, die zu einem Ausfall des ABS führen kann. Die Warnleuchte wird nun brennen, doch Du musst auch hinschauen.

Alle Fahrmanöver – welche Technik uns auch unterstützt – sind abhängig, von unserer Fähigkeit, eine schnelle und angemessene Entscheidung zu treffen.

Anhaltewege und Restgeschwindigkeit

Dieses sicher etwas theoretisch klingende Thema habe ich ganz bewusst nicht in eine „Info-Box" gesetzt, die gemäß meiner Empfehlung nicht unbedingt, sondern eher optional gelesen werden kann. Ich finde das Thema persönlich so wichtig, dass ich Dir empfehle, Dich auf jeden Fall damit auseinanderzusetzen. Du solltest Dich zumindest in den Grundzügen damit auskennen und in der Lage sein, Deinen jeweiligen **Anhalteweg** einigermaßen realistisch einzuschätzen.

Kinder glauben noch, Autos und Motorräder haben keinen Bremsweg. Eigentlich ist die Vorstellung auch ein wenig abstrakt, dass wir – je nach Geschwindigkeit – noch so lange brauchen, bis wir letztendlich zum Stehen kommen. Wie

Locker und doch konzentriert

lang die Wege wirklich sind und wie groß die Restgeschwindigkeiten bei einem evtl. Aufprall ist, kann uns als real erlebte Fahrphysik sehr unangenehm überraschen.

Schon alte Fahrschulweisheiten besagen, dass der gesamte Anhalteweg sich zusammensetzt aus dem **Reaktionsweg** und dem Bremsweg.
Beginnen wir mit dem Reaktionsweg. Wie im Kapitel zum Reaktionsvermögen bereits dargestellt, benötigen wir unter optimalen Bedingungen 1-2 Sekunden Reaktionszeit.
Wenn wir vom Optimum, von 1 Sekunde Reaktionszeit ausgehen, so ist der Reaktionsweg recht einfach auszurechnen. Die Formel für die Umwandlung von Kilometer pro Stunde (km/h) in Meter pro Sekunde (m/s) ist: Geschwindigkeit in km/h geteilt durch 3,6.
Da wir aber wohl kaum mit einem Taschenrechner unterwegs sein wollen, ist folgende Faustformel völlig ausreichend: Geschwindigkeit geteilt durch 10 mal 3.
So ergibt sich mit der Faustformel für den Reaktionsweg:

REAKTIONSWEGE (NACH FAUSTFORMEL):

Geschwindigkeit	Reaktionsweg
30 km/h	9 m
50 km/h	15 m
70 km/h	21 m
100 km/h	30 m

Um den gesamten Anhalteweg auszurechnen, fehlt uns nun noch der **Bremsweg**, „S" genannt, der nach dieser Formel ausgerechnet wird:

$$S = \frac{V^2}{2a}$$

Dabei ist:
S = Bremsweg in m
V = Geschwindigkeit in m/s
a = Verzögerungswert in m/s^2

Auch für den Bremsweg gibt es eine Faustformel: $\frac{\left(\frac{V}{10}\right)^2}{2}$

Wie auch schon beim Reaktionsweg, müssen wir zunächst die Geschwindigkeit von km/h in m/s umrechnen. Um den Verzögerungswert a einsetzen zu können, müssen wir die Reibungsverhältnisse zwischen Reifen und Fahrbahn kennen.

Anhaltspunkte für Reibungsverhältnisse im Straßenverkehr sind:

Trockene Straße	a = 9 m/s^2
Nasse Straße	a = 6 m/s^2
Schneeglatte Straße	a = 2 m/s^2

Diese Werte gelten für Straßendecken aus Beton oder Teermakadam in gutem Zustand. Unter denkbar optimalen Bedingungen sind mit Serienfahrzeugen auch 10 m/s^2 möglich. Im Rennsport sind mit entsprechend weichen Slicks durch den unter optimalen Bedingungen auftretenden Mikroformschluss noch höhere Bremsverzögerungen zu realisieren.

Da uns jetzt alle Faktoren bekannt sind, machen wir folgende Beispiel-Berechnung:
Ausgangspunkte sind 50 km/h und trockene Fahrbahn.

Schritt 1: Umrechnen von Geschwindigkeit in m/s:
$$\frac{50}{3,6} = 13,88 \text{ m/s}$$

Schritt 2: Geschwindigkeit und Verzögerung in Formel einsetzen:
$$S = \frac{13,88^2}{2*9} \qquad S = 10,70 \text{ m}$$

Anhalteweg =
Reaktionsweg (bei 1 s Reaktionszeit) + Bremsweg

Schritt 3: Anhalteweg = 13,88 m + 10,70 m = 24,58 m

Somit sind wir in der Lage, den gesamten Anhalteweg für alle Geschwindigkeiten auszurechnen.

ANHALTEWEGE

Geschwindigkeit	Reaktionsweg	+ Bremsweg	= Anhalteweg
30 km/h	08,33 m	03,85 m	12,18 m
50 km/h	13,88 m	10,70 m	24,58 m
70 km/h	19,44 m	21,00 m	40,44 m
100 km/h	27,77 m	42,84 m	70,61 m
120 km/h	33,33 m	61,72 m	95,05 m
130 km/h	36,11 m	72,44 m	108,55 m
150 km/h	41,66 m	96,42 m	138,08 m
200 km/h	55,55 m	171,43 m	226,98 m
250 km/h	69,44 m	267,88 m	337,32 m

Diese Tabelle macht deutlich, dass der Reaktionsweg linear, der Bremsweg jedoch quadratisch steigt und bei hohem Tempo regelrecht ins Unermessliche wächst.
Weiterhin haben bereits geringe Unterschiede bei der Bremsverzögerung drastische Auswirkungen: Wird statt einer mittleren Bremsverzögerung von 9 m/s^2 lediglich 8 m/s^2 erreicht (was durchaus praxisnah ist), weil der Fahrer die Vollbremsung nicht bestmöglich beherrscht, so macht dieser kleine Unterschied im Bremsweg bei 200 km/h volle 21 m aus.

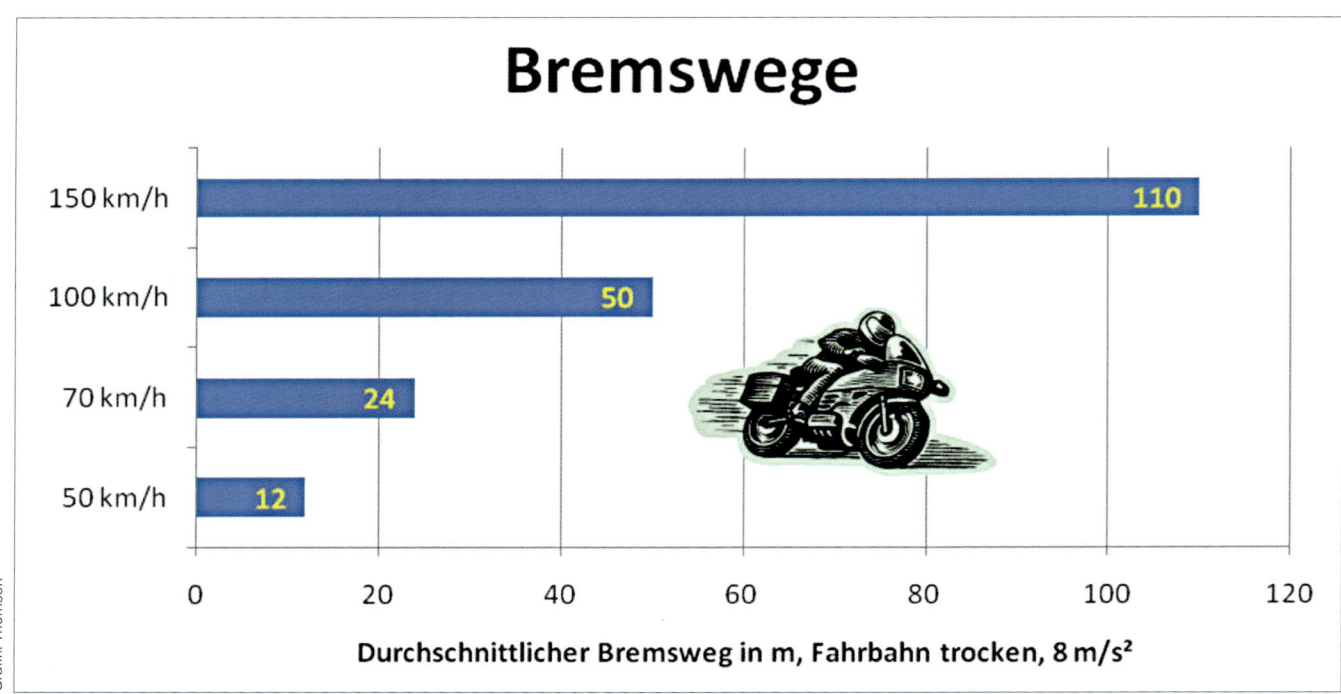

Bremswege

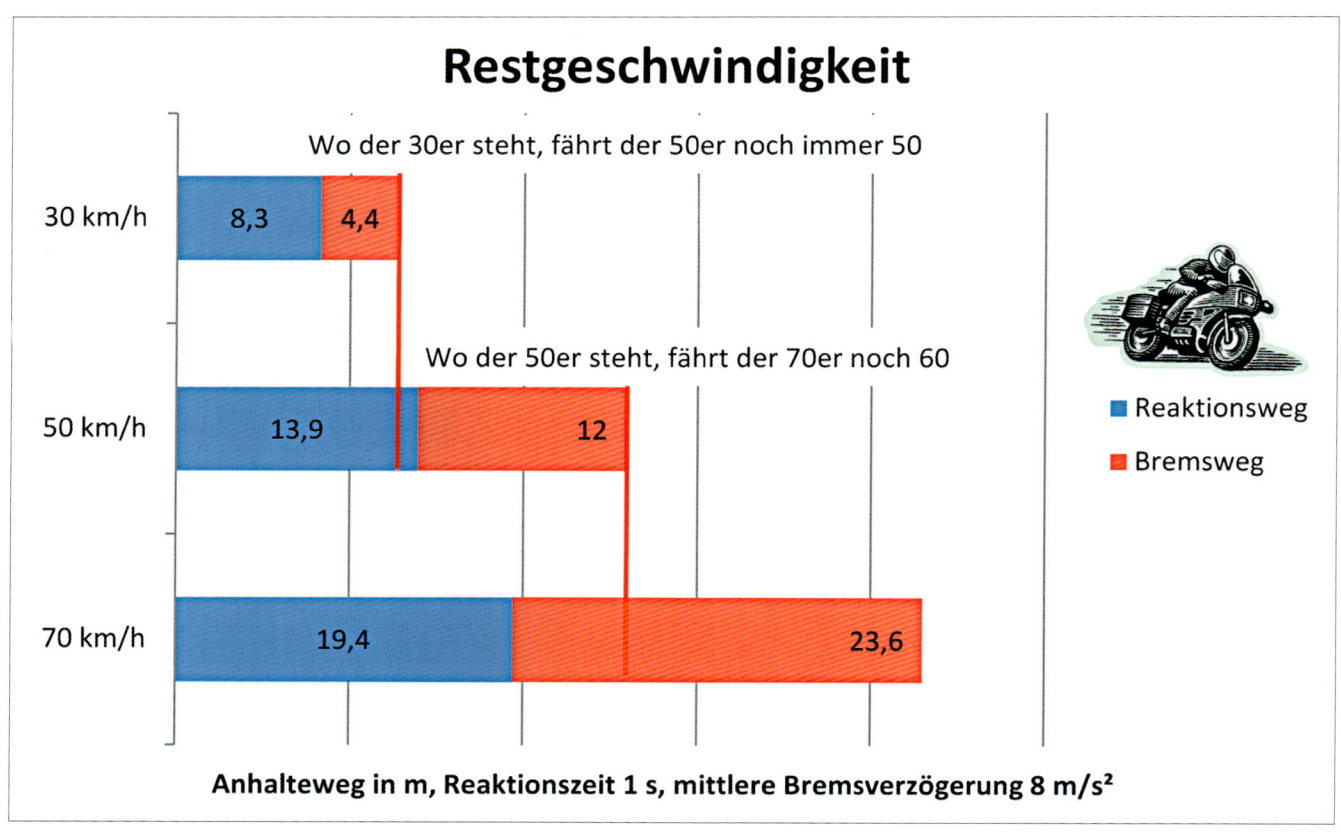

Restgeschwindigkeit

Ebenfalls deutlich wird die Bedeutung des korrekten Tempos in 30er-Zonen. Während der gesamte Anhalteweg aus 30 km/h unter optimalen Bedingungen ca. 12 m beträgt, so umfasst bei 50 km/h allein der Reaktionsweg bereits knapp 14 m. Das bedeutet im Klartext, dass Du an der Stelle Deines Stillstands aus 30 km/h noch gar nicht mit dem Bremsen begonnen hast.

Diese physikalischen Gesetzmäßigkeiten sind leider stets gegenwärtig und zwangsläufig.

Bis hierher klingt die Thematik sicherlich noch recht theoretisch. Wenn Du an einem gedachten Punkt eine Gefahr erkennst und unter exakt definierten Bedingungen reagierst und bremst, benötigst Du diesen oder jenen Anhalteweg. Wie lang ist jedoch der Reaktionsweg, wenn Du gerade abgelenkt bist oder nach einem anstrengenden Tag auf einer vermeintlich ereignislosen Strecke Deinen Gedanken nachhängst?

Und wie lang ist Dein Bremsweg bei Regen oder bei schlechtem Fahrbahnbelag?

Auf dem Papier und meist auch auf einem Trainingsplatz lassen sich die fehlenden Meter verschmerzen, in der Realität kann es jedoch einen Aufprall auf das Hindernis mit einer noch verbleibenden **Restgeschwindigkeit** bedeuten.

Die Höhe dieser Restgeschwindigkeit ist natürlich von entscheidender Bedeutung für das Ausmaß der Unfallschäden oder der Verletzungen.

Die folgende tabellarische Gegenüberstellung zeigt die verbleibende Restgeschwindigkeit, also die Aufprallgeschwindigkeit bei erhöhtem Tempo.

Wenn wir z. B. auf einer Landstraße 100 km/h fahren und in einer kritischen Situation optimal bremsen und anhalten können, haben wir bei 120 km/h Ausgangsgeschwindigkeit an derselben Stelle noch eine Aufprallgeschwindigkeit von 75 km/h. Bei der Berechnung wird von einer mittleren Bremsverzögerung von 9 m/s² und von 1 Sekunde Reaktionszeit ausgegangen.

RESTGESCHWINDIGKEITEN		
Fahrgeschwindigkeit von/auf		**Aufprallgeschwindigkeit**
30 km/h	50 km/h	50 km/h
50 km/h	70 km/h	61 km/h
100 km/h	120 km/h	75 km/h
130 km/h	150 km/h	83 km/h

Diese Rechenbeispiele verdeutlichen lediglich die Restgeschwindigkeiten bei erhöhtem Tempo. Solche Berechnungen ließen sich beliebig fortführen mit folgenden Variablen:

- längere Reaktionszeit
- schlechtere Bremsverzögerung
- längere Reaktion und schlechtere Bremsverzögerung

Wenn Du bei 100 km/h statt 1 Sekunde eine Reaktionszeit von 1,5 Sekunden benötigst, entspräche dies unter sonst gleichen Bedingungen einer Aufprallgeschwindigkeit von 57 km/h gegenüber dem Stillstand bei 1 Sekunde Reaktion.

Auch Deine eigene Körpermasse erfährt bei einem Unfall eine Beschleunigung, für deren plötzlichen Abbau der menschliche Körper nicht geeignet ist.

Bei einem Aufprall wächst das Gewicht unseres Körpers bis zu kaum begreiflichen Werten und eine Aufprallgeschwindigkeit von 50 km/h entspricht einem Sprung vom 10-Meter-Brett in ein Schwimmbecken ohne Wasser (hier käme allerdings noch die Tiefe des Beckens hinzu).

GESCHWINDIGKEIT bei Aufprall in km/h	Entspricht FALLHÖHE in m
30	3,5
50	10
80	25
100	40

Deshalb ist es auch so wichtig, einen solchen Aufprall durch eine vorausschauende Fahrweise und durch das gezielte Training von Notmanövern möglichst zu vermeiden.

Die mögliche Bremsverzögerung ist übrigens – entgegen landläufiger Meinung – nicht vom Gewicht Deines Motorrades abhängig. Eine größere Fahrzeugmasse durch die Mitnahme eines Beifahrers oder Gepäck vergrößert zwar die träge Masse und dadurch die Bewegungsenergie, gleichzeitig steigen jedoch die Radlasten und damit die Möglichkeit, Bremskräfte zu übertragen. Voraussetzung ist allerdings, dass das Gewicht im Rahmen des zulässigen Gesamtgewichts bleibt, weil sonst die Bremsanlage überfordert sein könnte. Die höhere Bremsenergie führt weiterhin zu einem höheren Wärmeanfall, was den Reibwert der Bremse und damit die Verzögerungswerte verschlechtern kann **(Bremsfading)**. [24]

Ausweichen

Was ist in einer typischen innerstädtischen Notsituation eigentlich besser: Nur Bremsen, nur Ausweichen oder ein kombiniertes Fahrmanöver?

Leider gibt es auf diese Frage keine eindeutige Antwort. Jede Entscheidung, die Du unter Stress und in Sekundenbruchteilen triffst, kann sich als falsch herausstellen. Dennoch und gerade deshalb ist es gut, sich hier in der Theorie

Foto: Thomson

Ausweichmanöver

über solche Fragen Gedanken zu machen. Bestimmte Handlungsmuster beim Motorradfahren kannst Du durch ein wiederholtes geistiges „Durchspielen", durch Mentales Training so verinnerlichen, dass die Wahrscheinlichkeit einer richtigen Reaktion steigt.

Eine Aussage kann jedoch vorab gemacht werden: Ausweichen ist nur dann ein geeignetes Manöver, wenn eine hinreichende Erfolgswahrscheinlichkeit besteht. Das hilft Dir nicht weiter? Wenn sich auf Deiner Fahrspur ein Hindernis befindet, wie herabgefallene Ladung, eine Schaufel, ein Fahrrad, eine Europalette, ein Sofa (alles schon im Verkehrsfunk gehört), so bewegen sich diese Hindernisse normalerweise nicht. Bei einem beweglichen Hindernis wie einem Auto oder einem Fußgänger kannst Du Dir nicht sicher sein, ob es verharrt oder sich in irgendeine Richtung weiterbewegt. Trifft dann dieser Bewegungsablauf ausgerechnet mit Deiner Ausweichbewegung zusammen, so hast Du ein Problem. Du prallst mit nahezu unverminderter Geschwindigkeit gegen das Hindernis.
Bei den in der Stadt üblichen Fahrgeschwindigkeiten wird daher empfohlen, sich auf ein einziges Notmanöver zu beschränken: das Bremsen. Die Bremswege sind bei Geschwindigkeiten bis ca. 60 km/h noch recht überschaubar, wachsen dann jedoch überproportional mit steigendem

Tempo. Du erinnerst Dich: Doppelte Geschwindigkeit ist vierfacher Bremsweg.
Daher kann bei steigender Geschwindigkeit das Ausweichmanöver durchaus wieder mehr Sinn machen, weil der Ausweichweg im Gegensatz zum Bremsweg nicht quadratisch, sondern linear steigt.
In vielen außerorts auftretenden Notsituationen (vorwiegend jedoch bei Autobahntempo über ca. 120 km/h) kommt wiederum ein kombiniertes Fahrmanöver in Betracht. Durch das Bremsen wird erst einmal möglichst viel Geschwindigkeit und Energie abgebaut und letztlich noch dem Hindernis ausgewichen. Das ist jedoch besonders schwer, weil diese Bewegungsabläufe exakt voneinander getrennt werden müssen.

Doch bleiben wir zunächst beim Ausweichen selbst. Im Kapitel zum Kurvenfahren wird ausführlich beschrieben, wie Du durch Schieben am Lenker (in einer Notsituation ist es ein **Lenkimpuls** im eigentlichen Sinne, beim Einleiten einer normalen Kurvenfahrt nur ein Schieben) eine Kurvenfahrt einleitest – denn nichts anderes ist im Grunde ein Ausweichmanöver. Hier geht es wohlgemerkt nur um das Ausweichen, vom Bremsen ist keine Rede. Kombinierte Manöver werden gleich im Anschluss behandelt.
Du setzt also den Lenkimpuls und ziehst die Kupplung. Dies ist notwendig, weil Deine Reifen bei der Ausweichbewegung

ü ÜBUNG:
Zielbremsung

Es ist nicht leicht, an einem vorher definierten Punkt exakt zum Stehen zu kommen. Im Normalfall ist das so genau auch nicht erforderlich. Willst Du an der Haltelinie vor einer Ampel stoppen, so hast Du normalerweise Zeit und Raum genug, um den Anhaltevorgang bequem und mit entsprechender Reserve zu takten. Beginnst Du etwas spät mit der Bremsung, musst Du sie ein wenig forcieren, beginnst Du früh, so kannst Du locker bremsen oder sogar teilweise ausrollen lassen.

Normalerweise ist es nur in Notsituationen so, dass wir an einem ganz bestimmten Punkt zum Stehen kommen müssen. Da das dann oft knapp genug wird ist es gut, so etwas unter stressfreien und gefahrlosen Bedingungen zu trainieren.

Wie ist die Wechselwirkung zwischen Geschwindigkeit, der Wahl des Bremsbeginns und der Stärke der Bremsung? Probiere es aus.

Zielbremsung I

Suche Dir einen leeren, ebenen und sauberen Parkplatz. Stelle Dir 2 Pylonen auf oder irgendetwas anderes, um den Zielpunkt zu markieren. Falls Du Kreide hast, ziehe eine Verbindungslinie zwischen den etwa 2,5 m auseinander stehenden Pylonen.

Fahre mit unterschiedlichen Geschwindigkeiten auf die Markierung zu und versuche, möglichst exakt an der Kreidelinie zum Stehen zu kommen. Dabei sollst Du beide Bremsen annähernd optimal betätigen, so wie es beim Thema **Bremsen** erläutert wurde. Es ist nicht erforderlich und aus Sicherheitsgründen auch nicht erwünscht, dass Du mit wimmerndem Vorderrad oder abhebendem Hinterrad bremst. Es soll keine klassische Gefahrenbremsung sein, da sonst die Gefahr besteht, dass Du zu ehrgeizig bist und die letzte Strecke vor der Halteline das Vorderrad überbremst. Es soll aber schon eine gute Bremsung sein, die Du in einem Zug durchführst. Verfügt Dein Motorrad über ABS, so kannst Du nach ein wenig Eingewöhnung im Regelbereich bremsen.

Probiere nun unterschiedliche Geschwindigkeiten und unterschiedliche Bremspunkte aus. So bekommst Du ein Gefühl für tatsächlich erforderliche Bremswege. Natürlich handelt es sich hier nur um den reinen Bremsweg – der **Reaktionsweg** entfällt, da Du ja den Beginn der Bremsung selbst entscheidest.

Zielbremsung II

Bei einer Tour über wenig befahrene Landstraßen kannst Du das Ortseingangsschild als Endpunkt einer Zielbremsung auf 50 km/h wählen. Wähle jedoch nur Ortseinfahrten, bei denen das Ortseingangsschild deutlich vor den Beginn der Siedlung steht. Die Straße muss weiterhin, gerade, übersichtlich und verkehrsfrei sein und es darf Dir kein anderer Verkehrsteilnehmer folgen.

Bremse nun ausgehend von der zuvor gefahrenen Geschwindigkeit von üblicherweise 100 km/h unter Einsatz beider Bremsen energisch bis auf 50 km/h herunter. Voraussetzung für diese Übung ist, dass Du die Ausführungen zum Thema **Bremsen** gelesen hast. Wenn Du die Vorderradbremse nicht ruckartig reißt, sondern drückst und erst nach der erfolgten **Achslastverlagerung** energischer bremst, so besteht kaum eine Gefahr des Überbremsens.

Probiere es vorsichtig aus; es wird Dir ein Gefühl dafür geben, was beim Bremsen aus Landstraßentempo möglich ist.

Seitenführungskräfte übertragen und daher frei von Antriebs- und Bremseinflüssen sein sollen.

Teilweise wird heute aber entgegen gehalten, dass in einer Notsituation das Ziehen der Kupplung eine zusätzliche Bewegung ist, die dringend benötigte Zeit kostet. Zumindest dann soll immer die Kupplung gezogen werden, wenn ein Hindernis oder eine glatte Stelle innerhalb des Ausweichwegs überfahren werden muss. [25]

In jedem Fall ist es jedoch besser, die Kupplung zu betätigen. Für die Ausweichbewegung wendest Du am besten das **Drücken** an, das ebenfalls ausführlich im Kapitel zum Kurvenfahren behandelt wird.

Übertragbare Kräfte

Unsere Reifen stellen den Kontakt zur Fahrbahn her. Mit ihnen übertragen wir die für das Fahren erforderlichen Kräfte: Antriebskräfte beim Gas geben, Bremskräfte beim Bremsen (beide zusammen **Umfangskräfte** genannt) und Seitenführungskräfte beim Kurvenfahren. Diese drei Kräfte können jedoch nicht nach Belieben, sondern nur in Abhängigkeit vom Reibwert und zu insgesamt 100 % übertragen werden. Das Denkmodell des Kamm'schen Kreises verdeutlicht diese Abhängigkeit.

Wird die physikalische Grenze überschritten, kommt es zum Sturz – wird in einer Notsituation die Annäherung an diese Grenze nicht erreicht, kann dies ebenfalls zu einen vermeidbaren Sturz führen.

INFO-BOX:
Kleine Fahrphysik der Kräftekombination: Kamm'scher Kreis

Über die Reifen können nach ihrer Laufrichtung 3 Kräfte übertragen werden: Antriebskräfte beim Gas geben oder Bremskräfte beim Bremsen (beide zusammen Umfangskräfte genannt, weil sie längs über den Umfang des Reifens wirken) und die Seitenführungskraft beim Kurvenfahren (wird quer zur Laufrichtung des Reifens übertragen). Die Übertragbarkeit dieser Kräfte ist abhängig von der Reibpaarung von Fahrbahn und Reifen und von der aktuellen Radlast bei einer **Achslastverlagerung**. Weiterhin können diese Kräfte nur in einer Abhängigkeit zueinander übertragen werden. Wenn also eine starke Schräglage gefahren wird und somit viel von der Seitenführungskraft „verbraucht" wird, so kann nur noch entsprechend wenig an Umfangskräften übertragen werden. Umgekehrt verhält es sich genau so: Bei voller Ausnutzung der Umfangskräfte beim Bremsen oder Gasgeben stehen keine Seitenführungskräfte mehr zur Verfügung. Diesen Zusammenhang verdeutlicht der „Kamm'sche Reibungskreis". Der Kreis selbst bezeichnet die insgesamt übertragbaren Kräfte, innerhalb derer sich nun Umfangs- und Seitenführungskräfte „aufteilen" müssen. Wenn wir nur etwa die Hälfte der möglichen Umfangskräfte übertragen, so haben wir noch entsprechend viel bei den Seitenführungskräften zur Verfügung. Wenn die Fahrbahn glatt ist, so verteilen sich die Kräfte im gleichen Verhältnis zueinander; nur der Kreis wird kleiner.

Der „Kamm'sche Kreis" (nach Prof. Wunibald Kamm, 1893-1966) ist in dieser Darstellung allerdings eher ein Denkmodell und in dieser Darstellung nicht mathematisch korrekt. Die dargestellten Kräfte sind Vektoren und addieren sich nicht zu insgesamt 100 %. So ist hier z. B. zu sehen, dass noch eini-

ges an Bremskraft übertragen werden kann, obwohl die Seitenführungskraft schon zu einem guten Teil aufgebraucht ist

Bremsen und Kurvenfahren oder Beschleunigen und Kurvenfahren sind also gleichzeitig möglich – jedoch nur im Verhältnis zueinander. Wenn diese Grenze überschritten wird, ist keine Haftung mehr gewährleistet, der Reifen geht von Haftreibung zu Gleitreibung über und es kommt zum Sturz.

Der Einfluss reibungsmindernder Faktoren auf die Haftung wird sehr anschaulich durch das Modell des Kraftschluss-Kegels dargestellt.

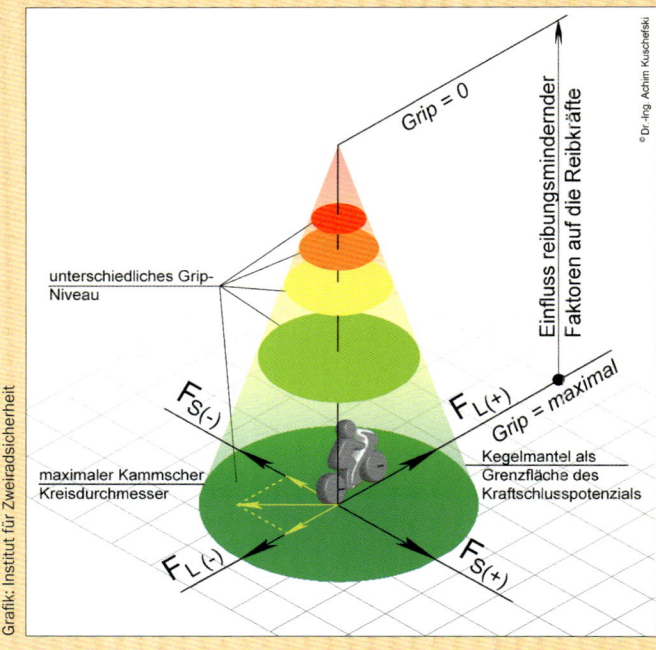

Kraftschluss-Kegel

Kraftschluss-Kegel
Auf dem Grund des Kegels ist die Haftung optimal. In der Spitze des Kegels ist die Haftung bei Null. Mit abnehmender Haftung vermindert sich die Gesamtsumme der übertragbaren Kräfte und der Kegel wird enger. Einfluss auf die Haftung haben Faktoren wie: Fahrbahnuntergrund, Verunreinigungen, Wetterbedingungen sowie Qualität und Zustand der Reifen.
Da wir in der Regel nicht genau wissen, auf welchem Grip-Niveau wir uns derzeit bewegen, ist eine entsprechende fahrerische Reserve überlebenswichtig.
Sicher wird niemand mit Taschenrechner und Geo-Dreieck Motorrad fahren und das ist auch gar nicht nötig. Die Idee des Herrn Kamm verdeutlicht nochmals, dass wir immer nur das für unsere Fahrmanöver einplanen können, was wir tatsächlich zur Verfügung haben. Es ist so, wie in dem Beispiel mit den 10,– Euro für unsere **Aufmerksamkeit**: Wir haben nur diese 10,– Euro an übertragbaren Kräften und die müssen wir vernünftig einteilen.

Kamm'scher Kreis

Manche Situationen machen es auch erforderlich, in der Kurve zu bremsen. Vielleicht neigst Du zum Bremsen in der Kurve, weil Du Dich häufig oder gelegentlich zu schnell fühlst. Ist das dann wirklich so? Meist wäre das gar nicht nötig, denn Du könntest die Sache durch eine etwas stärkere **Schräglage** ungefährlicher und eleganter lösen.

Es gibt aber auch Situationen, da wird es wirklich eng und Du stehst nun vor der Aufgabe, die übertragbaren Kräfte (hier Seitenführungskräfte und Bremskräfte) gemäß dem soeben beschriebenen Kamm'schen Kreis in einem angemessenen Verhältnis zueinander aufzuteilen.

Erschwerend kommt beim Bremsen in Schräglage hinzu, dass sich durch die dynamische **Achslastverlagerung** die Bremskraftverteilung ändert und nun bereits das Überbremsen eines einzelnen Rades zum Sturz führen kann, auch wenn die mögliche Gesamtbremskraft noch nicht überschritten wurde. [26]

In diesen Situationen bist Du gut dran mit ABS. Dennoch ist das ABS in der Kurve keine Vollkaskoversicherung, denn Du wirst mit einem deutlichen Aufstellmoment kämpfen müssen und hast ein Gefühl des seitlichen Wegrutschens. Das Motorrad will die von Dir beabsichtigte **Kurvenlinie** nach außen verlassen. Trotzdem ist das noch sehr harmlos in Vergleich zu einem Motorrad ohne ABS. In der Kurve bis in den Regelbereich zu bremsen, solltest Du allenfalls unter fachkundiger Anleitung bei einem **Sicherheitstraining** ausprobieren.

Ohne ABS musst Du noch sehr viel feinfühliger vorgehen. Du ziehst die Kupplung und bremst zuerst vorsichtig mit der Vorderradbremse und danach erst hinten, um der **Achslastverlagerung** Zeit zu geben. Wenn Du mit dem Lenker dagegenhältst, kannst Du bei einer mäßigen Bremsung und bei mittlerer Schräglage Letztere sicherlich beibehalten. Probiere das vorsichtig für Dich aus und beobachte die Reaktionen des Motorrades. Wenn Du stärker bremsen musst oder Deine Schräglage erheblich ist, wird das nicht mehr funktionieren. Du musst das Motorrad nun stärker oder sogar vollständig aufrichten und erst dann kannst Du stärker bremsen. Wenn Du es völlig aufrecht hast, kannst Du auch voll bremsen. Dabei ist jedoch wichtig, dass der Lenker beim Anhalten wirklich gerade steht, sonst kommt es doch noch zu einem „Umfaller" im Stand oder ganz kurz davor.

Ob mit oder ohne ABS ist das Bremsen in der Kurve immer eine heikle Angelegenheit. Du solltest versuchen, das durch eine angemessene und weit vorausblickende Fahrweise zu vermeiden.

ÜBUNG:
Bremsen in der Kurve

Wie sich die Aufstellmomente beim Bremsen in der Kurve anfühlen und wie Du sie (bis zu einem gewissen Grad) mit dem Lenker „niederkämpfen" kannst, solltest Du erleben.

Kurvenbremsen I

Suche Dir eine einsame, ebene und saubere Landstraßenkurve und durchfahre sie in mittlerer Schräglage. Ziehe sanft an der Vorderradbremse, so dass Du das Aufstellmoment spürst. Die Kupplung musst Du dabei nicht ziehen. Du fährst weiter und probierst das Ganze noch einmal in der nächsten Kurve, soweit sie die beschriebenen Bedingungen erfüllt. Du kannst dann ein wenig stärker bremsen und versuchen, das Aufstellmoment durch Druck am Lenker „niederzukämpfen". Übertreibe das nicht, es geht hier vorrangig darum, dass Du die Aufstellkräfte kennen lernst und in einer realen Situation nicht davon überrascht wirst.

Kurvenbremsen II

Unter den oben beschriebenen Bedingungen auf einer einsamen Landstraße oder auch einem großen leeren Parkplatz kannst Du vertiefend zu der ersten Übung ausprobieren, das Motorrad mit der Bremse gezielt aufzurichten. Benutze zunächst die Vorderradbremse und setze dann erst die Hinterradbremse unterstützend mit ein. Ziehe nun dabei auch die Kupplung. Je weiter sich das Motorrad aufrichtet, desto mehr kannst Du den Bremsdruck steigern. Das Aufrichten führt nun zu einem deutlicheren Verlassen der geplanten Fahrlinie und Du musst aufpassen, dass Dir nicht die Straße „ausgeht". Probiere das also sehr vorsichtig und mit langsamen Steigerungen und nur dort, wo ausreichend Raum vorhanden ist.

Bremse nicht bis zum Stillstand, denn dabei kommt es gelegentlich zu „Umfallern" im Stand oder kurz davor, wenn der Lenker nicht absolut gerade steht.

WETTER UND FAHRBAHN

In der Science-Fiction-Literatur gibt es eine Wetterkontrolle. So könnten die trockenen Zonen unseres Planeten in fruchtbare Gebiete verwandelt werden und das wäre auch eine gute Lösung für die Ernährungsfrage der ständig wachsenden Weltbevölkerung. Eine tolle Sache, die es so oder so ähnlich sicherlich einmal geben wird.

Ich persönlich würde mir wünschen, dass es immer so schön ist wie an einem lauen Spätsommertag. Ich könnte prima Motorradfahren ohne zu frieren oder zu schwitzen wie ein Esel. Regnen könnte es von mir aus nachts zwischen zwei und fünf Uhr.

Aber irgendwie wäre das doch auch langweilig, oder?

Kennst Du den Geruch von bevorstehendem oder gerade einsetzendem **Regen**, wenn Du mit Deinem Moped durch ein schattiges Waldstück fährst? Sicher weißt Du, wie toll es aussieht, wenn die Sonne die Feuchtigkeit der noch warmen Straße verdunsten lässt.

Oftmals haben auch die vermeintlichen Schattenseiten ihre Reize, zumal wir ohne sie die sonnigen Abschnitte nicht so genießen könnten.

Meistens jedoch bedeutet schlechtes Wetter eher Frust für uns Motorradfahrer. Um mit widrigen Wetterbedingungen angemessen umgehen zu können, gilt es Einiges zu beachten.

Regen

Nässe ist ja erst einmal nicht so schlimm – außer dass Du nass wirst. Das eigentliche Problem an der nassen Straße ist die Verringerung der Reifenhaftung auf der Fahrbahn. Du musst eine geringere Schräglage fahren und viel vorsichtiger sein beim Beschleunigen und Bremsen. Das ist erst einmal alles, nicht mehr und auch nicht weniger.

Nasse Witterung sollte uns den Spaß am Motorradfahren nicht vermiesen. Bei den zweitägigen Motorradtrainings erlebe ich aber auch mal Motorradfahrer, die vorher anrufen und ernsthaft fragen, ob die Veranstaltung bei Regen ausfallen würde. Manchen macht das Fahren dann überhaupt keinen Spaß mehr oder macht ihnen sogar Angst. Einmal war einer dabei, der bei einer Veranstaltung mit Regen außer sich vor Ärger war, weil er später die vielen Chromteile wieder mühsam putzen musste. Die meisten von uns Mopedfahrern gehen jedoch einigermaßen gelassen mit dem Thema um – und das ist gut so.

Das Fahren im Regen kann sogar eine Möglichkeit für Dich sein, Dein Fahrkönnen zu verbessern. Es erfordert eine runde, weiche Fahrweise und **Kurvenlinie**, die ich selbst mag und gern als „melodisch" bezeichne. Das bedeutet auch

Foto: Thomson

Bei schlechtem Wetter

Foto: HELD

Bei Regen

kannst. Probiere aus, was besser zu Dir und Deinem Moped passt – wichtig ist, dass alles unaufgeregt abläuft.

Bedenke beim Herausbeschleunigen aus der Kurve auch, dass der Kurvenausgang durch Autoreifen glattpoliert sein kann und Dir nun bei Nässe noch weniger Haftung zur Verfügung steht.

Noch besser ist natürlich, man hat eine **Traktionskontrolle**, wie sie bei einigen Motorradmodellen schon erhältlich ist. Nun kannst Du auch bei schwierigen Straßenverhältnissen und sogar in Schräglage mal zu viel Gas geben – die Elektronik wird's schon richten. Doch Vorsicht: Das muss nicht immer funktionieren, denn auch diesen Systemen sind bei zu großer Schräglage und zu wenig Grip Grenzen gesetzt. Bis jetzt wurden noch keine Systeme erfunden, welche die Fahrphysik überlisten können. Im Pkw-Bereich sind solche Assistenzsysteme schon seit Längerem im Einsatz so wie sie werden bei modernen Motorrädern immer häufiger verbaut werden. Die einzelnen Motorradhersteller bedienen sich dabei unterschiedlichen Techniken und die Systeme unterscheiden sich im Fahrbetrieb durchaus. Einige greifen eher grob und andere eher feinfühlig ein. Auch unterbinden nicht alle Systeme ein Wheelie. In der Regel sind sie jedoch auf verschiedene Fahrmodi einstellbar.

Wenn Du Dich für eine solche Traktionskontrolle interessierst, dann informiere Dich sehr genau mittels der Herstellerangaben, ob dieses System zu Deinen Anforderungen passt. Informiere Dich auch durch aktuelle Testberichte der Motorrad-Zeitschriften.

nicht Schleichen, sondern die Vermeidung von Leistungsspitzen und ruppiger Fahrmanöver. Dann geht bei Regen viel mehr als man eigentlich glaubt. Außerdem bin ich ganz persönlich der Meinung, dass das Fahren auch bei schlechtem Wetter zu einem guten Motorradfahrer dazugehört. Wenn ich mich an Erlebnisse erinnere, die mich ganz besonders mit meinem Moped „verschweißt" haben, so waren dies nicht beschauliche Ausfahrten bei Sonnenschein, sondern eher lange, anstrengende Fahrten bei schlechtem Wetter; vielleicht auch auf schlechten Straßen sowie bei Kälte und Dunkelheit. Es war „bescheiden", aber es hat mich weitergebracht.

Vielleicht betrachtest Du die nächste Regenfahrt einmal unter diesem positiven Aspekt des Fahrtrainings. Bleibe beim Fahren locker, halte den Lenker nicht fest, sondern führe ihn. Vermeide abruptes Bremsen und Gasgeben, indem Du frühzeitig Gas wegnimmst und sanft wieder beschleunigst. Beim Kurvenfahren ist es meist besser, einen Gang höher zu wählen, um das Drehzahlniveau beim Herausbeschleunigen niedrig zu halten. Fährst Du allerdings ein leistungsstarkes Motorrad mit viel Drehmoment unten herum oder sogenannter „Midrange-Power", so ist auch hier Vorsicht und ein feinfühliges Händchen angesagt. Ist Dein Moped aber unten herum eher unelastisch und bockig, so wählst Du lieber doch den niedrigeren Gang, wenn Du so besser das Gas dosieren

Foto: Institut für Zweiradsicherheit

Mit Vorsicht am Gas

Diese Systeme sind eine tolle Sache, doch fürchte ich, dass sie uns auf die Dauer das Gefühl für wichtige Reaktionen des Motorrades nehmen können und zumindest bei einigen Zeitgenossen die vielleicht ohnehin schon vorhandene Hau-Ruck-Fahrweise fördern. Wenn wir dann mal wieder ein „normales" Motorrad fahren, liegen wir vielleicht schnell auf der Nase. Das hat auch nichts mit Technikfeindlichkeit zu tun und aus meiner Sicht ist das bei der Errungenschaft des ABS eine andere Geschichte. Das ABS beim Motorrad ist unter Sicherheitsaspekten ein riesiger Schritt nach vorn, denn es kann jederzeit passieren, dass ich eine Notbremsung hinlegen muss. Es kann aber kaum passieren, dass ich gezwungen bin, wie verrückt Gas zu geben und mich ein Assistenzsystem davor bewahren muss.

Bei Regen und überhaupt bei ungünstigen Fahrbahnbedingungen hast Du natürlich auch beim **Bremsen** schlechtere Ausgangsvoraussetzungen. Durch die weniger griffige Fahrbahn werden Deine Bremswege länger und das selbst bei einer optimalen Bremsung. Die meisten Fahrer jedoch haben beim Bremsen im Regen solchen Bammel, dass sie vom Optimum weit entfernt bleiben.

Die mögliche Haftung wird bestimmt durch die **Haftreibungswerte** verschiedener Straßendecken. Diese verändern sich teilweise dramatisch in Abhängigkeit von Fahrgeschwindigkeit, Reifenzustand und Straßenzustand. Auf Landstraßen schwankt die Griffigkeit in der Regel zwischen 0,7 und 0,9 μ. Die folgende Tabelle [27] gibt hierfür Anhaltspunkte.

REIBBEIWERTE VON REIFEN AUS STRASSENDECKEN IN μ	
Straßenzustand	Reibbeiwert
Asphalt rau	1,2
Asphalt normal	0,9
Asphalt glatt	0,7
Kopfsteinpflaster	0,5
Eis	0,08

Die Abnahme der Haftung bei schlechtem Wetter und bei schlechtem Reifenzustand ist zwangsläufig und für jedermann einsichtig. Darüber hinaus aber nimmt die Haftung auch bei zunehmender Geschwindigkeit ab. Wie auch im Kapitel zum Fahren auf der Autobahn im Zusammenhang mit der Haftung bei hohem Tempo erläutert, wird mit zunehmender Geschwindigkeit die Zeit für die Anpassung des Reifens an die Fahrbahn immer kürzer.

Mittlerweile bei modernen Motorrädern nicht mehr so das Thema ist ein verzögertes Ansprechen der Bremsanlage bei

Regen. Durch gelochte oder geschlitzte Bremsscheiben wird der Wasserfilm relativ schnell abgestreift und eine optimale Paarung von Bremsbelag und Scheibe tut ihr Übriges. Bei älteren Modellen kannst Du aber durchaus noch einen spürbaren „Gedenkmoment" erleben, bis die Bremse wie gewünscht anspricht. Stelle Dich darauf ein und betätige von Zeit zu Zeit zwischendurch die Bremse ganz leicht, um den Wasserfilm abzustreifen.

Wenn es im Sommer nach einer längeren Schönwetterperiode wieder einmal regnet, muss zunächst der Schmutz und der Blütenstaub von der Straße gewaschen werden. Bis dahin kann die Fahrbahn sehr glatt sein. Du kannst oftmals sogar einen weißen Schaum auf der Straße erkennen.

Fahren im Regen setzt natürlich voraus, dass Du entsprechende **Bekleidung** trägst. Dabei denke ich in erster Linie gar nicht daran, dass kalte Füße und ein nasser Hintern Deiner Gesundheit abträglich sein könnten. Vielmehr denke ich daran, dass Du mit klammen Knochen kaum die für das Fahren bei schlechtem Wetter besonders wichtige Lockerheit aufbringen kannst. Wasserdichte und warme Kleidung sowie mal eine Pause wären gut.

Foto: Thomson

Bei Regen

Der Begriff **Aquaplaning** ist allseits bekannt. Dieses gefährliche Phänomen gibt es jedoch nicht nur beim Autofahren. Das Motorrad ist zwar aufgrund der geringeren Reifenaufstandsflächen und der gekrümmten Reifenkontur nicht so gefährdet und schwimmt wesentlich später auf – dann jedoch gnadenlos.
Fahre also lieber langsam, wenn Wasser auf der Straße steht. Ein modernes und leistungsfähiges Motorrad hat immerhin schon einen so breiten Hinterradreifen wie ein Kleinwagen. Der einzige Trost ist, dass dieser in der Spur des Vor-

derradreifens läuft, der schon eine Bahn durch das Wasser gezogen hat. Andererseits wird der Druck des Vorderradreifens auf der Straße durch die dynamische **Achslastverlagerung** und den entstehenden **Auftrieb** des Fahrzeugs immer geringer, je höher das Tempo ist.

In diesem Zusammenhang solltest Du Dich auch selbstkritisch fragen, ob Du zu denen gehörst, die ihre Reifen bis zur allerletzten Rille runterfahren.

Typische Aquaplaning-Fallen sind:
* Spurrillen, besonders auf der Autobahn
* Breite Straßen mit mehreren Fahrbahnen, bei denen es länger dauert, bis das Wasser abgeflossen ist
* S-Kurven mit wechselnder **Fahrbahnneigung**, in denen sich das Wasser in dem ebenen Übergangsbereich zwischen den Kurven sammelt
* Straßen an Berg- und Felshängen, an denen das Wasser zu Tal fließt.

Höhere Geschwindigkeiten werden vorwiegend auf der **Autobahn** gefahren und hier haben die Lkw zumindest auf der rechten Spur teilweise tiefe Spurrillen verursacht, in denen sich das Wasser sammelt. Das weißt Du auch, vergisst aber vielleicht die kleine Wasserfläche neben dem Mittelstreifen. Autobahnen sind normalerweise so gebaut, dass die jeweilige Richtungsfahrbahn etwas nach außen abfällt, damit das Wasser besser ablaufen kann. Der unterbrochene Mittelstreifen zwischen den Fahrbahnen stellt als sogenannte Dickschichtmarkierung jedoch ein kleines Hindernis für das seitlich ablaufende Wasser dar. Beobachte einmal den Schimmer direkt neben den weißen (und glatten) Streifen. Deshalb nehme ich bei Nässe einen Spurwechsel auf der Autobahn stets zwischen den Streifen vor.

Das gleiche Phänomen gilt analog natürlich auch für alle anderen Straßen und alle anderen Dickschichtmarkierungen wie Richtungspfeile, Fahrbahnbegrenzungsstreifen, Zebrastreifen usw.

Wenn Du durch eine Pfütze fährst, weißt Du normalerweise nicht, wie tief sie ist. Du kannst auch nicht sehen, was sich in ihr auf der Fahrbahn verbirgt. Daher solltest Du hier besonders zurückhaltend sein.

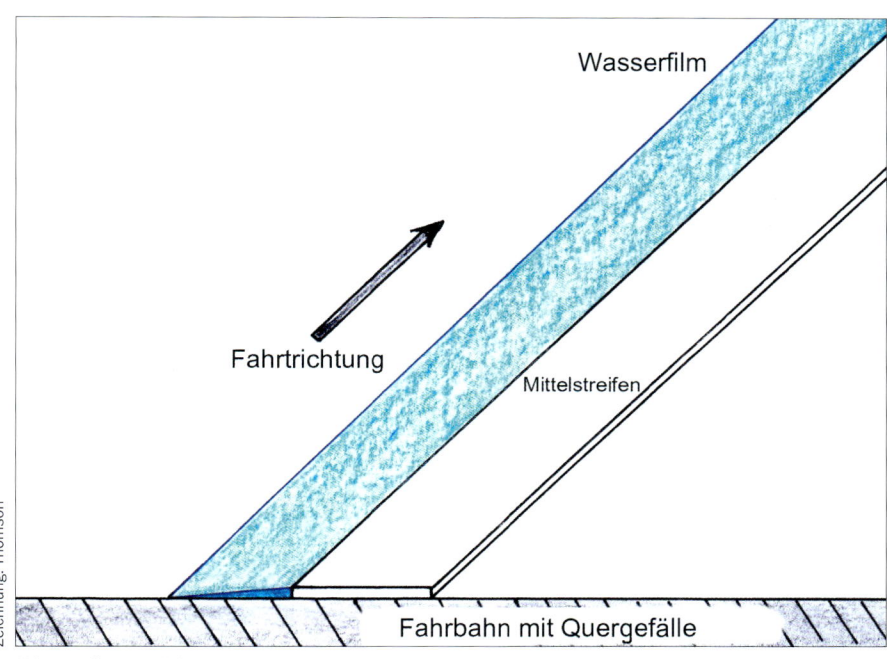

Zeichnung: Thomson

Wasserfilm an Dickschichtmarkierung

Gefahr von Aquaplaning

Im Herbst

Rutschige Nebenstraße im Herbst

Herbst

Ganz besondere Wetterbedingungen kennzeichnen den **Herbst**. Mit Nässe, Nebel und rutschigem Laub auf den Straßen beschert uns diese schöne Jahreszeit einige Unannehmlichkeiten und Tücken.

Herbstzeit ist auch Erntezeit. Du musst daher stets mit verschmutzter Fahrbahn und mit extrem langsamen und schlecht beleuchteten landwirtschaftlichen Fahrzeugen rechnen. Nicht selten fällt dem Bauern auch mal etwas aus dem Anhänger. Eine kapitale Zuckerrübe mitten in Deiner Fahrlinie ist auch nicht wirklich lustig.

Hinzu kommt, dass unser Fahrstil häufig noch auf sommerliche Verhältnisse eingestimmt ist. Es braucht meist einige Tage, bis wir die Veränderungen verinnerlicht haben.

Besonders auf wenig befahrenen Nebenstraßen und auf den seltener genutzten Abbiegespuren kannst Du von einer rutschigen Laubschicht überrascht werden. Selbst unter trockenem Laub verbergen sich häufig noch nasse, matschige Schichten.

Motorradfahren bei Gewitter ist eher kritisch. Im Auto bist Du geschützt, da es als Faradayscher Käfig die Blitzenergie ableitet. Auf dem Motorrad ist es anders. Wenn Du bei Gewitter auf offener Strecke mit einem Metallklumpen herumfährst, ist das eine gefährliche Einladung an die Naturgewalten. Suche Dir also schnellstmöglich eine geeignete Unterstellmöglichkeit und halte Abstand zum Motorrad.

Dunkelheit und Nebel

Viele Motorradfahrer meiden die **Dunkelheit**. Wenn Du Dein Moped jedoch im Alltag benutzt, wirst Du um Fahrten im Dunkeln nicht herum kommen – und willst es vielleicht auch gar nicht.

Ganz besonders wichtig ist dann natürlich gutes Licht. Viele moderne Motorräder verfügen über sehr gute Beleuchtungsanlagen und das ist ein gewaltiges Sicherheit-Plus für Dich. Doch für viele Motorradfahrer wäre gutes Licht nicht kaufentscheidend.

Auch wenn das Licht gut ist, gibt es jedoch beim Motorrad einige Eigenarten, die einen Teil der guten Lichtausbeute wieder verderben: Wenn Du in Schräglage fährst, klappt Dir der Lichtkegel zur Seite weg und wenn Du stärker bremsen musst, wird er erheblich kürzer.

Im Interesse Deiner eigenen Sicherheit achte bitte auf eine korrekte Einstellung der Scheinwerfer und führe regelmäßig eine allgemeine **Lichtkontrolle** durch. Es wäre auch gut, wenn Du öfter einmal Front- und Rücklicht reinigst, denn ein Fliegenfriedhof und ein Schmutzschleier führen zu einer deutlich geringeren Lichtausbeute. Auch das zerkratzte Visier, das Du schon länger einmal austauschen wolltest, vermiest Dir mit einem Streueffekt den notwendigen Durchblick insbesondere bei Dunkelheit und Nässe.

Wenn es dunkel ist, erkennst Du Fahrbahnunebenheiten und Belagwechsel später als bei Tageslicht, oder auch gar nicht. Ein totes Tier, das unvermittelt im Lichtkegel auftaucht, eine Stelle mit Splitt oder ein Riesen-Schlagloch können Dich bei Dunkelheit in große Bedrängnis bringen.

Foto: Thomson

Mega-Schlagloch, bei Dunkelheit katastrophal

Foto: Institut für Zweiradsicherheit

Bei Dunkelheit

Andere Verkehrsteilnehmer können Dich nun nicht mehr so gut erkennen (was ja bei uns Motorradfahrern sogar tagsüber oft schon ein Problem ist), ganz besonders von der Seite. Auch von vorn ist jetzt nicht mehr so ohne Weiteres erkennbar, was da auf den Autofahrer zukommt. Aus der mehr oder weniger imposanten Silhouette des Motorrades mit seinem Fahrer wird nun einfach ein Lichtpunkt. Ob das ein Mokick-Roller mit gutem Licht oder ein großes Motorrad mit schlechtem Licht ist, wird nicht mehr zuverlässig erkannt – schon gar nicht vom Laien. Autofahrer machen viele ihrer Fahrmanöver jedoch von diese Einschätzung abhängig: Wie schnell wird der da sein? Wie viel Zeit bleibt mir noch? Zusätzlich zu diesen Schwierigkeiten fällt es uns Menschen bei Dunkelheit schwerer, Entfernungen korrekt abzuschätzen.

Bei Dunkelheit

Gefahr von Wildwechsel

Bei Dunkelheit und in der Dämmerung ist die Wahrscheinlichkeit von **Wildwechsel** besonders groß. Angepasste Geschwindigkeit, besondere Aufmerksamkeit und gutes Licht sind hier keine Garantie, aber eine gute Lebensversicherung.

Wildwechsel ist natürlich fast überall möglich, da braucht es nicht unbedingt bestimmte Örtlichkeiten oder Zeiten. Besonders in der Nähe von Bauernhöfen und kleinen einsamen Siedlungen kann Dir durchaus auch ein Hund oder eine Katze vor das Motorrad laufen.

Es gibt aber ganz bestimmte Tages- und Jahreszeiten, an denen Wildwechsel einfach viel wahrscheinlicher ist.

Wenn es Dir passiert, ist es in der Regel besser, nicht auszuweichen, sondern möglichst optimal zu bremsen, um den Anprall zu vermeiden oder so weit es geht abzumildern. Du weißt ja auch nicht genau, wohin das Tier sich bewegen wird; vielleicht gerade in die Richtung in die Du ausweichen willst. Wie im Kapitel zum Ausweichen dargelegt, gilt auch hier „**Ausweichen** nur bei hinreichender Erfolgswahrscheinlichkeit" und die ist bei umherspringenden Tieren nicht sehr groß.

Wenn Du die Nerven hast, mach unmittelbar vor dem Anprall die Bremse wieder auf, um beim Überrollen den vollen Federweg zu haben und nicht mit dem Vorderrad auf dem Tier zu blockieren. Das ist jedoch eher theoretisch, denn die

Nerven haben wir wohl kaum und zu früh die Bremse wieder zu lösen wäre auch fatal, da beim Aufprall jeder km/h weniger sehr wertvoll wäre. **Knieschluss** ist hier (wie eigentlich immer) ganz entscheidend.

Die Hupe betätigen und Fernlicht ausschalten wäre auch gut, da Wild oft wie gebannt im Lichtkegel stehenbleibt und sich dann vielleicht wieder auf seine Fluchtinstinkte besinnt. Bedenke bitte auch, dass Wild oftmals in Gruppen von mehreren Tieren auftritt.

Nebel entsteht oft bei Wetterumschwüngen oder in klaren Nächten, wenn sich die Luft gegenüber der Tagestemperatur stark abkühlt. Die stets in der Luft enthaltene Menge an Wasserdampf kondensiert nun als Nebel. Natürlich tritt Nebel besonders in feuchten Gebieten und in der Nähe von Seen und Flüssen auf. Was malerisch aussieht, kann Dir nun Mühe bei der Orientierung bereiten. Deine Sicht ist verkürzt und Du kannst im Nebel Entfernungen nicht mehr so zuverlässig abschätzen. Gleiches gilt natürlich auf für die anderen Verkehrsteilnehmer: Sie können Dich schlechter sehen und den Abstand zu Dir auch nicht mehr so gut einschätzen. Hier hilft nur: Besonders konzentriert fahren und das Tempo drosseln.

Ein anderes Problem für uns Motorradfahrer bei Nebel ist die sich auf dem Visier niederschlagende Feuchtigkeit. Du musst nun oft den Tropfenschleier abwischen und ein zum Beschlagen neigendes Visier irgendwann auch öffnen. Bei dichtem Nebel kriecht Dir dann die Feuchtigkeit auch nach innen auf die Innenseite des Visiers und auf die evtl. vorhandene Brille. Halte dann lieber an, wische alles schön trocken und trage ein Antibeschlagmittel auf.

Fahrbahnuntergrund

Besonders bei Nässe erweist sich mancher **Fahrbahnuntergrund** als besonders rutschig. Kopfsteinpflaster, Blaubasalt, Dickschichtmarkierungen wie Zebrastreifen und Richtungspfeile, Kanaldeckel, Dehnungsfugen an Brücken, Schienen und **Bitumenverfüllungen** sind nun noch rutschiger als bei trockenem Wetter.

Während Kopfsteinpflaster jeder kennt, ist der Bekanntheitsgrad von Basaltpflaster eher gering. Besonders tückisch ist das zumeist in alten Ortskernen noch anzutreffende Blaubasalt-Pflaster. Du erkennst es an den eher kleinen und unregelmäßigen Steinen und einer grau-blauen Färbung. Andere Basaltpflaster-Steine sind sehr viel größer und auch regelmäßiger geformt mit einer schwarzen, schwarz-grauen bis schwarz-blauen Färbung. Sie werden oftmals auch als Blaubasalt bezeichnet, was jedoch nicht ganz korrekt ist. Es han-

Foto: Institut für Zweiradsicherheit

Bei Nebel

delt sich meist um Großbetonsteinpflaster mit Basaltsplitt oder um Kupferschlackenpflaster.

Wenn Du weißt, dass in den Städten sehr häufig die Straßenbahnschienen damit eingefasst sind, fallen Dir sicher auch einige Stellen in Deiner Nähe ein. Musst Du solche Bereiche bei Nässe in Schräglage überqueren, dann nur mit größter Zurückhaltung. Diese Pflastersteine sind zwar (außer dem klassischen Blaubasalt) nicht so rutschig wie Kopfsteinpflaster, sind aber mit Vorsicht zu überfahren.

Kopfsteinpflaster mit Kanaldeckel

Dickschichtmarkierung

Blaubasalt-Pflaster

Bitumenverfüllungen können aber auch bei trockenem und warmem Wetter problematisch sein. Ich bin einmal im Harz eine Strecke gefahren, auf der mein Moped solche Schlenker machte, dass ich dachte der Hinterradreifen ist platt und verabschiedet sich gerade von der Felge. Des Rätsels Lösung waren butterweiche Bitumenstreifen, die eine ähnliche Konsistenz hatten wie Kaustreifen, die ich von meinen Kindern kenne. Die Verfüllungen ließen sich mit dem Stiefel seitlich um mehrere Zentimeter verschieben und beim Loslassen kamen sie in Zeitlupe wieder zurück – unglaublich.

Überquere diese Motorradfallen stets mit angepasster Geschwindigkeit und soweit möglich in einem stumpfen Winkel, ganz besonders bei Schienen. Bleibe locker und halte **Knieschluss**.

Kopfsteinpflaster

Foto: Thomson

Bitumenverfüllung

Foto: Thomson

Betonsteinpflaster mit Basaltsplitt

Besonders gemein ist, wenn Du unverhofft auf eine **Ölspur** oder Benzinspur gerätst. Das kann Dir im Prinzip überall passieren, aber es gibt einige Bereiche, in denen die Wahrscheinlichkeit größer ist:

- Vor den Haltelinien an Ampeln, da die Autos dort Zeit zum Tropfen haben (auch Kondenswasser aus der Klimaanlage).
- In der Nähe von Tankstellen und besonders in Kreisverkehren. Ein Kreisverkehr ist hierzulande eine Linkskurve und dort verlieren Fahrzeuge aus ihrem sich meist rechts befindlichen Tankeinfüllstutzen gern überflüssigen Kraftstoff.

Manche Strecken sind auch ohne jede äußere Verunreinigung glatt, weil der Belag „ausgewaschen" ist. Oft erkennst Du solche Straßen an einem Glänzen, das auch bei Trockenheit vorhanden ist. Man kann gelegentlich von unerklärlichen Stürzen von Motorradfahrern auf solchen Strecken lesen. Die Behörden stellen dann das Warnschild „Schleudergefahr" auf und verbinden dies vielleicht mit einer Geschwindigkeitsbegrenzung. Welche Bedeutung misst du

dem jedoch bei? Es kann ja Vieles bedeuten. Die Behörden können jedoch kaum ein Schild aufhängen mit dem Wortlaut: „Rutschige Straße für Motorradfahrer. Allein im letzten Jahr drei schwere Unfälle."
Aber auch neue Fahrbahndecken sind sehr rutschig, besonders bei Nässe.

Wenn Du durch eine vorausschauende Fahrweise diese Dinge von vornherein in Deine Fahrplanung mit einbeziehst, kannst Du viele kritische Situationen vermeiden und musst sie nicht mehr bewältigen.

Es gehört zwar nicht zum Thema „Fahrbahnuntergrund", sollte jedoch nicht unerwähnt bleiben: die **Leitplanke**.
Sie wird als „Leidplanke" oft zur Falle für uns Motorradfahrer. Schwere Verletzungen sind bereits ab einer Anprallgeschwindigkeit von 25 km/h möglich, wenn Du mit Deinem Körper gegen einen der Stützpfosten prallst. Da wir uns meistens tangential zu der Leitplanke bewegen, ist es eher unwahrscheinlich dass Du im Falle eines Sturzes berührungsfrei zwischen zwei Stützpfosten hindurch kommst.

Leitplanke mit Crash-Absorber

Besonders gefährlich war und ist das alte Doppel-T-Profil (IPE 100), das jedoch nach und nach aus dem Straßenbild verschwindet. Bei Reparaturen und Neuinstallationen wird bei uns in Deutschland nur noch der weniger aggressiv geformte Sigma-Pfosten verwendet.

Weiterhin wurden und werden sowohl für die IPE-Pfosten als auch für die Sigma-Pfosten in besonders gefährdeten Kurvenbereichen sogenannte Crash-Absorber montiert. Diese Anpralldämpfer sollen Energie aufnehmen und vor der unmittelbaren Berührung mit dem metallenen Pfosten schützen. Da dies sehr kostspielig ist, bleibt die Ausstattung mit Crash-Absorbern nur besonders kritischen oder besonders von Motorradfahrern frequentierten Kurvenabschnitten vorbehalten. Verschiedene Motorrad-Verbände haben sich bereits seit Mitte der 1980er Jahre hierfür engagiert und auch den Straßenbauämtern Vorschläge für die Auswahl von Kurvenbereichen unterbreitet.

Eine andere sinnvolle Methode ist die Anbringung einer zweiten Leitplanke (starr oder besser federnd aufgehängt) unterhalb der eigentlichen, so dass die Pfosten verdeckt werden.

Viele bekannte Motorrad-Strecken sind mittlerweile mit solchen Sicherheitseinrichtungen ausgestattet – die meisten Straßen jedoch nicht.

Du kannst natürlich nicht jede Kurve kritisch auf die Leitplankenpfosten untersuchen, aber das Wissen um die Gefährlichkeit der Dinger mag Dich zur Fortführung Deiner (hoffentlich) vorsichtigen Fahrweise motivieren.

Das Kapitel „Wetter und Fahrbahn" steht hier im Buch ein wenig für sich allein, hat jedoch Bezug zu allen anderen. Regen, Nebel und rutschige Fahrbahnen können Dir überall begegnen – in der Stadt, auf der Landstraße, auf der Autobahn und in den Bergen. Die Problematik ist in der Regel ähnlich, aber die Geschwindigkeiten sind sehr unterschiedlich und das hat Einfluss auf Erstere.

Unwegsame Strecke

Dieses Buch spricht den typischen Off-Road-Fahrer sicherlich weniger an. Zu viele Bedingungen und Anforderungen unterscheiden sich von denen der Straßenfahrer und viele Themen dieses Buches sind für den Geländefahrer von geringer Bedeutung.

Aber auch wir Straßenfahrer schätzen vielleicht – ein hierfür geeignetes Motorrad vorausgesetzt – ab und zu eine kleine und gemäßigte Geländeeinlage oder aber kommen unversehens in eine entsprechende Situation, z. B. durch eine Baustelle oder weil wir uns verfahren haben.

Dann kann die Situation für den auf unbefestigtem Terrain völlig ungeübten Straßenfahrer schon mal sehr unangenehm und vielleicht auch kritisch werden.

Im Gelände

 ## ÜBUNG:
Fahren auf unbefestigten Wegen

Suche Dir einen einsamen unbefestigten Weg, auf dem das Fahren grundsätzlich nicht verboten ist und auf dem Du nicht gleich als Waldfrevler auftrittst.

Fahre im Stehen, halte **Knieschluss** und federe die Unebenheiten mit den Beinen und Deiner Körperspannung ab. Halte Armen und Hände unverkrampft und denke auch hier daran, im Sinne einer guten **Blickführung** weit genug nach vorn zu schauen.

Achte auf die Reaktionen Deines Motorrades. Rührt es sich auf dem unbefestigten Terrain? Solange Du nicht zu schnell wirst und der Schotter oder Sand nicht zu tief ist, kommst Du bestimmt problemlos durch. Du kannst lernen, dass ein leicht schwänzelndes Hinterrad keine Katastrophe bedeutet und dieses Erleben kann Dir auch als reinem Straßenfahrer Vertrauen und Zuversicht in die stabilisierenden Kräfte des Motorrades geben. Manchmal ist es sogar gut, ein wenig mehr Gas zu geben, damit Du Dich im lockeren Untergrund nicht eingräbst.

Du kannst nun vorsichtig ausprobieren, wie das Motorrad auf die Bremse reagiert. Auch hier ist ein leicht wegrutschendes Hinterrad kein Problem – vorn jedoch schon.

Um das **Bremsen** auf unbefestigtem Untergrund zu testen, suchst Du Dir am besten einen großen freien Parkplatz oder einen ebenen Weg mit Splitt. Im Sommer musst Du gar nicht lange suchen, denn nun lassen die Straßenbaubehörden Ausbesserungsarbeiten erledigen und oftmals richtig dick Rollsplitt auftragen. Ist die Strecke übersichtlich und ohne Verkehr, so betätige probehalber kurzfristig Deine Bremsen bis zum Blockieren, jedoch einzeln und beginnend mit dem Hinterrad.

Du trittst einmal kurz und energisch das Bremspedal, bis das Hinterrad blockiert, machst aber sofort wieder auf. Das Gleiche kannst Du mit dem Vorderrad probieren – aber nur äußerst vorsichtig. Lies Dir bitte zuvor die Ausführungen in diesem Buch zum Thema Bremsen durch. Das Blockieren machst Du so: Die rechte Hand an den Bremshebel legen, einmal kurz und energisch durchziehen und sofort wieder lösen (Merkspruch: Anlegen – Zu – AUF).

Somit bekommst Du ein Gefühl für die Traktion auf diesem Untergrund und eine realistische Rückmeldung zur Blockiergrenze bei schwierigem Untergrund. Du solltest bei diesem Test jedoch nicht unter 50 km/h fahren. Nach dem Blockieren stabilisieren die **Kreiselkräfte** Dein Fahrzeug wieder, aber nur wenn Du nicht zu langsam geworden bist.

Findest Du keine geeignete Stelle oder möchtest das doch nicht ohne Anleitung trainieren, so solltest Du Dich auch nicht selbst überreden; aber auch nicht aufgeben, sondern Dich nach einer **Sicherheitstour** erkundigen, bei der solche Übungen gemacht werden.

AUF DER AUTOBAHN

Die meisten Motorradfahrer finden das Fahren auf der **Autobahn** eher langweilig, monoton oder gar unangenehm und versuchen, solche Fahrten zu vermeiden. Das geht aber nicht immer. Manchmal brauchen wir die Autobahn, um zügig zu einem Punkt zu gelangen, von dem aus die eigentliche und reizvolle Fahrt losgehen soll. Wenn Du in Hamburg oder Hannover wohnst und eine Dolomitentour planst, wirst Du kaum Zeit und Lust haben, die gesamte Strecke bis dorthin auf der Landstraße zurückzulegen.

Weiterhin ist für manche von uns das Motorrad zumindest zum Teil auch ein Alltagsfahrzeug, mit dem neben reizvollen Touren auch ganz normale Routinefahrten von A nach B bestritten werden müssen.
Wieder andere – zumeist Hochgeschwindigkeitsfreaks – suchen ganz gezielt die Autobahn.
Wie auch immer – Autobahnen und Schnellstraßen spielen in unserem Motorradfahrerleben eine gewisse Rolle.

Bei hoher Geschwindigkeit reagiert das Motorrad auch empfindlicher auf Seitenwind, der uns durchaus unverhofft aus der Bahn drücken kann. Zusätzlich beeinträchtigt starker Seitenwind die allgemeine Straßenlage und das Hochgeschwindigkeitsverhalten unseres Motorrads.

Auch die Reifenhaftung verändert sich bei hohem Tempo. Zunehmende Geschwindigkeit führt zu einer leichten Verschlechterung des Haftreibbeiwertes, denn der Reifen benötigt eine gewisse Zeit, um den optimalen Kraftschluss zur Fahrbahn herzustellen. Die Reifenaufstandsfläche (Latsch) passt sich dabei an die Fahrbahnoberfläche an. Mit steigendem Tempo wird die für diese Anpassung zur Verfügung stehende Zeit jedoch immer kürzer und gleichzeitig der **Haftreibungswert** schlechter.
Dieser Effekt kann noch begünstigt werden durch eine leichte Verformungstendenz des Reifens bei hohem Tempo. Bedingt durch die Fliehkraft wird der Reifen mit zunehmender Umdrehungsgeschwindigkeit gelängt und somit etwas spitzer, so dass seine Aufstandsfläche geringfügig kleiner werden kann. Moderne Radialreifen wirken mit ihrem steifen Karkassenaufbau diesem negativen Effekt jedoch weitestgehend entgegen.

Sicherheitsabstand und Anhaltewege bei hohem Tempo

Es sind nicht in erster Linie die hohen Geschwindigkeiten, die zu kritischen Situationen oder zu Unfällen auf der Autobahn führen. Problematisch ist vielmehr die Kombination mehrerer Faktoren wie Geschwindigkeit und Abstand, aber auch die teilweise erheblichen Geschwindigkeitsdifferenzen. Wenn ein mit 80 km/h ausscherender Lkw und ein 180 km/h schnelles Motorrad sich begegnen, so ist die Geschwindigkeitsdifferenz so groß, als ob wir mit 100 km/h auf der Landstraße mit einem unvermittelt vom Fahrbahnrand losfahrenden Fahrzeug konfrontiert würden.
In Grenzsituationen bei hohem Tempo ist Vermeidung die einzig sichere Strategie und zwar durch hohe Aufmerksamkeit und ausreichenden **Sicherheitsabstand**.

Foto: Archiv Motorrad News

Auf der Autobahn

Abstand halten

Wenn Du schnell auf der Autobahn unterwegs bist, erhalten die im Kapitel zum Bremsen angesprochenen Reaktions- und Bremswege nicht nur eine neue Bedeutung, sondern sogar eine neue Dimension.

Innerhalb kürzester Zeit legen wir bei diesen hohen Geschwindigkeiten große Entfernungen zurück, ohne auch nur darüber nachzudenken. Unser Fahrtziel vor Augen rechnen wir mit Kilometer pro Stunde und nicht – wie es uns entwicklungsgeschichtlich zukäme – mit Metern pro Sekunde. Stell Dir vor, Du schaust während der Fahrt kurz auf Dein Navigationsdisplay. Eine solche Blickzuwendung dauert ca. 2 Sekunden. In dieser Zeit siehst Du jedoch nichts von der Straße und dem Dich umgebenden Verkehr.

Nach der Faustformel für die Umrechnung von km/h in m/s: Geschwindigkeit geteilt durch 10 mal 3, legst Du in diesen 2 Sekunden der Unaufmerksamkeit zurück:

WEGSTRECKE PRO SEKUNDE		
Geschwindigkeit	Wegstrecke in 1 Sekunde	Wegstrecke in 2 Sekunden
100 km/h	30 m	60 m
130 km/h	39 m	78 m
150 km/h	45 m	90 m
200 km/h	60 m	120 m
250 km/h	75 m	150 m

Die Berechnung mit der Faustformel ist nicht ganz genau, aber sie ermöglicht uns auch unterwegs einmal eine Berechnung der von uns pro Sekunde zurückgelegten Strecke. Zwei Sekunden sind natürlich nicht lang, doch bei hoher Geschwindigkeit können Dir viele wichtige Informationen verloren gehen. Nachdem Du wieder aufblickst, musst Du vielleicht feststellen, dass der eben noch in recht komfortabler Entfernung auf der rechten Spur fahrende Lkw mit einem Überholvorgang beginnt oder Dein Vordermann unvermittelt bremst. Daher solltest Du auf der manchmal vermeintlich ereignislosen Autobahn besonders vorsichtig und aufmerksam sein und stets für ausreichenden Sicherheitsabstand sorgen. Als Faustformel gilt: „Abstand halber Tacho" und bei schlechtem Wetter „Abstand ganzer Tacho". Richtig ist, dass wir diesen Abstand oftmals nicht lange einhalten können, weil andere Fahrer die Lücke nutzen. Dennoch gibt es keine Alternative zu einem korrekten Sicherheitsabstand und Fehlverhalten anderer sowie allgemein übliche Praxis sollte kein Maßstab für Dein eigenes Verhalten sein.

Die großen Geschwindigkeitsdifferenzen auf der Autobahn treten nicht nur beim Überholen auf, sondern stets auch im Bereich der Auf- und Abfahrten. Viele Autofahrer sind im Bereich der Auffahrten zu zögerlich und bleiben bisweilen sogar stehen. Wenn es sich nicht um Baustellenbereiche, sondern um ganz normale Auffahrten handelt, ist das ein schwerer Fehler, der nicht selten zu Unfällen führt. Wenn wir uns selbst schon auf der Autobahn befinden, ist im Bereich der Auf- und Abfahrten ebenfalls erhöhte Vorsicht geboten, da einige Autofahrer beim Erkennen sich auffädelnder Fahrzeuge abrupt und rücksichtslos auf die linke Spur ziehen.

INFO-BOX:
Röhreneffekt

Wenn wir schnell fahren, funktionieren unsere Augen ähnlich wie eine optische Kamera. Wir alle haben Erfahrung im Umgang mit einem Fotoapparat mit Zoomobjektiv oder eine Videokamera. Wenn wir ein weiter entferntes Objekt näher betrachten wollen, zoomen wir es uns heran, der uns umgebende Nahbereich jedoch gerät aus dem Blickfeld. Dieses etwas vereinfachende Beispiel macht jedoch deutlich, dass unsere Augen uns nicht den Tele- und den Weitwinkelbereich gleichzeitig darstellen können. Bei schneller Fahrt blicken wir weit voraus und legen den Fixationspunkt damit nach vorn (ca. 3 Sekunden voraus). Das ist auch gut und richtig so, doch alles, was in unserem Nahfeld geschieht oder zumindest geschehen könnte, haben wir uns regelrecht „weggezoomt". Diese Geschehnisse und Informationen sind für uns gleichsam nicht existent und somit besteht auch keine Möglichkeit, auf sie zu reagieren.

Der Fixationspunkt wandert bei steigender Geschwindigkeit nicht nur weiter nach vorn, sondern entsprechend den perspektivischen Gegebenheiten auch weiter zur Mitte, was zu einer tendenziellen Verlegung unserer Fahrspur zur Fahrbahnmitte führt.

Wer ein schnelles Motorrad mit einer Geschwindigkeit von 250 km/h oder mehr fährt, kann erleben, wie eine breite Autobahn wie ein sich windender Schlauch erscheinen kann.

Solche Geschwindigkeiten sind im öffentlichen Straßenverkehr daher nur bei sehr geringer Verkehrsdichte und ganz besonderer Aufmerksamkeit zu verantworten. Die Abbildung unten ist eher als ein Gedankenmodell für diesen Röhreneffekt zu betrachten und die angegebenen Geschwindigkeitswerte sind insofern nicht verbindlich. Das Blickfeld verengt sich auch nicht im organischen oder medizinischen Sinne. Es bestünde schon die Möglichkeit, auch bei hohem Tempo den vollen Sichtausschnitt zu überblicken. Da die Aufmerksamkeit bei hoher Geschwindigkeit weit nach vorn gerichtet ist und wir in wenigen Augenblicken große Entfernungen zurücklegen, bleibt uns aber keine Zeit dafür.

Ohnehin ist der Bereich, in dem wir scharf sehen können denkbar klein. Wenn wir ein Objekt anblicken, so können wir nicht gleichzeitig ein anderes fokussieren, selbst dann nicht wenn sie dicht beieinander sind. Dazu müssen wir erst die Augen bewegen. Wir scannen die Verkehrsumwelt mit kurzen schnellen Augenbewegungen fortwährend ab. So sind wir es gewohnt und merken dadurch auch nicht, dass wir die Objekte nicht gleichzeitig, sondern nur nacheinander scharf gesehen haben.

Der Röhreneffekt ist nicht zu verwechseln mit dem Tunnelblick, einer Sichtfeldeinschränkung durch Alkoholkonsum.

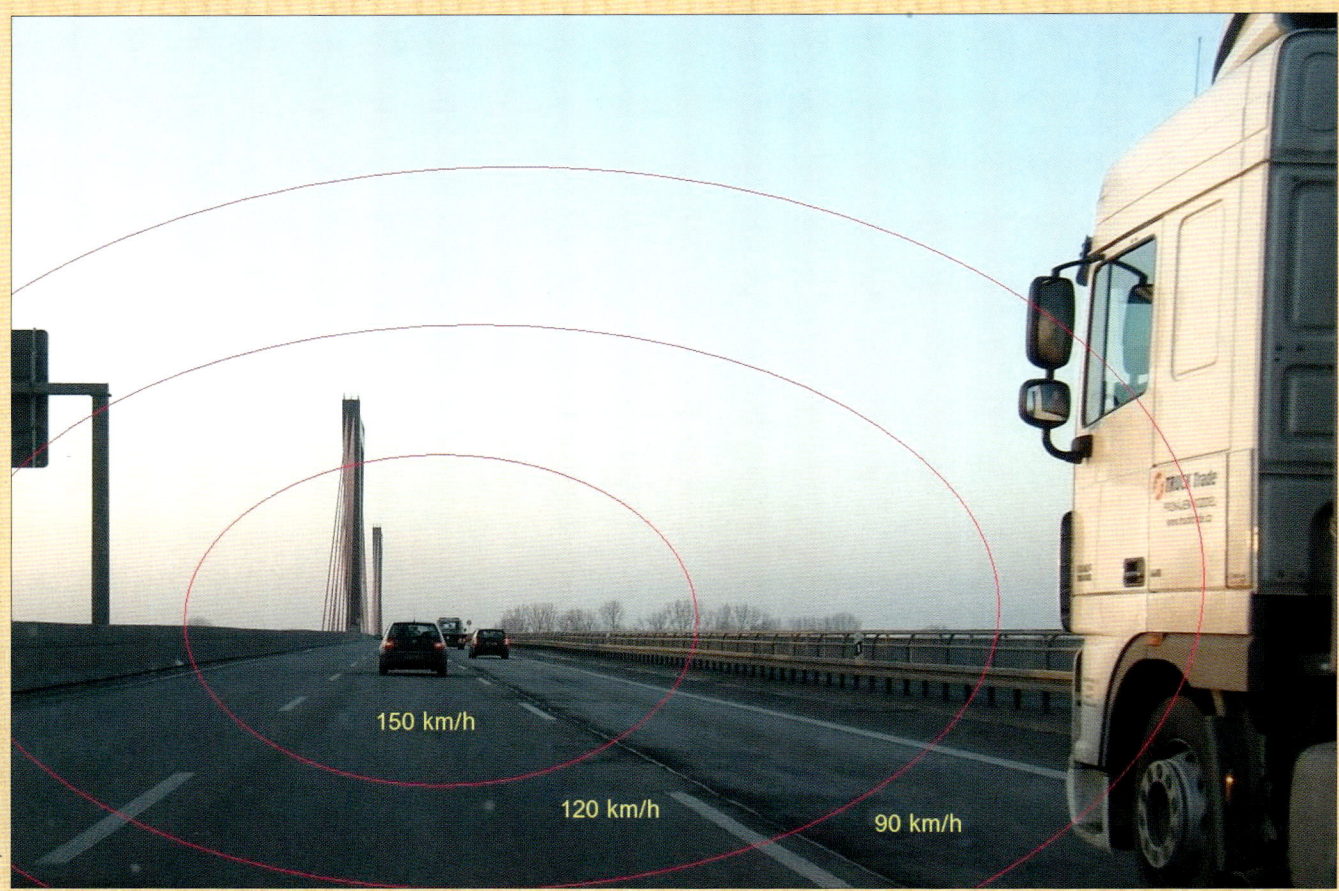

Foto/Grafik: Thomson

Röhreneffekt

Foto: Archiv Motorrad News

Auf der Autobahn

Dreispurige Autobahnen sind angenehm und sinnvoll, indem sie mehr Autos „aufnehmen" können und uns oftmals bessere Überholmöglichkeiten bieten. Häufig jedoch nutzen ganze Pulks von Lkw die mittlere Spur für ihre „Schneckenrennen" und langsamere Fahrzeuge scheren nicht selten unvermittelt und rücksichtslos von ganz rechts aus, da aus ihrer Sicht der nachfolgende Verkehr noch eine weitere Spur zur Verfügung hat. Dennoch kann diese Spur nicht immer und nicht sofort genutzt werden, da sie oft auch durch ihrerseits überholende Fahrzeuge belegt ist.

Mit solchen, oftmals ruckartigen Überholmanövern müssen wir stets rechnen – auch und besonders auf mehrspurigen Autobahnen.

Es gibt einige Warnsignale bei evtl. ausscherenden Fahrzeugen:
• Verringerung des Abstandes zum Vordermann
• Pendeln zur Mittellinie
• Blickrichtung des Fahrers
• Einschlag der Vorderräder
• Erfahrene Fahrer haben im Laufe der Jahre einen gewissen „Riecher" für solche Situationen entwickelt, aber wir können uns niemals völlig sicher sein.

Stelle Dir also vor, dass auf einer dreispurigen Autobahn plötzlich ein Lkw auf die mittlere Spur ausschert. Du selbst fährst auf der mittleren Spur, weil die ganz linke Spur zwar frei ist, Du aber vernünftigerweise kein sturer Linksfahrer bist.

Wie gehst Du mit einer solchen Situation um, welche Entscheidung triffst Du innerhalb von Sekundenbruchteilen und welche Kriterien sollten Dich bei dieser Entscheidungsfindung leiten?

Ausschlaggebend für die Entscheidung sind insbesondere folgende Faktoren:
• Wie schnell fährst Du?
• Wie groß ist der Abstand zum ausscherenden Fahrzeug?
• Wie breit ist das ausscherende Fahrzeug?
• Ist die ganz linke Spur frei?
• Wie sind die Witterungs- und Straßenverhältnisse?
• Welche Erfahrung hast Du mit der Bewältigung komplexer Fahrmanöver?

Das hohe Tempo auf der Autobahn bringt einige spezielle Belastungen und auch Risiken mit sich. Besonders wenn Du ein unverkleidetes Motorrad fährst, bist Du dem ständigen Winddruck bei hoher Geschwindigkeit ausgesetzt. Das strengt auf die Dauer an und kann zu Verkrampfungen und Schmerzen im Bereich des Nackens und der Schultern führen. Wenn dann noch die Monotonie einer langen Fahrt hinzukommt, sinkt Deine Leistungs- und Konzentrationsfähigkeit. Daher ist es auch im Sinne Deiner Sicherheit wichtig,

spätestens alle zwei Stunden eine kleine Pause einzulegen – selbst dann, wenn Dein Moped sparsam ist und Du mit dem Sprit noch länger fahren könntest.
Wenn Du diese Pause nicht mit Schnitzel/Pommes und Zigaretten, sondern mit einem leichten Snack und ein wenig Bewegung verbringst – umso besser.

Ob mit Auto oder Motorrad – schnelles Fahren kann sehr reizvoll sein und hat für nicht wenige Motorradfahrer ein gewisses Suchtpotenzial.
So lange die Strecke frei ist, die Wetterbedingungen gut und Du Dich verantwortungsbewusst verhältst, ist dagegen auch überhaupt nichts einzuwenden. Du kannst jedoch beim schnellen Fahren durchaus einen gewissen Geschwindigkeitsrausch erleben und in der Abfolge Deiner Fahrmanöver einem Phänomen erliegen, dass man als Fluss-Erleben bezeichnen kann und heute bekannt ist unter dem Namen Flow (in unserem Zusammenhang definiert durch den Psychologen Mihaly Csikszentmihalyi). **Flow** ist allerdings kein besonderes Phänomen bei hoher Geschwindigkeit, wie z. B. auf der Autobahn, sondern tritt gerade auch beim Kurvenfahren auf.

Wie anfangs schon erwähnt, kann uns beim Fahren auf der Autobahn (und überhaupt beim schnellen Fahren) Seitenwind stören. In Waldschneisen, auf Brücken, nach dem Überholen von Lkw kann er Dich heftig treffen und sogar aus der Spur bringen. Besonders empfindlich für **Seitenwind** sind vollverkleidete oder bis oben hin vollgepackte Motorräder.
Wenn Du angemessen fährst und Dich nicht völlig vom Seitenwind überraschen lässt, wird das in unseren Gegenden normalerweise zu bewältigen sein. Nur wenn es Dich unvorbereitet trifft und Du vielleicht nicht genügend Seitenabstand zur Fahrbahnbegrenzung oder anderen Fahrzeugen hast, wird es schon mal kritisch.

Bei hoher Geschwindigkeit erfährt Dein Motorrad zwar eine gute Stabilisierung durch die Kreiselkräfte, jedoch wirkt nun ein anderes Phänomen: der **Auftrieb**.
Auftrieb ist beim Motorrad allerdings längst nicht so ausgeprägt wie beim Auto, jedoch durchaus vorhanden. Er entsteht, wenn der Fahrtwind unter das Motorrad strömt und es insofern hinsichtlich seiner Bodenhaftung entlastet. Das Motorrad wird nun empfindlicher auf Lenkbewegungen, auf störende Fahrbahneinflüsse und zeigt nun so manche Fahrwerkschwäche, die Du in dieser Ausprägung noch nicht kanntest. Deshalb versuchen die Autobauer, dem Auftrieb mit Spoilern entgegenzuwirken. Frontspoiler und Schürzen sollen verhindern, dass zu viel Luft unter das Auto strömt und Heckspoiler sollen die Hinterräder fester auf die Fahrbahn pressen. Letzteres macht allerdings nur bei Heckantrieb wirklich Sinn. Diese Wirkung wird **Abtrieb** genannt.
Bei der Konstruktion von besonders schnellen Motorrädern wird durchaus an diese Phänomene gedacht und manche haben speziell gestaltete Heck-Bürzel mit einem gewissen Spoiler-Effekt.

Fahrwerkschwächen

Pendeln

Früher gehörte das **Pendeln** zu den häufigsten Fahrwerkschwächen bei leistungsstarken Motorrädern. Beim Pendeln (weaving oder high-speed wobble) beginnt das gesamte Motorrad hin und her zu schwingen. Die Pendelbewegungen treten dabei mit 3-4 Schwingungen pro Sekunde auf, was zu schnell für bewusstes Gegenlenken des Fahrers ist. Besonders gefährlich wird es, wenn die Schwingungen an Intensität gewinnen. Hier hilft nur eine unverzügliche Verringerung des Tempos; weiteres Beschleunigen stabilisiert das Motorrad nicht, sondern macht es nur schlimmer.
Glücklicherweise hat das Pendeln durch immer weiter verbesserte Fahrwerke und Reifen vieles von seinen früheren Schrecken verloren. Es ist jedoch auch heute noch einem modernen Motorrad nicht fremd, wenn das Tempo hoch ist und ungünstige Faktoren hinzukommen. Wenn Du z. B. Deine Packtaschen oder Dein Topcase vollgeladen hast und nun schnell fährst (nicht umsonst empfehlen die Hersteller von Packtaschen eine Höchstgeschwindigkeit von 130 km/h), so kann das Pendeln z. B. durch Bodenwellen oder andere Unebenheiten ausgelöst werden und Dich mächtig ins Schwitzen bringen. So mancher unerklärliche Autobahnsturz ist auf das gute alte Pendeln zurückzuführen.
Prinzipiell gilt: Jedes Motorrad kennt jede Fahrwerkschwäche – Du musst es nur schnell genug fahren. Wenn Du das nicht erleben möchtest (ich empfehle es Dir), so mach lieber ein wenig langsamer, achte auf den Zustand und Luftdruck der Reifen, auf korrekte **Beladung** und stelle niemals Deine Füße auf die Beifahrerfußrasten. Wenn das Pendeln doch einmal auftreten sollte, dann bleibe ruhig, nimm das Gas zurück, halte Arme und Hände locker, vermeide abrupte Lenkbewegungen und halte dabei den **Knieschluss**.
Wenn Dein Motorrad tendenziell eine Neigung zum Pendeln hat, achte bitte neben den soeben beschriebenen Aspekten besonders auf die Verwendung der vom Hersteller empfohlenen Reifenpaarungen, den richtigen Luftdruck und auf korrekte Auswuchtung der Räder. Manchmal liegen die Ursachen auch in kleinen Unregelmäßigkeiten bei der Einstellung von Lenkkopf- und Schwingenlager oder einer leicht versetzten Radspur nach dem Kettenspannen. Weiterhin kann der Anbau einer Lenkerverkleidung die Neigung zum Pendeln herbeiführen oder verstärken.

Kickback

Ein anderes, sehr unangenehmes Fahrwerks-Phänomen ist das Lenkerschlagen **(Kickback)**. Wenn Du richtig Gas gibst, so wird die Front des Motorrades durch die dynamische **Achslastverlagerung** sehr leicht, vielleicht kommt es sogar zu einem kleinen Wheelie. Die so entlastete Lenkung reagiert jetzt sehr empfindlich auf Störeinflüsse, wie z. B. eine Bodenwelle – erst recht, wenn sie in Schräglage überfahren wird. Das Vorderrad setzt mit einem leichten Versatz auf und das beschert Dir einen Schlag in der Lenkung. Insbesonde-

Wir sind sehr geübt darin, unser Handeln und unser Denken voneinander zu trennen. Viele von uns sind Experten darin geworden, körperlich etwas zu tun und sich gleichzeitig etwas anderem zuzuwenden. Wir sind Meister darin geworden, mit unseren Gedanken irgendwo, nur nicht in der Gegenwart zu leben. Die Gedanken wandern weit weg und kehren erst bei drohender Gefahr wieder in das Hier und Jetzt zurück. Um unser Bestes geben zu können, müssen Denken und Handeln jedoch identisch sein.

Die beste Chance, in einem Krisenmoment einen Unfall abzuwenden, besteht dann, wenn wir völlig aufmerksam und uns bewusst darüber sind, was wir in diesem Augenblick tun. Konzentrieren wir uns jedoch darauf, was geschehen könnte, falls wir einen Unfall haben oder ärgern wir uns über eine getroffene Entscheidung, so führt dies nur dazu, dass unsere bestmögliche Reaktion durch uns selbst untergraben wird. Wenn wir uns aber auf den Augenblick und auf das Hier und Jetzt konzentrieren, haben wir den Fokus richtig eingestellt, wie eine optische Linse oder ein Zoom-Objektiv, das auch nicht alle Bereiche gleichzeitig scharf – den gewählten Bereich jedoch optimal – abbilden kann.

Diese Konzentration auf das Jetzt ist eine wichtige Voraussetzung für effektives Handeln und die Fähigkeit des Konzentrierens auf die momentan zu verrichtende Tätigkeit ohne ständiges Voraus- oder Zurückdenken.

Ist der richtige Fokus eingestellt und haben wir uns voll konzentriert, werden Bewusstsein und Handeln eins, und durch diese Verschmelzung kommt es zu einem „Fließen" und „Strömen", das heute unter dem Begriff „Flow" bekannt ist.

Flow ist, wenn wir völlig in unserer Aktivität aufgehen, wenn nach einer Art innerer Logik Handlung auf Handlung erfolgt und der Prozess unseres Tuns als einheitliches Fließen von einem Augenblick zum nächsten erlebt wird. Wir fühlen uns als Meister unseres Handelns und es gibt kaum eine Trennung zwischen uns und der Umwelt, zwischen Stimulus und Reaktion, zwischen Vergangenheit, Gegenwart und Zukunft. Die Grenzen von Subjekt und Welt verwischen sich, Weg und Ziel werden eins, und wir können uns im Tun vergessen.

Hier liegt dicht neben dem Reiz des Erlebens zugleich die Gefahr des Flow. Wer kennt nicht solches Erleben beim Fahren? „Wenn ich auf der Nordschleife unterwegs bin und alles gut läuft, meine Verfassung und meine Konzentration optimal sind, scheint es mir manchmal so, als würde mich die sich windende Strecke „ansaugen". Es existiert nichts außer mir, dem quasi zu meinem Körper gehörenden Motorrad und dieser Straße, und alle Fahrabläufe folgen selbstverständlich und leicht aufeinander." [28]

Hierzu eine Schilderung aus den Untersuchungen von Csikszentmihalyi: „Die Bewegungen ... bringen einander selber hervor. In der für den nächsten Augenblick geplanten Bewegung steckt auch schon der Keim der darauf folgenden".... „Deine Bewegungen werden zu einer einzigen großen Bewegung." [29]

Ein wichtiges Element des Flow ist, dass man sich zwar seiner Handlungen, aber nicht seiner selbst bewusst ist. Sobald sich die Aufmerksamkeit teilt und man die eigene Aktivität von außen sieht, wird der Flow unterbrochen. Minimale Unterbrechungen sind häufig und sie treten auf, wenn der handelnden Person Fragen durch den Kopf gehen wie: „Mache ich meine Sache gut?", „Was tue ich hier?" oder „Sollte ich das wirklich tun?" Während einer Flow-Periode kommen solche Fragen nicht vor. [30]

Damit Flow entsteht, damit das Handeln so sehr mit dem Bewusstsein verschmilzt, muss eine wichtige Grundvoraussetzung gegeben sein: Die Aufgabe muss zu bewältigen sein. Flow stellt sich offenbar nur dann ein, wenn die Aufgabe im Bereich der Leistungsfähigkeit des Ausführenden liegt.

„Wird eine Person mit Anforderungen bombardiert, zu deren Bewältigung sie sich außerstande fühlt, entsteht ein Zustand der Angst. Sind die Handlungsanforderungen etwas weniger zahlreich, aber immer noch mehr, als die Person sich zu bewältigen zutraut, ist ein Erlebnis der Sorge die Folge. Flow wird dann erlebt, wenn wir ein Gleichgewicht zwischen Handlungsmöglichkeiten einerseits und unseren Fähigkeiten andererseits wahrnehmen." [31]

Von diesem Gleichgewicht geht Dr. Kerwien auch im „Kompetenz-Belastungsmodell" aus, nach dem der Fahrer die Schwierigkeit einer Fahraufgabe nach seiner subjektiven Fahrerkompetenz auswählt. Das Ergebnis dieses Balancezustands ist ein Wohlgefühl, bei dem das erlebte Risiko Null ist und das die Voraussetzungen für Flow schafft. Abweichungen von diesem Balancezustand werden als unangenehm in Form von Stress oder Langeweile erlebt. [32]

Bringen wir uns also in Situationen, die über unserer fahrerischen Leistungsfähigkeit liegen, tritt Flow nicht auf. Bringen wir uns selbst jedoch in die Nähe der Grenze dieser Leistungsfähigkeit, so besteht die Gefahr, dass wir sie nicht erkennen. [33] „Das Gefühl, alles unter Kontrolle zu haben, und die entsprechende Sorgenfreiheit herrschen auch in Flow-Situationen vor, wo die Gefahren für den Teilnehmer „objektiv" durchaus real sind." [34] Während wir also glauben, alles unter Kontrolle zu haben, kann uns eben diese unbemerkt entgleiten.

Flow ist bei Spielen, bei Sport und bestimmten Arbeitsabläufen durchaus angenehm und in diesem Sinne auch positiv. Bei Tätigkeiten jedoch, die gefährlich werden könnten – wie beim Fahren – sollten wir uns seiner Risiken bewusst sein. Solange wir unsere Geschwindigkeit und unsere Fahr-Erlebnisse stets den äußeren Umständen und unseren eigenen Möglichkeiten angleichen, stellt das Flow-Erleben auch kein Problem dar. [35]

Wenn wir uns dessen bewusst sind, so bleibt uns die Möglichkeit, uns dabei gewissermaßen zu beobachten und zu kontrollieren (geregelter Flow), so dass risikohafte Flow-Zustände vermieden werden können.

Lenkungsdämpfer hydraulisch

re wenn mehrere solche Unebenheiten aufeinander folgen, kann Dir der entstehende Schwingungseffekt den Lenker regelrecht aus der Hand schlagen.

Beim Fahren auf der Rennstrecke sind schon Fälle vorgekommen, bei denen nachhaltiges Kickback die Bremskolben der Vorderradbremse gelockert und dadurch zurückgedrückt hat. Beim Anbremsen der nächsten Kurve (was auf der Rennstrecke gern auf den letzten Drücker passiert) haben die Bremskolben zu viel Spiel und der Fahrer muss erst einmal kurz pumpen, um die erwartete Bremsleistung zu erzielen. Das sind sicherlich Momente, die man nicht so schnell vergisst.

Viele moderne Sportmotorräder verfügen daher über einen hydraulischen Lenkungsdämpfer, der diese Ausschläge des Lenkers dämpft. Auch für Dein Modell wird im Zubehörhandel ein solches Anbauteil mit TÜV-Gutachten verfügbar sein. Bei den meisten Motorrädern macht der Lenkungsdämpfer jedoch nur auf der Rennstrecke richtig Sinn. Ohne Not solltest Du keinen nachrüsten, denn als feinfühliger Fahrer spürst Du ihn in der Regel auch dann in der **Lenkung**, wenn die geringste Dämpferstufe eingestellt ist.

Wenn Dein Motorrad generell zum Kickback neigt, solltest Du in jedem Fall zunächst prüfen, ob es seine Ursache im Reifentyp oder einer verspannten Telegabel hat. [36]

Flattern

Eine weitere Fahrwerksunruhe ist das **Flattern** (shimmy oder speed wobble), das eigentlich hier im Kapitel zur Autobahn nichts zu suchen hat, da es üblicherweise bei Geschwindigkeiten zwischen 60 und 80 km/h (evtl. auch bis 100 km/h) auftritt. Es ist ein Zittern um die Lenkachse herum, das prinzipiell jedem Motorrad eigen ist, jedoch begünstigt wird durch nicht zum Motorrad passende oder abgefahrene Reifen sowie schlecht ausgewuchtete Räder. Ungünstig auswirken würde sich auch ein durch Sozius und Gepäck stark entlastetes Vorderrad.

Du kannst das Flattern besonders spüren bei konstanter Fahrt oder beim Ausrollen. Wenn Du auf einem einsamen Weg oder leeren Parkplatz einmal freihändig fahren solltest, kannst Du es fühlen. Beim Loslassen des Lenkers kann sich auch die Flatter-Neigung aufschaukeln. Hier hilft im Gegensatz zum Pendeln ein festes Anpacken des Lenkers, um wieder Ruhe herzustellen und ein Verlassen des kritischen Geschwindigkeitsbereiches.

Eine gute Möglichkeit, langem Autobahnstress auf einer Urlaubsreise zu entgehen, ist der Autoreisezug oder die Mitnahme des Motorrades auf einem Anhänger. Das ist sicher keine Schande.

Bei einer Reise in die italienischen Dolomiten mit einem Freund hatten wir die Mopeds auf dem Anhänger dabei und mussten uns auf der Anreise nicht die Reifen eckig fahren. Wir mussten uns beim Packen auch nicht mit dem Nötigsten begnügen und ab Ankunft hieß es: Kurvenspaß pur – Autobahn ade.

Foto: Thomson

Motorrad-Anhänger

AUF KURVENREICHER STRASSE

Fragt man einen Motorradfahrer, was für ihn den größten Reiz an seinem Hobby ausmacht, wird er sicherlich an erster Stelle das **Kurvenfahren** erwähnen. Eine rasante Beschleunigung ist auch mit einem schnellen Auto erlebbar, der Genuss des Fahrtwinds auch mit einem Trike – das Kurvenerlebnis auf einem Motorrad jedoch ist einmalig.

Bei allem Reiz des Kurvenfahrens ergeben sich eine Menge Fragen, wenn man es einmal genauer untersucht:

- Warum muss ich eigentlich eine Schräglage einnehmen?
- Wie groß muss die Schräglage sein?
- Welche physikalischen Kräfte wirken dabei und wie kann ich mir diese zunutze machen?
- Welche Kurvenstile gibt es?
- Welche Linie wähle ich in welcher Kurve?
- Kann ich das und schätze ich meine eigenen Kurvenfertigkeiten richtig ein?
- Welche Überraschungen können mich auf der Landstraße erwarten?

Stell Dir also einmal Deine Lieblingskurve vor und wie Du sie gerade durchfährst. Was machst Du dabei genau? Vielleicht ist Dir das auch egal. Hauptsache es funktioniert und es macht Dir Freude. Richtig, das ist natürlich erst einmal

Kurvenfahren …

Foto: Thomson

wichtig. Es lohnt sich aber – so wie bei allem, in dem man sich verbessern möchte – einmal genauer hinter die scheinbar so selbstverständlichen Dinge zu blicken.

… der eigentliche Spaß am Motorradfahren

Foto: Thomson

i Kleine Fahrphysik des Kurvenfahrens I:
Kräfte bei der Kurvenfahrt

Schräglage bei schmalen u. breiten Reifen

Wenn wir eine Kurve fahren, entsteht eine Kraft, die uns nach außen aus der Kurve heraus ziehen will – die Fliehkraft. Diese ist abhängig von der Geschwindigkeit und vom Radius der Kurve. Würden wir nichts dagegen unternehmen, würde uns die Fliehkraft nach außen aus der Kurve heraus treiben, was zum Verlassen der Fahrbahn und wahrscheinlich zum Sturz führen würde. Dies macht die Fliehkraft waagerecht, die Erdanziehungskraft jedoch zieht uns senkrecht nach unten. Daraus ergibt sich eine resultierende Kraft, die uns nur dann nicht nach außen oder unten bringt, wenn sie durch die Reifenaufstandsflächen verläuft. Dies nennt man die Resultierende. Wir stellen also – in der Regel unbewusst – ein Gleichgewicht zwischen diesen beiden auf uns und das Motorrad wirkenden Kräfte her.

Die Masse, also das Gewicht des Motorrads ist mit dem gleichen Beitrag an der Gewichtskraft und an der Fliehkraft beteiligt und hebt sich somit gegeneinander auf. Die erforderliche Schräglage ist also unabhängig vom Gewicht der Maschine. [37] Von Bedeutung für die erforderliche Schräglage sind jedoch die Höhe des Schwerpunktes und die Breite der Reifen, denn beim Neigen der Maschine wandern die Reifenaufstandsflächen nach außen – bei breiten Reifen mehr als bei schmaleren. [38] Je breiter die Reifen, desto mehr muss der Fahrer also bei gleichem Tempo und gleichem Kurvenradius das Motorrad neigen. Dieser kleine Nachteil wird jedoch in der Praxis durch die größere Aufstandsfläche der breiten Reifen wieder wettgemacht. Eben diese Aufstandsfläche wird bei einem leistungsstarken Motorrad beim Herausbeschleunigen aus der Kurve dringend benötigt.

Fliehkraft

Resultierende

Aufstandspunkt

Schwerkraft

Zeichnungen: Thomson

Kräfte beim Kurvenfahren

Fliehkraft und Schwerkraft

Also legst Du Dich in die Kurve, na klar. Aber warum? Die Physik lehrt uns, dass beim Kurvenfahren Fliehkräfte entstehen. Die **Fliehkraft** will Dich nach außen ziehen, während Du mit Deinem Moped jedoch dem Kurvenverlauf folgen willst. Um dies tun zu können, musst Du Dich der Schwerkraft, also der Erdanziehungskraft entgegen lehnen. Die Schwerkraft zieht Dich und alles andere nach unten, was beim Motorradfahren natürlich ungünstig ist, denn das Ding fällt dann einfach um. Um nicht umzufallen und auch nicht aus der Kurve gedrängt zu werden, musst Du Dich also genau so weit der Schwerkraft entgegen lehnen wie es erforderlich ist, um der Fliehkraft entgegenzuwirken. Klingt kompliziert, doch wir machen das immerzu.

Würdest Du Dich zu wenig in die Kurve legen, spürst Du das Ziehen nach außen und wirst unweigerlich die Kurve verlassen. Du musst also mehr Schräglage einnehmen. Legst Du Dich dagegen mehr in die Kurve als für diese Kurve und diese Geschwindigkeit nötig wäre, hast Du das Gefühl umzufallen. Du könntest nun einen kleineren Radius wählen oder etwas schneller fahren.

Normalerweise klappt diese Abstimmung der physikalischen Kräfte und wir wählen ganz unbewusst die geeignete Schräglage für unser Tempo bei genau dieser Kurve.

Hast Du Dir jemals Gedanken darüber gemacht, was Du genau machst, um eine Kurve zu durchfahren? Lassen wir zunächst einmal die Wahl der **Kurvenlinie**, die Blickrichtung und solcherlei wichtige Dinge weg. Wie beginnst Du diesen Bewegungsablauf?

Lenkimpuls

Die meisten Fahrer sagen auf die Frage, wie sie eine Kurvenfahrt einleiten, sie würden das Motorrad durch Gewichtsverlagerung in die Kurve bringen. Etwas anderes würden sie nicht tun, das Motorrad folgt dieser Gewichtsverlagerung quasi von selbst. Und doch gibt es da mehr: Wenn Du eine Kurvenfahrt einleiten willst, musst Du – vereinfacht gesagt – zuerst in die entgegengesetzte Richtung lenken. Das klingt vielleicht paradox und viele Fahrer reagieren ungläubig oder streiten sogar ab, so etwas zu tun. Dennoch tun wir es alle, wenn auch in der Regel unbewusst. Es geht physikalisch überhaupt nicht anders.

Zu den Ausführungen über die **Lenkimpulstechnik** bitte ich Dich ganz dringend: Lies es Dir aufmerksam durch, probiere die Übungen aus und beginne es durch eine ständige Bewusstmachung gezielt in Deine Fahrabläufe einzubinden – oder vergiss es einfach sofort!

Du machst es sowieso, aber durch ein gezieltes Einsetzen dieser Technik kannst Du Deine Kurventechnik deutlich verbessern und hast auch Vorteile bei plötzlichen Ausweichmanövern. Bei halbherziger Beschäftigung mit dem Thema könnten aber Dinge im Kopf haften bleiben wie „ich soll also auf das Hindernis zu lenken?" und das wäre gefährlich. Also entweder gründlich lesen und ausprobieren oder aber überblättern! Warum also müssen wir in die scheinbar verkehrte Richtung lenken? Ein sich drehendes Rad beantwortet einen seitlichen Impuls stets mit einem Gegenimpuls. Willst Du, dass das Rad sich nach links neigt, musst Du ihm zuerst einen kleinen Impuls nach rechts geben. Diese fahrphysikalische Besonderheit des Zweirads ist übrigens der eigentliche Grund für die Probleme von Kindern, das Radfahren zu lernen – denn für das Fahrrad gilt das ganz genau so.

Nun könnte man natürlich sagen: Moment, wenn ich nach links will und vorher kurz nach rechts lenken muss, dann ziehe ich am rechten Lenkerende. Das geht auch, birgt aber die Gefahr von Verwechslungen und Missverständnissen. Daher sagt man ganz einfach:

Links fahren: Links schieben!
Rechts fahren: Rechts schieben!

Anders ist es nicht zu machen. Durch eine reine Gewichtsverlagerung oder durch das Drücken mit dem Knie kann überhaupt nicht der gewünschte Effekt erreicht werden. Wenn Du also ohnehin mit der Lenkimpulstechnik fährst – ja fahren musst – dann kannst Du sie auch gezielt anwenden. Gezielte Anwendung geht jedoch nur über Kenntnis und dann über Übung. Eine stufenweise Übung dieses zunächst paradox erscheinenden Phänomens soll Dir helfen

- den Lenkimpuls bewusst zu erleben
- den Lenkimpuls angemessen zu dosieren
- den Lenkimpuls beim Kurvenfahren und bei Ausweichmanövern gezielt einzusetzen.

Nur ein bewusstes Einsetzen dieser Technik kann Dich weiterbringen. Wenn Du das nicht ausprobieren willst, dann gilt wie oben schon beschrieben: Gleich wieder vergessen.

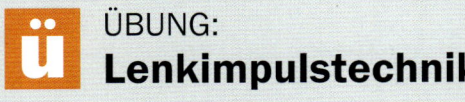

ÜBUNG:
Lenkimpulstechnik

Für die Lenkimpulstechnik gilt generell: Führe Deine Hände sanft und kontrolliert. Gewaltsames Stoßen führt im geringsten Fall zu unnötiger Unruhe im Motorrad und im schlimmsten Fall zum Sturz. Halte den Oberkörper locker und behalte die Kontrolle über Dein Motorrad durch den stets wichtigen Knieschluss.

Vollziehe die Lenkimpulstechnik nur durch Druck am Lenker und nicht durch gleichzeitiges Ziehen am anderen Ende. Das wäre im Prinzip durchaus in Ordnung und wird in der Literatur teilweise auch so empfohlen, [40] in anderen Werken jedoch wieder abgelehnt, weil es schwierig ist, im Gleichklang entgegengesetzte Impulse auszuführen. [41] Ich persönlich rate einfach deshalb, nur den kurveninneren Arm zum Schieben zu verwenden (Links fahren: Links schieben, Rechts fahren: Rechts schieben), damit wir im Kopf nichts durcheinander bringen. Am allerwichtigsten ist: Wir wollen keine Hau-Ruck-Techniken, sondern sicher, sanft und flüssig fahren.

Lenkimpulstechnik Schritt I:

Diese Übung kannst Du auf einem leeren Parkplatz durchführen aber auch auf einer alltäglichen Fahrt auf einer trockenen, ebenen und verkehrsfreien Straße ohne Kurven. Vergewissere Dich auch durch Beobachtung im Rückspiegel, dass kein Verkehrsteilnehmer hinter Dir ist, der Dich gern überholen würde oder einfach nur an Deinem Verstand zweifelt. Wähle Deine Manöver unbedingt so, dass Du niemals zu dicht an den rechten Fahrbahnrand gerätst und auch nicht nach links über die Mittellinie kommst.
Wähle ein mittleres Tempo von etwa 60-70 km/h bei mittlerer Drehzahl. Lege die Hände locker auf die Griffe, ohne diese zu umschließen. Schiebe nun sanft mit einer Hand gegen den Lenker. Beobachte, was das Motorrad macht. Bei einem leichten und kurzen Impuls wird Dein Motorrad ein wenig um die Längsachse zucken und sich durch die selbststabilisierenden Kräfte sogleich wieder in die bisherige Lage zurück bewegen. Gib nun wieder Gas bis zur Ausgangsgeschwindigkeit und probiere den Druck auf der anderen Seite des Lenkers aus. Variiere dann behutsam die Stärke und Dauer des Drucks, vermeide aber unbedingt jede ruckartige Bewegung! Du wirst nun spüren, dass die Stärke des Drucks über die Geschwindigkeit der Richtungsänderung entscheidet und die Dauer des Drucks über die Beibehaltung dieser Richtungsänderung.
Beende nun die Übung und lasse das auf Dich wirken. Wiederhole die Übung bei der nächsten Fahrt.

Lenkimpulstechnik Schritt II:

Mache alles so wie bei Übung I, vor allem was die Gegebenheiten des Verkehrsraums betrifft, damit keinerlei Gefahr für Dich und für Dritte besteht.
Du umschließt nun mit den Händen die Lenkergriffe, so wie wir das beim Fahren stets tun, achtest aber genau darauf, dass Deine Arme und Hände locker sind.
Wiederhole nun die Lenkimpulse und variiere Stärke und Dauer des Drucks behutsam. Probiere dies auch bei unterschiedlichen Geschwindigkeiten bis max. 100 km/h aus. Du wirst merken, dass sich das Motorrad bei höherem Tempo zunehmend steifer anfühlt. Wiederhole die Übung mehrfach bei unterschiedlichen Bedingungen – aber immer mit der erforderlichen Vorsicht und immer locker ohne Hau-Ruck.
Wenn Du einen sehr sicheren und routinierten Fahrer kennst, der auch die „Geheimnisse" der Lenkimpulstechnik kennt, so kannst Du Dich auch bei ihm als Sozius draufsetzen. Lege Deine Arme locker auf seine Arme und lasse ihn auf einem leeren, sauberen und ebenen Parkplatz ei-

nen leichten Slalom fahren. Du spürst nun mit Deinen Armen ganz unmittelbar, wie sich seine Arme bewegen, um die Lenkimpulse auszuführen. Dies wird beim Motorrad-Sicherheitstraining gelegentlich durch den Trainer selbst demonstriert, indem er Teilnehmer bei sich mitfahren lässt.

Lenkimpulstechnik Schritt III:

Diese Übung kannst Du durchführen, wenn Du die vorherigen Stufen ausreichend oft trainiert hast und Dir die Lenkimpulstechnik schon vertraut ist. Suche Dir auf einer einsamen, ebenen und trockenen Straße fiktive Hindernisse, also solche die eigentlich gar keine sind. Am besten sind Schatten von z. B. Büschen am Fahrbahnrand. Nimm niemals einen Gullydeckel oder andere tatsächliche Fahrbahngegebenheiten, die beim Überfahren in Schräglage in irgendeiner Form kritisch werden könnten. Wenn keine Schatten da sind, dann probierst Du die Übung zu einer anderen Tageszeit oder Wetterlage. Das macht ja nichts – kein Mensch hetzt Dich und Deine Sicherheit sollte an erster Stelle stehen.
Versuche nun, diesem Schatten erfolgreich mit Einsetzen der Lenkimpulstechnik auszuweichen, ohne aber zu dicht an den Fahrbahnrand oder über die Mittellinie zu kommen. Variiere die Geschwindigkeit und lege den Ausweichzeitpunkt bewusst etwas später, damit Du ein Gefühl für die Intensität des Lenkimpulses und der Ausweichbewegung bekommst und auch erfährst, dass nicht alles gelingen kann. Auch als routinierter Fahrer kannst Du dies immer wieder auf einer leeren und langweiligen Strecke üben, wenn Du die Sicherheitsaspekte beachtest. Liegt dann wirklich einmal ein Hindernis auf der Straße, dem Du unverhofft ausweichen musst, stehen Deine Erfolgsaussichten deutlich günstiger.
Wenn Du diesen Übungsschritt intensivierst und Deine Ausweichbewegung mit deutlicher Schräglage verbunden ist, so solltest Du dabei die Kupplung ziehen, um das Hinterrad frei von **Umfangskräften** durch den abbremsenden Motor zu halten. Solche ausgeprägten Fahrmanöver solltest Du ohnehin nicht im öffentlichen Verkehrsraum durchführen, sondern lieber bei einem **Sicherheitstraining**.

Lenkimpulstechnik Schritt IV:

Nun kannst Du die Lenkimpulstechnik auch gezielt für das Kurvenfahren einsetzen. Probiere es zunächst auf bekannten Kurvenabschnitten aus und wie immer mit der nötigen Vorsicht und mit ruhiger Hand. Eine Sache ändert sich nun: Es handelt sich jetzt nicht nur um eine kurze Richtungsänderung, die sogleich wieder aufgehoben wird, sondern um die Einleitung einer stationären Kurvenfahrt. Die Kraft, die für den Lenkimpuls erforderlich war, ist nun teilweise wieder zurückzunehmen und weicht jetzt fast unmerklichen Veränderungen des Drucks am kurveninneren Lenkerende [42] sowie stützenden Momenten des Antriebs beim „hängen" am, bzw. „stützen" mit **Stützgas**. Dieses komplizierte Zusammenspiel findet nahezu unmerklich statt – wenn Du Dich selbst jedoch dabei beobachtest, kannst Du es perfektionieren.

INFO-BOX:

Kleine Fahrphysik des Kurvenfahrens II: Lenkimpuls

Die Lenkimpulstechnik ist bedingt durch die Kreiselkräfte und durch die zunehmend bei schnellerer Fahrt auftretenden Fliehkräfte, die entgegengesetzt zur Lenkbewegung wirken. Das ganze Motorradfahren ist im Grunde eine Abfolge von Impuls und Gegenimpuls. Störende Impulse, die einen Gegenimpuls erforderlich machen, können von außen kommen oder auch von uns selbst erzeugt werden. Wenn die Geschwindigkeit und damit die durch die sich drehenden Räder erzeugten Kreiselkräfte groß genug sind, müssen wir nicht auf alle diese Störimpulse reagieren, da sie durch die Eigenstabilität des fahrenden Motorrades immer weniger bedeutsam werden. Übrig bleiben mit wachsendem Tempo nur noch wirklich deutliche Störimpulse oder solche, die wir selbst einbringen, um eine Richtungsänderung einzuleiten. Und genau da sind wir wieder bei der Lenkimpulstechnik.

Zur Einleitung einer Kurve oder zum Beginn eines Ausweichmanövers setzen wir den Lenkimpuls. Das Wort „setzen" beschreibt es wohl am treffendsten, denn es ist in der Regel ein kurzer, prägnanter Impuls. Dauer und Stärke des Impulses sind jedoch abhängig von dem Fahrmanöver, das wir ausführen wollen. Ist der Impuls zu kurz und zu lasch, stellen die am Motorrad wirkenden Kräfte unverzüglich das Gleichgewicht wieder her. Ist der Impuls zu lang anhaltend und/oder zu stark, führt dies unter Umständen zu einem völlig übertriebenen oder gar kritischen Fahrmanöver.

Wenn wir also eine Linkskurve fahren wollen, setzen wir einen kurzen Impuls, indem wir am linken Lenkerende schieben. **Merke: Links fahren: Links schieben! Rechts fahren: Rechts schieben!**

Ist die Kurvenfahrt dann eingeleitet, ist ein Lenkimpuls nicht mehr erforderlich und die sogenannte stationäre Kurvenfahrt beginnt. Ein Lenkimpuls ist erst wieder erforderlich, wenn wir die Schräglage verändern müssen. Wenn wir die Schräglage vergrößern müssen, weil sich der Kurvenradius

verändert oder wir ihn falsch eingeschätzt haben, so müssen wir am kurveninneren Lenkerende schieben – in unserem Beispiel links, um die stärkere Linkskurve zu bewältigen. Soll die stationäre Kurvenfahrt beendet und das Motorrad wieder in Geradeausfahrt gebracht werden, so gilt nun das Gegenteil. Zum Verlassen der Kurve schieben wir am kurvenäußeren Lenkerende. Zugegeben: Das machen wohl die Allerwenigsten bewusst. Aber zum Vergrößern der Schräglage, besonders wenn Gefahr droht, die Kurve nicht mehr zu schaffen, kann man sich dieses Muster (am kurveninneren Lenkerende schieben) gut einprägen, mental trainieren und dann auch leichter abrufen.

Wenn wir diese physikalischen Überlegungen auf die Spitze treiben, so ist es sogar so, dass wir für eine Lenkbewegung nicht unbedingt aktiv einen Impuls setzen müssen. Es kann bereits genügen, aus der Abfolge der verschiedenen auf das Motorrad einwirkenden Störungen diejenigen zu unterdrücken, die der gewünschten Schräglageveränderung entgegen gerichtet sind. Dazu kann schon ein festerer Druck am Lenkerende genügen, der den Lenker noch nicht wirklich bewegt, sondern eine sonst vollzogene Bewegung lediglich dämpft. [39] Das ist aber schon mehr Philosophie der Fahrphysik. Immerhin kann es sich für den intensiv an diesem Thema Interessierten lohnen, in anderer Literatur nachzuschlagen.

Da Richtungsänderungen beim Motorradfahren nur über einen Lenkimpuls erreicht werden können, ist ein Motorrad bei einem Ausweichmanöver auch bei weitem nicht so wendig, wie allgemein angenommen. Die Abbildung zeigt schematisch die unterschiedlichen Ausweichlinien von Auto und Motorrad.

Während beim Pkw die vom Fahrer vorgenommene Lenkbewegung unmittelbar in eine Richtungsänderung umgesetzt wird, sehen wir beim Motorrad den kleinen Schlenker durch die entgegengesetzte Lenkbewegung. Ein solches Ausweichmanöver wird natürlich immer schwerer, je höher die Geschwindigkeit ist. Titanenkräfte scheinen das Motorrad zu umklammern und auf seinem Geradeauskurs halten zu wollen.

Ausweichen mit einem Motorrad ist also gar nicht so einfach, wie häufig angenommen. In der Praxis macht das Motorrad jedoch einiges von den fahrphysikalischen Nachteilen wieder wett durch seine im Verhältnis zum Auto geringe Baubreite.

Woher kommt in der Abbildung eigentlich der leere Weg zwischen dem Punkt mit dem Signal und dem Beginn der Richtungsänderung? Richtig: Dazwischen liegt der Reaktionsweg – ein Problem, mit dem wir uns in diesem Buch ebenfalls beschäftigen.

Signal

Hindernis

B

A

Ausweichspur Auto (A)
Ausweichspur Motorrad (B)

Zeichnung: Thomson

Ausweichlinien Motorrad und Pkw

Probiere die Lenkimpulstechnik auch in zügig zu durchfahrenden Wechselkurven aus und Du wirst bemerken, wie viel leichter und flüssiger Du Deinen Rhythmus findest.

Übe den Einsatz der Lenkimpulstechnik immer wieder, ohne dabei aber übermütig zu werden. Wenn Du das Üben jedoch über längere Zeit aufgibst, verkümmern diese Fertigkeiten wieder langsam.

Wenn innerhalb einer Kurve der Bogen nochmals korrigiert werden muss, weil der Kurvenradius falsch eingeschätzt wurde oder z. B. ein Hindernis auftaucht, so gilt im Prinzip das gleiche wie bei Geradesaufahrt: Bei einem Ausweichen nach innen zur Vergrößerung der Schräglage und bei einem Ausweichen nach Außen zur Verringerung der Schräglage funktioniert das wie gewohnt mit der Lenkimpulstechnik. Übungen hierzu im Realverkehr halte ich aus Sicherheitsgründen nicht für angebracht. Solche Dinge sollten bei einem Sicherheitstraining mit ausreichend Raum zu allen Seiten und unter fachkundiger Anleitung trainiert werden.

Die Kurvenfahrt ist nun eingeleitet – wie aber sitzt Du auf dem Motorrad und welche Techniken gibt es dabei?

Kurvenstile und ihre Anwendungsmöglichkeiten

Bei den **Kurvenstilen** unterscheiden wir heute zwischen Legen, Drücken und Hanging off.

Alle drei Kurvenstile haben ihre jeweilige Berechtigung und auch ihre jeweiligen Vor- und Nachteile. Als Straßenfahrer praktizierst Du wahrscheinlich das Legen, aber auch das Drücken sollte Dir nicht fremd sein. Auch hier – wie überhaupt in diesem Buch – lohnt es sich jedoch näher auf die Dinge einzugehen, denn nur so sind Verbesserungen möglich.

Kurvenstil „Legen" oder „Klassischer Stil":

Hierbei bilden Fahrer und Fahrzeug eine Linie. Lediglich der Kopf des Fahrers gleicht den gekippten Horizont aus. Diese Kurventechnik wird häufig auch als der klassische Fahrstil bezeichnet.
Dieser Fahrstil war und ist für Straßenfahrer das Maß aller Dinge beim Kurvenfahren. Selbst bei Rennfahrern wurde über Jahrzehnte nichts anderes praktiziert.

Foto: Thomson

Legen

Foto: Jung

Legen

Der erste, der Mitte der 60er Jahre das Knie heraushielt, war Renzo Pasolini (genannt „Das Knie"). [43] Renngrößen wie Phil Read und Giacomo Agostini begannen seinerzeit dann, zunächst das Heraushalten des Knies salonfähig zu machen. Vervollkommnet haben es dann Rennfahrer wie Kenny Roberts.

Im Alltagsverkehr sollte diese Kurventechnik die Deine sein. Dazu gehört aber in jedem Fall der Knieschluss. Viele Fahrer halten ihre Beine jedoch sonstwo hin, nur nicht am Tank. Das ist ein großer Fehler, denn auch über die Innenseite der Schenkel und die Knie halten wir Kontakt zu unserem Fahrzeug, spüren was es tut und können dieses Tun durch Druck mit den Knien beeinflussen. Beim Sicherheitstraining gibt es einige Übungen im Langsamfahrbereich, Stabilisierungs-übungen genannt. Dabei kann ich regelmäßig beobachten, wie die Fahrer akrobatische Leistungen mit den Beinen vollführen, anstatt die Knie am Tank zu behalten und das Motorrad darüber zu kontrollieren. Also bitte behalte immer die Knie am Tank.

Mein Freund, mit dem ich öfter zusammen fahre, ist ein super Fahrer, macht aber immer wenn er in eine Kurve fährt, die Beine breit und zwar beide. Warum nur? Es sind meist einfach nur Angewohnheiten. Da wir jedoch in der Lage waren, sie uns anzugewöhnen, sind wir auch in der Lage, sie uns wieder abzugewöhnen.

Bei hohen Geschwindigkeiten ist **Knieschluss** besonders wichtig. Beim Überfahren von Bodenwellen und anderen Unebenheiten mit hohem Tempo auf der Autobahn kannst Du plötzlich die „Erdung" über den Hosenboden verlieren und unversehens ein Stück nach hinten gerissen werden. Dies allein wäre zunächst noch gar nicht so dramatisch, aber weitere spezielle Faktoren multiplizieren das Problem: Da Du bei hohem Speed durch den Winddruck immer ein wenig mehr als sonst am Lenker hängst und unabsichtlich leichten Zug ausüben kannst, wirst Du beim Verrutschen unwillkürlich mit den Armen am Lenker ziehen und das sicherlich auch ungleichmäßig. Weiterhin führt der physikalisch unvermeidliche **Auftrieb** bei hohem Tempo dazu, dass der Vorderbau leichter und die Lenkung damit empfindlicher wird. Somit kannst Du durch unerwünschte Lenkbewegungen üble Schlenker vollziehen oder **Kickback** erzeugen. Das wird nicht dazu beitragen, Deinen Hintern wieder richtig zu positionieren. An diese Aktion wirst Du noch lange denken.
Knieschluss gehört also unbedingt zur Kurventechnik „Legen" dazu.

Die Vorteile der Kurventechnik Legen: Optimaler Fahrzeugkontakt in nahezu jeder alltäglichen Situation und ein guter Blickwinkel.
Nachteile gibt es keine im Verkehrsalltag.

Kurvenstil „Drücken":

Der Fahrer drückt das Fahrzeug in die Schräglage und bleibt dabei aufrecht. Diese Kurventechnik wird häufig im Gelände angewandt.

Physikalisch betrachtet machst Du beim **Drücken** etwas kontraproduktives, denn Du lehnst Dich mit Deinem Körper nicht zur Kurveninnenseite. Diesen Nachteil musst Du ausgleichen durch eine stärkere und sozusagen alleinige Schräglage des Motorrades. Das kann natürlich Probleme mit sich bringen, denn je nach Motorradtyp kann die Bodenfreiheit zu gering werden und auch die Haftungsgrenze der Reifen wird früher erreicht. Für schnell gefahrene Kurven eignet sich diese Technik somit überhaupt nicht.

Dieser Kurvenstil kann aber unterstützend beim Wenden und z. B. in sehr engen Serpentinen angewandt werden. Da das „Drücken" weiterhin eine gute Lösung bei abrupten Ausweichmanövern ist, solltest Du Dich mit dieser Kurventechnik beschäftigen.

Die Vorteile der Kurventechnik Drücken: Schneller Richtungswechsel bei plötzlichen Ausweichmanövern mit geringerem Tempo, verringerte Breite auf engen Straßen mit Gegenverkehr und ein sehr guter Blickwinkel.

Foto: Institut für Zweiradsicherheit

Drücken

Die Nachteile: Stark eingeschränkte Bodenfreiheit und früheres Erreichen der Reifenflanke.

Foto: Thomson

Drücken

Foto: Thomson

Hanging off

Kurvenstil „Hanging off" oder „Hängen":

Du legst Dich mit Deinem Körpergewicht zusätzlich in Richtung Kurveninnenseite (**Hanging off** oder Lean in) und schleifst ggf. mit dem kurveninneren Knie. Diese Kurventechnik wird vorwiegend von Straßenrennfahrern angewandt.

Wenn Du Dich noch mehr als Dein Motorrad in Schräglage legst (der Schwerkraft entgegen und entgegengesetzt zur Fliehkraft; Du erinnerst Dich an die Zeichnung aus „Kleine Fahrphysik des Kurvenfahrens I") so kannst Du theoretisch bei gleicher Kurvengeschwindigkeit eine geringere Schräglage einnehmen. Das ist aber nicht der Grund, warum Rennfahrer dies praktizieren, denn bei Rennmaschinen und auch schon bei einem modernen Supersportler ist die Bodenfreiheit ohnehin annähernd „bodenlos".

Warum wird es also gemacht? Schneller fahren kannst Du mit „Hanging off" im Grunde nicht. Die Kurvengeschwindigkeit ist lediglich abhängig vom Kurvenradius und von der Haftreibung, welche die Reifen übertragen können. Kann keine Haftung mehr aufgebaut werden, gehst Du seitlich weg – ob mit Hanging off oder ohne. Die Rennfahrer machen das, weil sie durch die etwas geringere Schräglage früher wieder Gas geben können. Weiterhin können sie mit dem aufsetzenden Knie besser ihre Schräglage bemessen.

Die richtigen Cracks können auch (wenn es gelingt) einen Sturz durch das wegrutschende Vorderrad noch mit einem stabilisierenden Druck mit dem Knie vermeiden. Ansonsten wird wirklicher Druck mit dem schleifenden Knie nicht aufgebaut, denn dieser Druck wird dringend an den Aufstandsflächen der Reifen benötigt.

Dieser Stil ist also eher im Grenzbereich des Kurvenfahrens beheimatet und sollte daher dem Fahren auf einer Rennstrecke vorbehalten bleiben. Dort macht das Hanging off auch Sinn. Dennoch wird er von einigen Fahrern sportlicher Maschinen auch im Alltagsverkehr praktiziert. Wer aber im öffentlichen Straßenverkehr sein Motorrad so bewegt, dass Hanging off wirklich erforderlich ist, fährt jenseits von Gut und Böse und ist aus meiner Sicht eine Gefahr für sich und andere.

Zwar gibt es einige Motorradfahrer, die tatsächlich jenseits von Gut und Böse fahren, aber nicht alle davon tun dies hinsichtlich ihrer Schräglage. Hanging off auf der Straße ist vielfach nur eine gekonnte Turnübung, die Eindruck machen soll, aber ihren ursprünglichen Sinn verfehlt. Betrachtet man das Reifenbild der entsprechenden Fahrzeuge, so wird deutlich, dass auch ohne diesen Show-Kurvenstil noch ausreichend Reserven vorhanden sind.

Die Vorteile der Kurventechnik Hanging off: Größere Bodenfreiheit, späteres Erreichen der Reifenflanke, bessere Übertragung von Längskräften und eine verbesserte Kontrolle durch Tast- und Abstützfunktion des Knies.

Die Nachteile: Verbreiterung der Einheit Fahrer/Fahrzeug, mögliche Fahrwerksunruhen beim Umsetzen, unzureichender Fahrzeugkontakt bei Bodenwellen und Notmanövern und ein schlechter Blickwinkel.

Stützgas

Eine weitere Feinheit beim Kurvenfahren solltest Du kennen und gezielt einsetzen: Das „Stützen" mit Gas.

Wenn Du Dich in einer Kurve verschätzt hast und gezwungen bist, die Schräglage zu vergrößern, so weißt Du, dass dies durch Drücken am kurveninneren Lenkerende geschieht. Der Merksatz zur Lenkimpulstechnik „Links fahren, links drücken – rechts fahren, rechts drücken" gilt auch hier. Willst Du dagegen die Schräglage vermindern, weil Du Dich etwas zu stark in die Kurve gelegt hast (kommt insgesamt seltener vor als umgekehrt) oder auch am Ende einer Kurve und damit am Ende der Schräglage, so bietet sich der gefühlvolle Einsatz der Gashand an. Durch das Stützgas kannst Du nicht nur dazu beitragen, die Schräglage insgesamt zu beenden, sondern noch in der Kurve die bereits erreichte Schräglage stoppen, ohne irgendwelche Lenkkorrekturen vornehmen zu müssen. Auch bei stationärer Kurvenfahrt, wenn Du also in einer längeren Kurve die gewählte Schräglage beibehalten möchtest, verwendest Du – wenn auch zumeist unbewusst – das Stützgas, da durch den höheren Rollwiderstand in Schräglage (die Schrägstellung der Räder bewirkt eine bremsende Querkraft) das Motorrad sonst zunehmend langsamer werden würde.

Da das Stützgas den Schwerpunkt des Fahrzeugs leicht nach hinten verschiebt, bringt es Dir auch ein stabiles und ausgewogenes Kurvenverhalten.

Wie gesagt: Du machst es sowieso, doch wie auch bei einigen anderen hier im Buch beschriebenen fahrphysikalischen Gesetzen lohnt es sich, diese zu ergründen und ganz bewusst für sich einzusetzen.

Foto: Thomson

Hanging off

Ausbalancieren des Motorrades

 ÜBUNG:
Stützgas

Für das Stützgas gilt generell: Es wird stets eingesetzt vom sogenannten „angelegten" Gas. Damit ist gemeint, dass nach dem Schließen des Gasdrehgriffs dieser wieder so weit geöffnet wird, bis das Spiel verschwunden ist, so dass nun eine geringfügige weitere Drehbewegung das Gas wieder öffnet. [44] Es macht also Sinn, wenn Du Dir angewöhnst, das Gas nach dem Wegnehmen wieder so weit zu öffnen, dass es angelegt bleibt und Dir im Bedarfsfalle unmittelbar zur Verfügung steht.

Am allerwichtigsten ist auch bei dieser Übung: Keine Hau-Ruck-Techniken, wir wollen sicher, sanft und flüssig fahren.

Stützgas Schritt I:

Aufgabe: Bergab durch Kurven rollen ohne Motor.
Suche Dir ein einsames, kurvenreiches Bergabstück und vergewissere Dich, dass Dir niemand nachfolgt. Lege den Leerlauf ein und schalte den Motor ab (Du kannst ihn aber auch im Leerlauf weiterlaufen lassen). Beim Abschalten des Motors ist jedoch aus Sicherheitsgründen wichtig, die Zündung eingeschaltet zu lassen. Schalte den Motor also nur mit dem Kill-Schalter ab. Somit bleibt auch Dein Licht eingeschaltet und die Bremsleuchten funktionieren noch.
Erlebe nun die Reaktionen Deines Motorrades. Wie viel mehr musst Du bremsen ohne die Bremswirkung des Motors? Wie fühlt es sich in der Kurve an, wenn das Motorrad ohne Antrieb rollt und Du im Kurvenausgang nicht beschleunigen kannst? Sind nun mehr Lenkkorrekturen erforderlich? Beende nun die Übung und lasse das auf Dich wirken.

Stützgas Schritt II:

Wiederhole die Übung nun mit eingeschaltetem Motor. Mache alles so wie bei Übung I, vor allem was die Gegebenheiten des Verkehrsraums betrifft, damit keinerlei Gefahr für Dich und für Dritte besteht.
Erlebe nun bewusst die Reaktionen Deines Motorrades und Deine Handlungsabläufe, auf die Du bisher wahrscheinlich kein Augenmerk gerichtet hast. Wie viel Gas brauchst Du zum Stabilisieren in der Kurve? Wie setzt Du das Gas gezielt ein, um die Schräglage beizubehalten oder zu beenden?

Stützgas Schritt III:

Für diese Übung brauchst Du einen ebenen, leeren Parkplatz.
Führe ein Wendemanöver durch unter Einsatz der Hinterradbremse. Der gezielte Einsatz der schleifenden Hinterradbremse zum **Stabilisieren** wurde bereits beschrieben.
Lasse den Lenkeinschlag unverändert und bestimme den Radius der „Kurve" mit dem Gas: Gas zurücknehmen bedeutet eine Vergrößerung, Gas geben eine Verminderung der Schräglage.
Diese Anwendungsmöglichkeit von Stützgas ist besonders lohnend beim Befahren von engen Kehren und Serpentinen.

Übrigens: Auch beim Kurvenfahren wirkt sich das hier vielfach besprochene Phänomen der dynamischen **Achslastverlagerung** aus. Wenn das Motorrad beim Beschleunigen in Schräglage stark einfedert, ändert sich dadurch der Lenkwinkel und es neigt dazu, einen weiteren Bogen zu beschreiben (running wide). Im normalen Fahrbetrieb ist das jedoch sicher nicht weiter zu beachten, bei engagierter Fahrt auf einer Rennstrecke unter Umständen schon.

Nachdem wir nun eine Menge über die physikalischen Zusammenhänge beim Kurvenfahren wissen, bleibt noch die Frage, wie hoch unsere Schräglage in der jeweiligen Kurve sein sollte und wie groß unsere persönlichen Reserven dabei sind.

Einschätzung der eigenen Schräglage [45]

Das was wir auf dem Motorrad machen, wird leider viel häufiger durch unsere Vermutungen beeinflusst und geprägt, als durch die tatsächlichen Gegebenheiten. Wie ist es bei Dir? Fährst Du schräg genug (was immer das ist und wer immer das bestimmen soll)? Setzt Du Dich dabei selbst unter Druck? Fährst Du vermeintlich zu schräg und fühlst Dich dabei in Gefahr?

Das ist unter Motorradfahrern ein schwieriges Thema. Zumindest im Kreis der sich als sportlich einschätzenden Motorradfahrer halten sich die meisten für gute Kurvenfahrer und schätzen ihre **Schräglage** eher hoch ein.
Wie steht es um Deine persönliche Einschätzung?
Es ist für Deine Sicherheit ganz wichtig, dass die Wirklichkeit Deiner tatsächlich eingenommenen Schräglage und Deine Annahmen und Vermutungen darüber deckungsgleich sind. Komplexe Bewegungs- und Fahrabläufe wie Motorradfahren erfordern eine Handlungsfähigkeit, die sich nicht an Vermutungen, sondern an Tatsachen orientiert.

Die Überschätzung der eigenen Schräglage und deren Unterschätzung können gleich gefährlich sein, der erstere Fall ist allerdings viel häufiger.

Überschätzung der eigenen Schräglage:

Du schätzt Deine Schräglage stärker ein, als sie es tatsächlich ist.
Wenn Du annimmst, dass Du mit Deiner Schräglage nun an eine physikalische Grenze stößt, so hat dies im Ergebnis die gleichen Auswirkungen als wäre es tatsächlich so.
Ein Sicherheitspolster ist zwar objektiv, jedoch tatsächlich nicht vorhanden, weil Du Dich bereits an der Grenze des Machbaren wähnst.

Foto: Thomson

Kreidemarkierungen vor Kreisbahnübung beim Sicherheitstraining

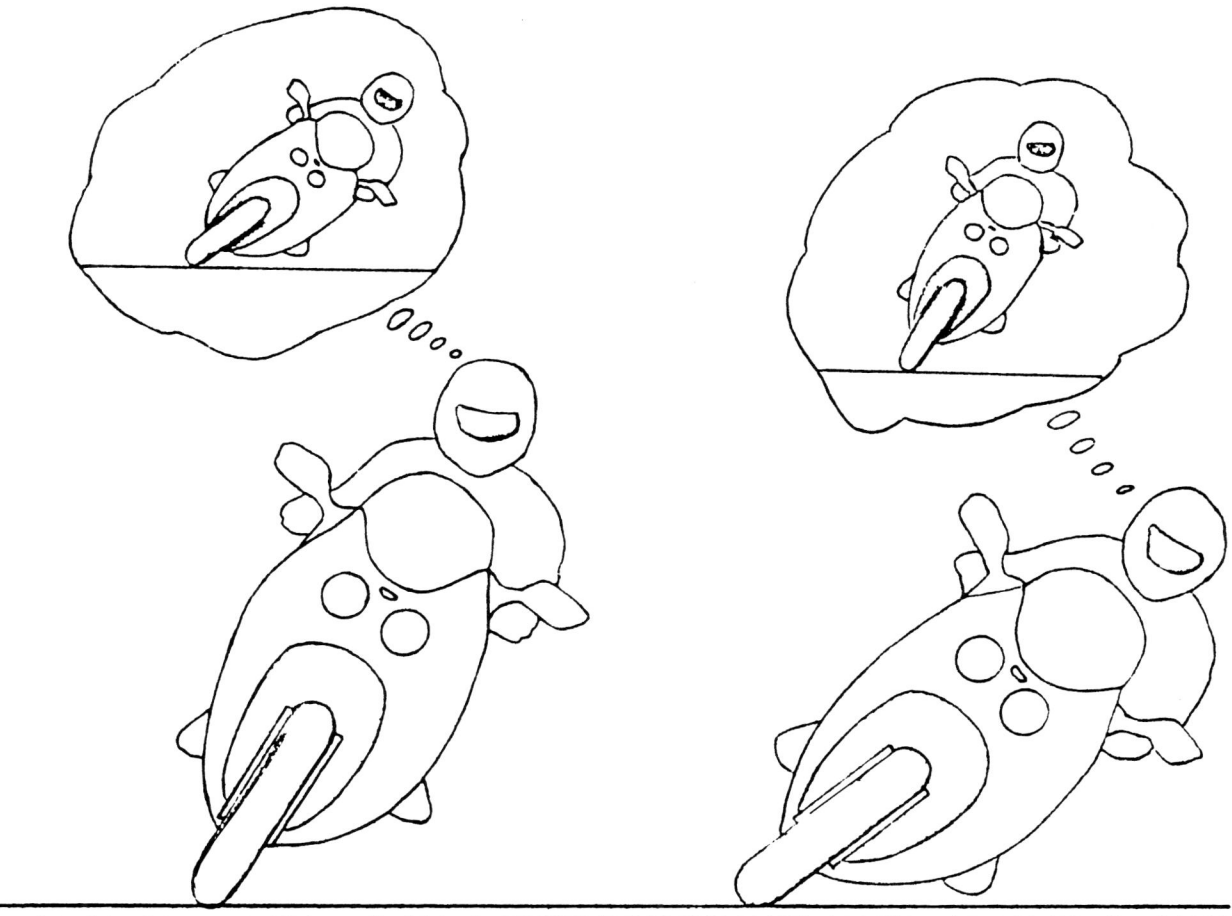

Falsche Einschätzung der eigenen Schräglage

In einer Gefahrensituation bist Du dann nicht in der Lage, Deine Schräglage zu vergrößern, um eine Kollision oder einen Sturz durch das Verlassen der Fahrlinie zu vermeiden.

Unterschätzung der eigenen Schräglage:

In diesem Fall schätzt Du Deine Schräglage geringer ein, als sie es tatsächlich ist.
Du bewegst Dich schon nahe am Grenzbereich, ohne dies wahrzunehmen.
Möglicherweise setzt Du Dich selbst unter Druck, um „bessere" Schräglagen zu fahren.
Ein Sicherheitspolster ist zwar in Deiner Vorstellung, objektiv jedoch kaum vorhanden. Das ist sehr gefährlich.

Von den beiden genannten Möglichkeiten ist die erste sicherlich am häufigsten anzutreffen. Die Überschätzung der eigenen Schräglage ist insofern eine Unterschätzung des fahrerisch Möglichen.

Dieses fahrerisch Mögliche gehört zwar nicht in den öffentlichen Straßenverkehr, Du solltest jedoch über eine Reserve an Fahrfertigkeiten verfügen, die Du in einer Gefahrensituation einsetzen kannst.

Alle objektiven Rückmeldungen sind geeignet, die notwendige Balance zwischen Einschätzung und Wirklichkeit herzustellen. Für den Fahrer, der seine Schräglage stets unterschätzt, muss es nicht erst das unsanfte Aufsetzen der Fußraste sein. Ein Kreidestrich quer über den hinteren Reifen kann hier aufschlussreich sein. Auch ohne Kreidestrich kann man dem Reifen ansehen, bis zu welchem Grad er „angefahren" wurde. Dies könnte auch demjenigen Fahrer Mut machen, der seine Schräglage überschätzt, einmal tiefer abzuwinkeln, um diese Reserve in einer Gefahrensituation zur Verfügung zu haben. Solche Dinge werden beim Motorrad-Sicherheitstraining gezielt geübt.

Zeichnung: Thomson

Foto: Thomson

Die Linie finden

Die richtige Linie

Was ist überhaupt eine richtige Linie? Kann man so etwas trainieren? Gibt es auch eine falsche? Ja, es gibt falsche Linien und das haufenweise.

Schlechte Linien erzeugen schlechte Dinge. Du kannst die Mittellinie überfahren, auf den Randstreifen geraten oder sogar stürzen. Obwohl schlechte Linien meist vom Fahrer erkannt werden, neigen viele von uns dazu, die gleichen Fehler zu wiederholen. Das liegt daran, dass sich schlechte Linien leichter anfahren lassen, während es bei der richtigen Linie zunächst einmal schwieriger ist. [46]

Fangen wir mit einer grundlegenden Betrachtung an. Du kannst eine Kurve, die einen ganz bestimmten Radius hat, auf einer engeren oder einer weiteren Bahn durchfahren. Hierzu symbolisiert die nachfolgende Zeichnung eine exakt runde Kurve; quasi einen Halbkreis. Wenn Du die Kurve auf Bahn B durchfährst, so machst Du den Radius enger. Du musst somit langsamer fahren oder aber die Schräglage erhöhen. Auf Bahn A beschreibst Du einen weiteren Bogen, der Dir geringere Schräglage oder höheres Tempo erlaubt. Als Rennfahrer setzt Du das in Geschwindigkeit um, als Straßenfahrer behältst Du es (hoffentlich) als Sicherheitspolster.

Es kommt also zunächst einmal darauf an, von welcher Position – auf die Breite der Fahrbahn bezogen – Du in die Kurve einschwenkst.

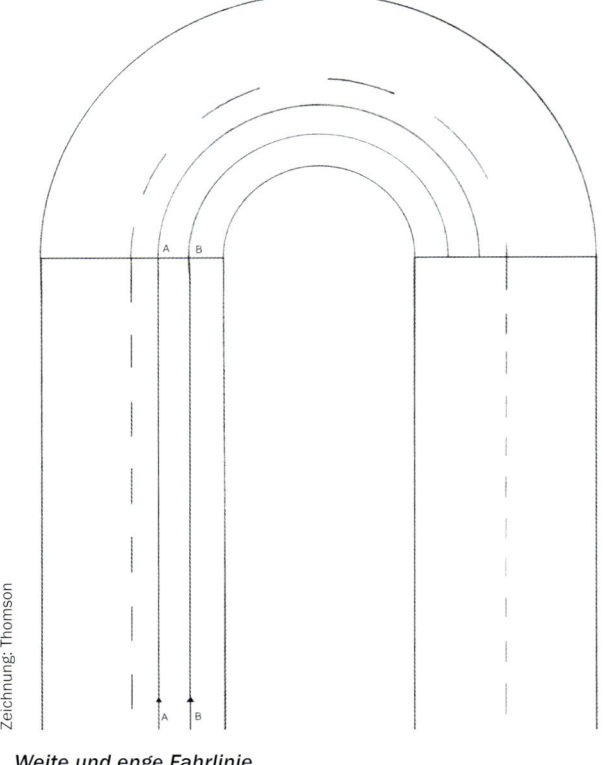

Zeichnung: Thomson

Weite und enge Fahrlinie

Zwei wichtige Begriffe zum Thema **Kurvenlinie** sind Dir sicherlich schon in irgendeiner Form begegnet: **Ideallinie** und **Sicherheitslinie**.

Die wesentlichen Unterschiede zwischen Sicherheitslinie und Ideallinie ergeben sich schon aus deren Namen. Die Ideallinie ist die günstigste Fahrlinie durch eine Kurve oder Kurvenkombination. Günstig heißt hier natürlich: So dass Du am schnellsten fahren kannst. So fährst Du auf einer Rennstrecke. Die Sicherheitslinie ist der Ideallinie nicht ganz unähnlich, berücksichtigt dabei jedoch diejenigen Sicherheitsreserven, die im öffentlichen Straßenverkehr unerlässlich und überlebenswichtig sind.
Ein großer Vorteil der Ideallinie, der auf der Rennstrecke natürlich sofort in mehr Geschwindigkeit umgesetzt wird, ist das Auftreten geringerer Querbeschleunigung. Bei der Sicherheitslinie kannst Du Dir das zunutze machen, um material- und nervenschonend sowie mit mehr Sicherheitsreserven unterwegs zu sein.

Die Ideallinie gehört also ausschließlich auf die Rennstrecke. Um mit maximaler Geschwindigkeit durch die Kurve zu kommen, wird ein möglichst weiter Bogen gefahren und dabei die volle Fahrbahnbreite ausgenutzt. Ziel ist es, eine Kurve weitestgehend zu einer Geraden zu machen.
Im öffentlichen Straßenverkehr verbietet sich dies von selbst. Die Sicherheitslinie beschränkt sich daher auf den eigenen Fahrstreifen und vermeidet die extreme Annäherung an dessen Begrenzung. Dies ist lebenswichtig, weil Motorrad und Fahrer in der Schräglage breiter werden und in den Gegenverkehr ragen können. [47]

Die **Sicherheitslinie** ist auch vergleichbar mit dem Rallye-Stil auf unbekannten Strecken.
Da der Bogen nicht ganz so rund wie bei der Ideallinie ist, fällt die Kurvengeschwindigkeit etwas geringer aus. Dies ist im öffentlichen Straßenverkehr angemessen und auch sehr nützlich, da so (hoffentlich) noch Schräglagen-Reserven zur Verfügung stehen.

Auf der Ideallinie ziehst Du so spät in die Kurve hinein, dass sich ein möglichst weiter Radius ergibt. Auf der Sicherheitslinie liegt der Ablösepunkt (Beginn des Einschwenkens in die Kurve) zumeist noch später. Du bleibst so lange außen, bis Du in die Kurve hineinsehen kannst und ziehst erst dann nach innen. So behältst Du mehr Handlungsreserven. Durch den günstigeren Blickwinkel in Verbindung mit einem optimalen **Blickverhalten** kannst Du viel früher sehen, welchen weiteren Verlauf die Kurve nimmt, ob Überraschungen in Form von Hindernissen oder Verschmutzungen auf Dich warten und ob Dir jemand entgegenkommt.
Dies gilt uneingeschränkt für Linkskurven, denn hier verschafft Dir das lange außen Bleiben einen zusätzlichen Abstand zum Gegenverkehr.

So nicht ...

... sondern lange außen bleiben

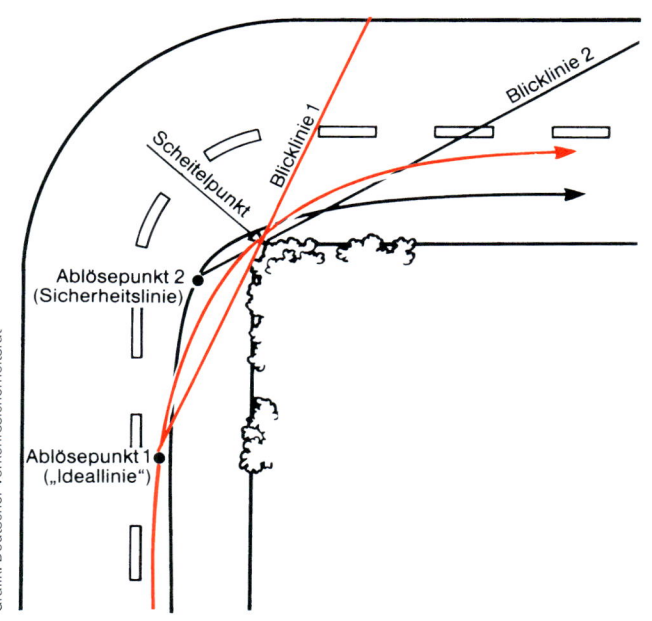

Sicherheitslinie und Ideallinie

Blicklinie 1

Blicklinie 2

Scheitelpunkt

Ablösepunkt 2
(Sicherheitslinie)

Ablösepunkt 1
(„Ideallinie")

Grafik: Deutscher Verkehrssicherheitsrat

Foto: Thomson

Foto: Thomson

Foto: Thomson

Bei guter Sicht auch rechts herum lange außen bleiben...

Bei der Rechtskurve liegt es anders. Zwar gelten auch hier die genannten Vorteile des weiteren Einblicks in die Kurve, aber nah an der Mittellinie bist Du auch nah am Gegenverkehr. Diesen kannst Du so zwar auch eher kommen sehen – ob Dir das jedoch noch hilft, hängt sehr von Deinem Tempo und den noch vorhandenen Reserven ab. Wenn z. B. ein entgegenkommender Fahrer die Kurve schneidet, bleibt Dir dann noch genügend Zeit und Raum um nach innen zu ziehen?

In jedem Fall solltest Du selbst bei einer einsehbaren Kurve einen Abstand von etwa 1 m zur Mittellinie halten.

Daher macht es Sinn, bei schwer einsehbaren Rechtskurven von der empfohlenen Linie abzuweichen und sich mehr zum Fahrbahnrand zu orientieren.

Foto: Institut für Zweiradsicherheit

... aber nicht bei schlecht einsehbaren Kurven

Eng rechts bei nicht einsehbarer Rechtskurve ...

... aber auch nicht zu eng

hen wäre und die Straße absolut sauber wäre einschließlich ihrer Randbereiche, in denen oftmals Schmutz, Steinchen oder ein toter Igel liegen können.

Auf der Sicherheitslinie muss also der Abstand zu den Randbereichen größer ausfallen.

Da Gegenverkehr möglich ist, muss nun auch noch in den Linkskurven die Annäherung an die Mittellinie geringer ausfallen.

Wenn der Verlauf der Kurvenkombination nicht vollständig einsehbar ist, so musst Du die Kurven eben doch einzeln fahren und am besten eine Technik anwenden, auf die wir gleich noch kommen: das **Hinterschneiden.**

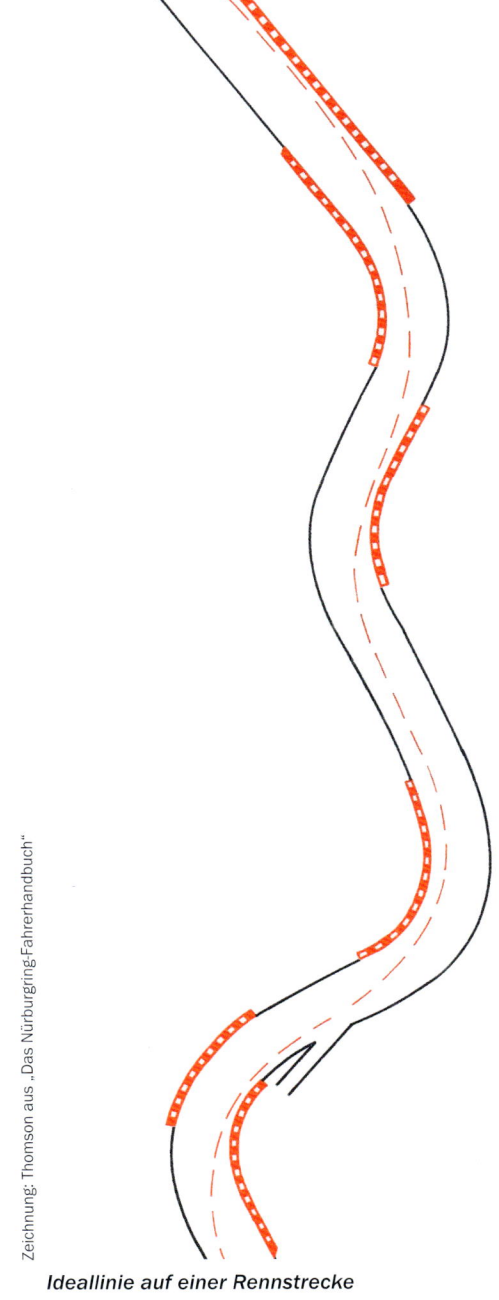

Ideallinie auf einer Rennstrecke

Bei der Zeichnung (rechts) handelt es sich um den Streckenabschnitt „Hatzenbach" der Nürburgring-Nordschleife. Die eingezeichnete Ideallinie gilt für die Bedingungen auf einer Rennstrecke, auf der die gesamte Fahrbahn unseren Fahrstreifen darstellt. Die von uns auf öffentlicher Straße in einer solchen Kurvenkombination zu fahrende Sicherheitslinie wäre hier allerdings ganz ähnlich. Stelle Dir dazu auf der linken Seite eine Gegenfahrbahn vor. Die dargestellte Linie würde jetzt als Sicherheitslinie aber nur dann funktionieren können, wenn der Streckenverlauf komplett einzuse-

Stelle Dir vor, Du fährst eine bestimmte Kurve so lange, bis bei voller Ausnutzung der Fahrstreifenbreite eine für diese Kurve, für Dein Motorrad und für Dein Fahrkönnen erreichbare Höchstgeschwindigkeit feststeht. Wenn der Kurvenradius und alle anderen Parameter bekannt sind, könnte man diese Geschwindigkeit sogar ausrechnen.

Nun ist es aber von Bedeutung, an welcher Stelle Du den Bogen beginnst und welchen Ablösepunkt Du wählst. Dieser Punkt ist nicht nur von Bedeutung in Bezug auf die Fahrbahnbreite, also ob Du weiter außen oder innen fährst (was natürlich großen Einfluss auf Deinen Blickwinkel hat), sondern auch in Bezug auf die Tiefe der Kurve (früh oder spät). Ein zu frühes Ablösen rächt sich meist im Kurvenausgang. Ist Deine Geschwindigkeit eher moderat und Du hast noch Reserven zur Verfügung, sollte die falsche Linie kein großes Problem sein – ansonsten ist hier „zaubern" angesagt. Mit dem Zaubern ist es jedoch so eine Sache, besonders wenn die Aufführung Deiner Zauberkünste unangekündigt abgefragt wird. Auch die Möglichkeiten sind begrenzt.

Wirst Du nun stocksteif vor Schreck, bremst („Einfrieren auf der Bremse") und fährst ins Gemüse, so kann das schlimm enden. Du könntest nun auch eine stärkere **Schräglage** fahren, um die Kurve noch zu schaffen. Geht das noch? Gibt es da eine physikalische Grenze oder nur eine Grenze in Deinem Kopf?

Am besten Du durchdenkst das jetzt schon mal auf dem Sofa. Auch das ist ansatzweise schon **Mentales Training**, das Dir in einer realen Situation einen wichtigen Vorsprung verschaffen kann.

Leider neigen wir – besonders bei Unsicherheiten und in kritischen Situationen – generell zu einem frühen Einlenken. Intuitiv halten wir das für sicherer, weil wir nun noch mehr Straße bis zur Begrenzung zur Verfügung haben. Die Quittung kommt erst hinterher.

Oft geht das auch mit einem falschen **Blickverhalten** einher. Versuche Dir das immer wieder zu vergegenwärtigen, beobachte Dich selbst kritisch und arbeite an Dir.

Mit einer weiten, runden Eingangslinie machst Du es Dir sehr viel leichter. Dein Moped liegt ruhiger auf der Straße und Du hast einen besseren Einblick in die Kurve. Da das Motorrad länger aufrecht bleibt, hast Du auch bessere Chancen, auf etwaige Überraschungen zu reagieren.

Ganz besonders bei Kurven mit sich verengendem Radius, auch „Hundekurven" genannt, gilt: Weit vorausblicken, spät ablösen und den Ablösepunkt innerhalb der Kurve möglichst weit in Richtung Kurvenausgang verlegen. (Hier wird auch oft empfohlen, den Scheitelpunkt der Kurve weit nach hinten zu verlegen. Das geht jedoch nicht, denn der Scheitelpunkt ergibt sich durch die Kurve selbst.)

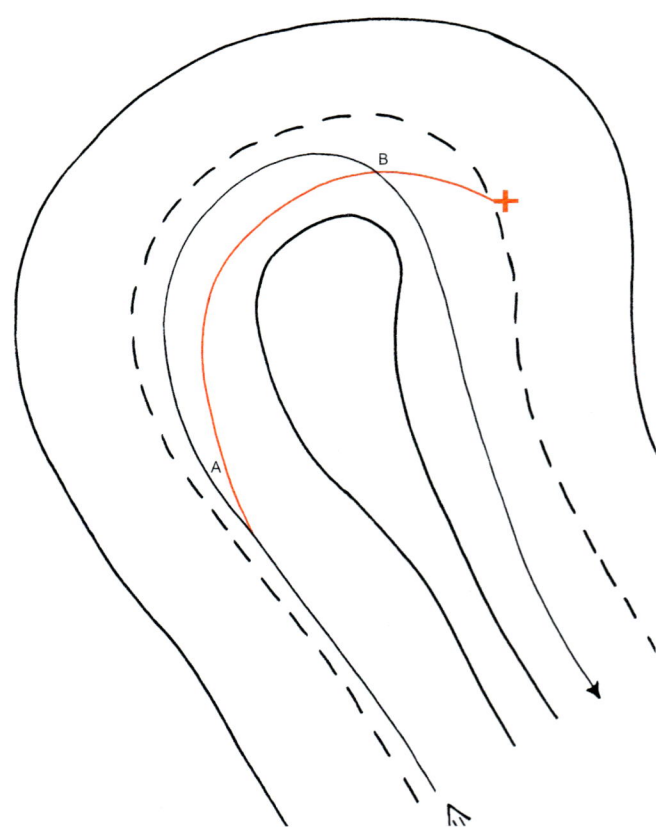

Kurvenlinie früh oder spät

Zeichnung: Thomson

Kurvenlinie früh oder spät

In der obigen Abbildung solltest Du bei „A" mit dem Bremsen fertig sein, dann folgt Rollen und Stützen mit Gas (**Stützgas**) und bei „B" kannst Du mit dem Beschleunigen beginnen.

Auch die Gangwahl hat einen Einfluss auf die saubere Fahrlinie. Im passenden Gang kannst Du allein durch Gaswegnehmen die Geschwindigkeit sehr feinfühlig regulieren. Wählst Du einen zu hohen Gang, verändert sich die Bremswirkung des Motors und das Stützen mit Gas wird durch mögliches Geruckel ebenfalls schwierig. Wählst Du einen zu niedrigen Gang, reagiert der Motor zu nervös und ein sauberes Stützgas wird ebenfalls kaum möglich sein.

Kurven kommen glücklicherweise meist nicht allein. Bei Kurvenfolgen ist zu berücksichtigen, dass die Linien der Kurven einander beeinflussen und die Gesamtlinie dann insgesamt anders ist, als wären die Kurven nur einzeln zu durchfahren. Das gilt jedenfalls für Rennstrecken oder gelegentlich auch für ein komplett überschaubares Straßenstück im öffentlichen Verkehrsraum. Unter allen anderen normalen Bedingungen im Straßenverkehr können wir das getrost vergessen, denn aufeinanderfolgende Kurven, die nicht einsehbar sind, musst Du aus Sicherheitsgründen separat für sich fahren.

Die folgende Abbildung will den theoretischen Unterschied zeigen zwischen einzeln zu fahrenden Kurven und einer Kurvenkombination. Praktisch allerdings musst Du auch bei einzelnen Kurven immer den weiteren Verlauf der Strecke mit berücksichtigen.

Foto: Thomson

Kurvenkombination verdeckt

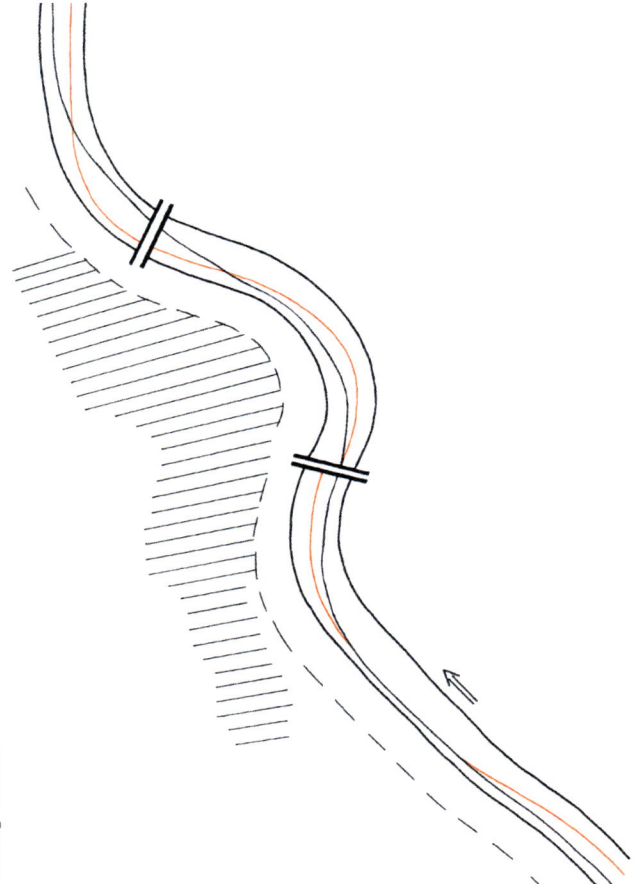

Zeichnung: Thomson

Kurvenkombination

Hier handelt es sich übrigens um den Streckenabschnitt „Wippermann" der Nürburgring-Nordschleife. Die rote Linie kennzeichnet die Fahrlinie für die einzeln zu durchfahrenden Kurven und die schwarze die Ideallinie für den gesamten Wippermann. Die gestrichelte Linie links der Fahrbahn symbolisiert eine gedachte Gegenspur bei einer vergleichbaren Kurvenkombination im öffentlichen Straßenverkehr. Weiterhin zeigt die Schraffierung links der Strecke eine Böschung, welche die frühzeitige Einsehbarkeit des Kurvenverlaufs erschwert. Unter diesen Bedingungen ließe sich die gezeigte Linie gar nicht mehr halten, denn es handelt sich um die Ideallinie auf einer Rennstrecke. Angesagt wäre nun die Sicherheitslinie, welche in Linkskurven die Annäherung an die Gegenspur vermeidet und insgesamt mehr Reserven lässt. Durch ein weiteres Ausholen und das Setzen später Ablösepunkte lässt sich der weitere Kurvenverlauf besser überblicken und am Kurvenausgang bleibt der Abstand zur Gegenfahrbahn gering. Diese Technik wird auch **Hinterschneiden** genannt.

Die Abbildungen oben und auf der Folgeseite oben links sollen das Hinterschneiden nochmals verdeutlichen. Beim ersten Bild kannst Du den Verlauf der Kurven nicht komplett überblicken. Beim zweiten Bild bist Du auf der richtigen Linie und der Blick öffnet sich. So kannst Du wie hier z. B. frühzeitig erkennen, dass rechts am Randstreifen ein Auto steht. Ob es dort dauerhaft parkt oder der Fahrer nach einer Wanderung oder nach einer kleinen ganz dringenden Pause unvermittelt wieder losfährt, bleibt Deiner Phantasie überlassen.

Kurvenkombination einsehbar durch Hinterschneiden

Kurvenkombination verdeckt

Anders herum ist es auch so: Fährst Du die Linkskurve undefiniert von der Mitte aus an, so kannst Du nicht alles überblicken. Fährst Du sie von außen an, so hast Du nicht nur die rundere Linie, sondern auch den vollen Einblick in die nächste Kurve, in der hier z. B. ein Auto in einer Feldwegeinmündung steht.

Allgemein gilt, dass es die absolut „ideale" Ideallinie oder Sicherheitslinie nicht gibt. Sie kann je nach Fahrsituation, Fahrstil, Fahrzeug und dessen Leistungsvermögen unterschiedlich sein und ist daher lediglich als wichtige Orientierungshilfe zu betrachten. Du solltest Dich jedoch immer wieder kritisch mit Deiner Fahrlinie auseinandersetzen und versuchen, sie unter den hier beschriebenen Aspekten zu verbessern.

Kurvenkombination einsehbar

Bitumenverfüllungen

Auch die Fahrbahnbeschaffenheit kann und sollte Einfluss auf Deine Linienwahl haben. Fahrbahnunebenheiten wie Bodenwellen und Schlaglöcher oder rutschige Bereiche wie Kanaldeckel, Richtungspfeile oder **Bitumenverfüllungen** sollten Dich dazu veranlassen, Deine ursprüngliche Linienwahl zu korrigieren.

Sei also niemals fixiert auf die optimale Linie auf Deiner Hausstrecke, denn auch dort kann es aktuelle Gründe geben, die Linie zu verlassen. Bist Du zu schnell und hast Deine Linie schon zum notwendigen Bestandteil Deines Tempos gemacht, so ist das riskant. So etwas kann zwar auf öffentlichen Straßen funktionieren, muss aber nicht. Behalte solche Dinge am besten dem Fahren auf einer **Rennstrecke** vor.

Manche Kurven und ganz allgemein viele Straßen weisen eine Fahrbahnneigung auf. Eine **Fahrbahnneigung** ist immer dann gegeben, wenn die Straße zu einer Seite abfallend ist. Zumindest bei Autobahnen wird dies im modernen Straßenbau gezielt eingesetzt (auch damit das Wasser besser abfließen kann) und man baut die Autobahnkurven so, dass sie etwas überhöht sind. Wenn Du eine solche Kurve fährst, kannst Du Dich gegen diese Überhöhung „abstützen", denn die Fahrbahnneigung arbeitet nun fahrphysikalisch für Dich. Die Überhöhung macht es sozusagen der **Fliehkraft** schwerer, Dich aus der Kurve zu ziehen.

Auf vielen Rennstrecken und besonders auf Teststrecken mit einem Hochgeschwindigkeitsoval gibt es solche stark überhöhten Steilkurven. Das „Karussell" auf der Nürburgring-Nordschleife ist ein Beispiel dafür.

Durch die Überhöhung sind im Karussell hohe Kurvengeschwindigkeiten möglich – aber nur in der Steilkurve. Manch unerfahrener Ring-Bezwinger verliert durch ein falsches **Blickverhalten** die Orientierung in der Schräge und wird 2-3 Platten zu früh herausgetragen. Oben in dem ebenen Bereich der Fahrbahn erfährt er dann eine praktische Lektion in Sachen Fliehkraft.

Die Fahrbahnneigung kann aber im Gegenteil auch ungünstig für Dich sein, wenn die Kurve abfallend ausgelegt

Foto: Thomson

Steilkurve im Streckenabschnitt „Karussell" Nürburgring-Nordschleife

ist (kommt oft bei Kreisverkehren vor). Die Fliehkraft zieht Dich nun stärker nach außen und da Du Dich nun entgegengesetzt der Steigung lehnst, ist die Schräglagenfreiheit Deines Motorrades geringer. Um solche Kurven im Alltag zu erkennen, brauchst Du schon ein feines Gespür und einige Erfahrung. Bei den im öffentlichen Straßenverkehr gefahrenen Geschwindigkeiten sollten Dir auch solche Kurven keine Probleme bereiten. Etwas deutlicher wird es, wenn Du auf einer alten buckligen Landstraße unterwegs bist, bei der die Fahrbahn von der Mitte ausgehend zu beiden Seiten abfällt. Bist Du nun zu schnell und musst Dich entgegen der Fliehkraft sowie entgegen der Steigung lehnen und Dein Motorrad holpert über die schlechte Fahrbahnoberfläche, so kann es durchaus spannend werden.

Begegnungen auf der Landstraße

Alles, was bisher in diesem Kapitel zum Thema Kurvenfahren behandelt wurde, bezieht sich auf Dein eigenes Fahrverhalten, Deine Kurventechnik und Deine **Kurvenlinie**. Leider sind wir aber nicht allein auf der Landstraße. Wenn ich damals als junger Mann mit meiner RD 350 so gegen 8.00 Uhr in den Harz gefahren bin, war ich wirklich allein. Heute wäre bestenfalls spärlicher Verkehr.

Im öffentlichen Straßenverkehr, wenn wir uns mit anderen Verkehrsteilnehmern die Straße teilen müssen, wird unser Handeln stets auch durch das Verhalten und das Handeln anderer bestimmt. Das bezieht sich auf viele Aspekte des Kurvenfahrens und der Linienwahl. Wenn Du die Rechtskurve zu weit von der Mitte anfährst oder zu weit hinausgetragen wirst, bekommt dieser Fahrfehler bei Gegenverkehr eine andere Dimension.

Für unliebsame Überraschungen braucht es jedoch keine Kurve und Begegnungen mit anderen Verkehrsteilneh-

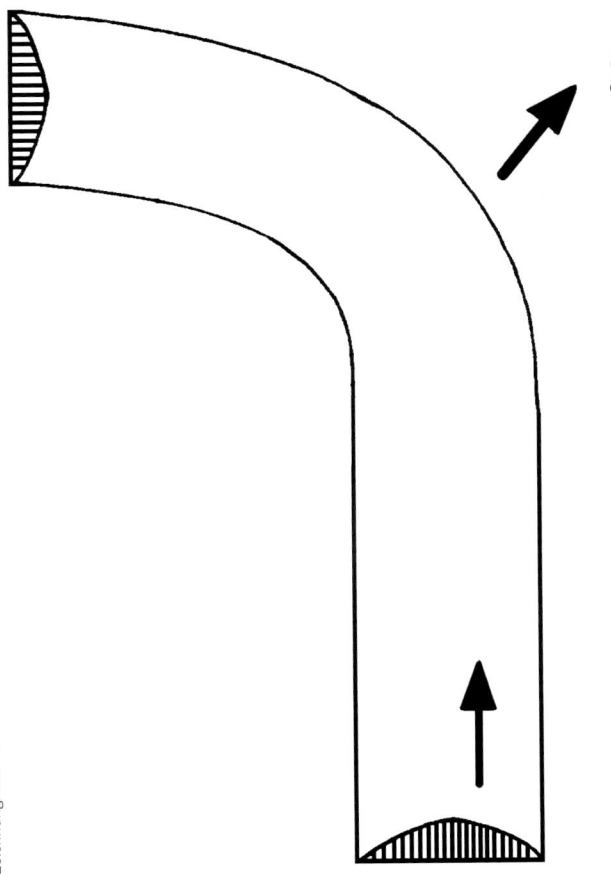

Zeichnung: Thomson

Gewölbte Fahrbahn

Partner auf der Landstraße

mern sind mannigfaltig. Wie auch in der Stadt sind zunächst alle Bereiche besonders kritisch, in denen der Verkehr sich schneiden kann, also insbesondere an Kreuzungen und Einmündungen aller Art.

Die Situationen, die dort auftreten können, sind denen in der Stadt sehr ähnlich, können allerdings durch die höheren Geschwindigkeiten deutlich kritischer sein. Nicht umsonst passieren die meisten tödlichen Verkehrsunfälle auf der Landstraße.

Sei daher an Kreuzungen und Einmündungen stets besonders aufmerksam – auch wenn Du selbst der Wartepflichtige bist.

Für den Autofahrer, der an einer Kreuzung oder Einmündung die Vorfahrt zu beachten hat, sind wir in vielen Fällen schlecht zu erkennen. Im besten Falle sind wir ein kleiner Lichtpunkt, der schnell näher kommt. Wie schnell er wirklich da sein kann, ahnen viele Autofahrer nicht einmal und auch die Erfahrenen unter ihnen können das nur selten zu-

Vorsicht an Einmündungen

verlässig einschätzen. Dummerweise haben wir es nicht immer mit erfahrenen Autofahrern zu tun, sondern oftmals mit solchen, die nur zweimal die Woche zum Einkaufen fahren und mit Geschwindigkeiten überhaupt nichts am Hut haben. Besonders schwer bist Du zu erkennen, wenn

- die Lichtverhältnisse ungünstig sind (Dämmerung, Regen, Dunst, Nebel, im Tunnel)
- Dein Motorrad, Deine Bekleidung und Dein Helm dunkle Farben aufweisen
- Dein Licht eher funzelig ist (oft bei älteren Modellen)
- Du die tiefstehende Sonne im Rücken hast, so dass der Dir entgegenkommende Verkehr geblendet wird (Alarmzeichen für Dich: Du wirfst einen langen Schatten voraus)
- Du Dich in ausgeprägten Licht/Schattenbereichen befindest, z. B. auf einer Allee oder Waldstraße mit ständigem Wechsel von Schatten und durch die Bäume scheinendem Sonnenlicht
- Du Dich im Blickschatten eines anderen Fahrzeugs befindest.

Die Abbildungsreihe auf dieser Seite zeigt einen Autofahrer, der auf einer Landstraße ohne Geschwindigkeitsbegrenzung an einer T-Kreuzung die Vorfahrt achten muss. Von rechts nähert sich ein Motorrad, das gerade einen Lkw überholt hat. Kannst du es erkennen?

Solange Du aus der Blickperspektive des Autofahrers vor dem größeren Fahrzeug fährst, verschwindest Du im Blickschatten. **Blickschatten** bedeutet also, dass ein kleineres Objekt von einem größeren optisch verdeckt wird, ohne tatsächlich verdeckt zu werden.

Dieses Phänomen kann durch Licht- und Schattenwirkung sowie durch ungünstige Farbkonstellationen der Fahrzeuge noch begünstigt werden.

Wenn der Autofahrer das Motorrad zu spät bemerkt, wird es eng.

Unter einem anderen Aspekt sehr interessant ist die vorletzte Abbildung (150 m). Der Motorradfahrer ist so klein, dass er für den Autofahrer komplett hinter dem Leitpfosten im Vordergrund verschwinden könnte. In unserem Beispiel würde eine etwas tiefere Sitzposition hierfür völlig genügen.

Hast Du Dir schon einmal Gedanken gemacht, wie wenig erforderlich ist, um uns Motorradfahrer optisch zu verdecken. Klar ist, dass Autos und insbesondere Lkw einen toten Winkel haben. Der **tote Winkel** wird von uns jedoch zumeist dem Thema Rückspiegel zugeordnet. Aber auch zu den Seiten und sogar nach vorn hat der Autofahrer damit zu tun. Die A-Säule vorn, die B-Säule zwischen den Türen, die baumelnden Babyschuhe am Rückspiegel und vieles mehr. Halte einmal Deine Faust oder auch nur zwei Finger nebeneinander hoch und probiere aus, was alles dahinter Platz hat, wenn es nur ein Stückchen weit weg ist.

Blickfallen gibt es viele. Das bezieht sich auf Dich selbst und die Wahrnehmung des Verkehrsraums und natürlich umgekehrt auf die Wahrnehmung Deiner durch die anderen Verkehrsteilnehmer.

Entfernung 300 m

Entfernung 250 m

Entfernung 200 m

Entfernung 150 m

Entfernung 75 m

Fotos: Thomson

Blickfalle

Für Dich selbst können schlechte Sicht, unübersichtliche Kurven und Kuppen dazu führen, dass Du Dich auf der Landstraße verschätzt. Auch die Randbebauung hat großen Einfluss auf uns, weil sie uns optisch „führt". Besonders die Baumreihen an der Landstraße führen Deinen Blick und zeigen Dir schon von weitem, wo es lang gehen wird. Doch auch hier lauern Fallen. Ich kenne hier in meiner Gegend einige Landstraßen, die solche Fallen aufweisen. Da macht die Straße z. B. eine scharfe Rechtskurve, obwohl die bislang ununterbrochene Baumreihe munter geradeaus führt. Gera-

Licht und Schatten

deaus ist aber nur ein Feldweg. Manchmal folgt die Baumreihe auch der Straße, der einmündende Feldweg ist jedoch so breit, dass der Eindruck entsteht, es ginge weiter geradeaus.

Durch historische Wandlungen von Straßen wie Umbau und Stilllegungen und alten Baumbestand, oder auch einfach durch unglückliche Planung kann es zu solchen Überraschungen kommen.

Solche Blickfallen gibt es natürlich nicht nur in Kurven. Auch beim Geradeausfahren wird unser Blick durch die Straßenmerkmale und Randbebauung geführt. Baum- und Häuserreihen leiten unseren Blick und wir können dadurch leicht einmal eine Einmündung übersehen. Zusätzlich kann an Kreuzungen der Eindruck für uns entstehen, dass wir Vorfahrt haben (optischer Vorrang).

Ein ständiger Wechsel von Licht und Schatten führt dazu, dass Du leichter übersehen wirst. Sei daher auf solchen Wald- und Alleestraßen besonders aufmerksam. Du hast sicher auch schon bei Dir selbst bemerkt, dass eine ständige Abfolge von Hell und Dunkel Deine Augen anstrengt. So geht es auch dem Autofahrer und der muss nicht immer der Fitteste sein.

Auch bei der Durchfahrt durch Tunnel wirst Du schlechter gesehen, da das menschliche Auge sich nicht sofort auf die veränderten Lichtverhältnisse einstellen kann. Das gilt natürlich auch für Dich selbst: Du fährst erst einmal im Dunkeln, wenn Du in den Tunnel einfährst (vielleicht noch mit getöntem Visier?) und wirst geblendet, wenn Du wieder herausfährst.

Besondere Vorsicht ist bei landwirtschaftlichem Verkehr angesagt und das nicht nur zu den Erntezeiten. Trecker mit Anhänger, die behäbig die Landstraße kreuzen und überbreite Mähmaschinen, die Dir in der Kurve entgegenkommen sind keine Seltenheit. Bei mir in der Gegend gibt es einige Geschwindigkeitsbegrenzungen auf 70 km/h ohne eine Erklärung, ein Warnschild oder ähnliches. Immer dann, wenn wir den Sinn einer Reglementierung nicht einsehen können, sinkt unsere Bereitschaft, uns daran zu halten. An diesen Stellen gibt es oftmals absolut unübersichtliche Feldwegausfahrten für die Bauern.
Ein Zusammenprall mit einem landwirtschaftlichen Fahrzeug verläuft in der Regel schlimmer als mit einem Pkw, da schon durch die Größe des Fahrzeugs ein „Überflug" kaum möglich ist und keine glatten Blechflächen, sondern oftmals zerklüftete und scharfkantige Fahrzeugteile getroffen werden. Kürzlich hörte ich von einem tragischen tödlichen Unfall, bei dem der Motorradfahrer überhaupt nichts falsch gemacht hat. Ein Trecker biegt mit angekuppeltem Sensenwerk (oder Mähwerk) von einem Feldweg auf die Straße. Durch eine defekte Arretierung schwenkt das Sensenwerk bedingt durch die Fliehkraft nach außen und ragt in die Fahrlinie des entgegenkommenden Motorradfahrers. Manchmal passieren eben auch Dinge, die wir gar nicht beeinflussen können. Wir können nicht jede Eventualität ausschließen, sonst müss-

Landwirtschaftlicher Verkehr

Foto: Thomson

ten wir gleich zuhause bleiben. Bei den meisten Situationen ist jedoch eine Vermeidungsstrategie zumindest möglich – wenn wir uns damit auseinandersetzen.

Auf dem Land kannst Du auch schon mal einem Viehtrieb begegnen – wenn Du ihn gerade verpasst hast, wird es Dir der Zustand der Straße verraten. Eine Herde Kühe, die direkt hinter einer Landstraßenkurve über die Straße getrieben wird, ist durchaus eine tierische Überraschung. Vielleicht stand dort sogar ein Warnschild, das Du jedoch nicht weiter beachtet hast.
Ich bin einmal während einer Alpentour mit einer Gruppe von Motorradfahrern mitten in einen Viehtrieb geraten, der eine längere Strecke entlang der Straße geführt wurde. Wir fuhren schier endlos im Schritttempo inmitten der Herde. Wenn Du wenig Raum hast zwischen Dich mit großen Augen anglotzenden Rindern, die Dein Moped leicht umschubsen könnten, so gewinnt das saubere Stabilisieren eines Motorrades eine große praktische Bedeutung.

Überholen

Überholen auf der Landstraße ist für uns Motorradfahrer alltäglich. Mit einem leistungsstarken Motorrad ist überholen auch einfach. Ich habe einmal einen Werbefilm eines Motorradherstellers gesehen, in dem gesagt wurde „Verkehr – Welcher Verkehr?", während der Motorradfahrer locker an einer ganzen Autoschlange vorbeizog.

Bei aller vermeintlichen Leichtigkeit dürfen wir jedoch nicht vergessen, dass jeder Überholvorgang mit einem potenziellen Risiko behaftet ist. Du befindest Dich währenddessen auf der Gegenspur und darüber hinaus kannst Du nicht ausschließen, dass der von Dir Überholte nicht etwas Unerwartetes macht.

Folgende Überraschungen kannst Du beim Überholen erleben:

Der Autofahrer biegt abrupt nach links in eine Straße oder einen Feldweg ab. Er hat dort etwas zu erledigen, will mit seinem Hund spazieren gehen, muss mal dringend austreten oder eine Dame in den am Wegesrand parkenden Wohnmobilen begrüßen. Für ihn ist seine Absicht klar und einleuchtend – warum nicht für alle anderen? Ob er zuvor geblinkt hat oder nicht ist oftmals hinterher egal, denn Du kannst es nicht mehr ausdiskutieren. Bei uns im Ort hatte sich ein solcher Unfall ereignet. Nach dem Ortsausgang fährt ein Autofahrer langsam, während eine Gruppe befreundeter Motorradfahrer dahinter ist. Der erste überholt, die anderen ver-

Foto: HELD

Überholen auf der Landstraße

Foto: Thomson

Überholen auf der Landstraße

Überholen auf der Landstraße

kneifen es sich. In diesem Augenblick biegt der Autofahrer nach links in einen Wirtschaftsweg ein und drängt dadurch den Motorradfahrer gegen einen Baum – tot. Der Autofahrer behauptet später, er habe geblinkt, die Kumpels des Verstorbenen sagen das Gegenteil.

Immer dann, wenn ein Autofahrer langsamer wird oder sogar bremst, solltest Du Dich fragen, was ihn dazu zu bewegt. Sei ein Detektiv.

Vor dem eigentlichen Überholvorgang bleibe am besten kurz in der Mitte der Fahrspur, damit der Autofahrer die Gelegenheit hat, Dich im Innenspiegel zu sehen. Halte Dich dann nicht unnötig im toten Winkel des Autos auf, sondern achte darauf, dass Du das Gesicht des Fahrers in seinem Außenspiegel sehen kannst. Das heißt zwar noch lange nicht, dass er Dich auch wahrgenommen hat, aber er könnte es. Wenn der Autofahrer selbst gerade in einer Kurve ist oder eine Kurve schneidet, verändert sich zusätzlich seine Perspektive im Außenspiegel. Manche Autofahrer holen vor Rechtskurven kräftig nach links aus; für Lkw- und Busfahrer ist das oft unerlässlich. Weiterhin ist durch das Fahrmanöver seine Aufmerksamkeitskapazität möglicherweise ausgelastet. Oftmals kommt hinzu, dass die Spiegel falsch eingestellt oder verschmutzt sind. Bei Lkw und Traktoren können sie weiterhin so vibrieren, dass Du als kleines Pünktchen kaum bemerkt wirst.

Beim Überholen achte dann bitte darauf, ob das linke Vorderrad geradeaus bleibt oder sich in Deine Richtung bewegt. Den eigentlichen Überholvorgang machst Du am besten kurz und schmerzlos, denn je kürzer die Zeit, die Du Dich neben dem Fahrzeug befindest, desto besser.

Beim Überholen mehrerer Fahrzeuge kann es passieren, dass einem Fahrer urplötzlich einfällt, dass er seinerseits überholen möchte. Von der Spontaneität seines Entschlus-

ses selbst überrascht, zieht er einfach raus und vergisst zu blinken oder blinkt erst nach dem Ausscheren. Gerade bei längeren Schlangen hinter einem langsamen Fahrzeug brennt Einzelnen schon mal die Sicherung durch. Da Du mit Deinem Motorrad wahrscheinlich nicht schon lange hinter der Schlange herzuckelst, sondern gerade selbst dort angekommen bist, kannst Du nicht wissen, wie lange Deine Verkehrspartner schon ungeduldig hinten dran hängen. Auch hier gilt es also, deutlich zu fahren, beim Überholvorgang möglichst weit links, die Vordermänner und deren Vorderräder genau zu beobachten, den Daumen an der Hupe haben und bremsbereit sein. Im Zweifel verzichtest Du besser zunächst auf das Überholen.

Falls Du (was sicherlich eher selten vorkommt) zusammen mit anderen Autos überholst, so mache das bitte nur, wenn Du die Verkehrslage ausreichend überblicken kannst. Als Motorradfahrer können wir üblicherweise über die Autos hinweg sehen, was uns eine bessere Übersicht verschafft. Bei einem Van oder Transporter ist es jedoch anders. Du hängst Dich hinten dran, ohne zu wissen, was vorn passiert und was Deinen Vordermann zu einem Fahrmanöver veranlassen könnte. Vielleicht bricht er den Überholvorgang plötzlich ab, während Du noch auf „Gas" eingestellt bist. Vielleicht zieht er nach dem Überholen ruckartig nach rechts und es stellt sich heraus, dass es für ihn schon knapp war, für Dich nun aber noch knapper. Gut, dass Dein Motorrad so schmal ist.

Gerade beim Überholen solltest Du jedoch daran denken, dass Du den Vorteil des schmalen Motorrades nicht gezielt einsetzt. Besonders sonntags auf den beliebten Motorradstrecken kann man teilweise haarsträubende Überholmanöver erleben, auf die der automobile Gegenverkehr verängstigt bis fassungslos reagiert. Wir sollten uns hüten, den Autofahrern bei jeder Gelegenheit zu demonstrieren, wie schön

Foto: Thomson

schmal doch so ein Motorrad ist. So lange wir die Situation bestimmen, kommt uns alles easy vor, wenn der Autofahrer uns jedoch in eine enge Situation bringt, fühlen wir uns plötzlich bedroht. So ungewöhnlich es vielleicht klingt: Manchmal verkneife ich mir ein durchaus machbares Überholmanöver nur, weil ich keinen schlechten Eindruck machen möchte. Alles was Du den Autofahrern über uns Motorradfahrer beibringst – im Guten wie im Schlechten – bekommst Du oder ein anderer von uns irgendwie zurück. Wenn ich einen Moment länger mit dem Überholen warte, schadet es mir nicht.

Bedenke beim Überholen bitte auch, dass auf der Gegenspur plötzlich etwas auftauchen könnte: Ein Fahrzeug, das vor der Lkw-Schlange schnell nach links abbiegt oder eines, das gerade in dem Moment vom Fahrbahnrand oder aus einer Einmündung losfährt und der Fahrer dabei natürlich vorrangig nach hinten schaut. Vielleicht machen Dir die entgegenkommenden Autofahrer einen Schlenker in Deine Spur, da sie ihrerseits einen Radfahrer oder Rollerfahrer überholen oder weil sie ein Hindernis umfahren.

Überholen ist also leicht, kann aber auch leicht schief gehen. Verzichte lieber einmal zu viel darauf als zu wenig – das kann gesünder sein.
Manchmal ist eine Begegnungssituation auf der Landstraße so kritisch, dass es sich lohnen kann, die Straße zu verlassen und somit eine „Flucht ins Gelände" anzutreten. Bevor Du mit einem entgegenkommenden Auto zusammenprallst, ist es meist gesünder, in den Graben oder auf einen angrenzenden Acker zu fahren.
Solche Situationen sind jedoch ebenso vielschichtig wie die Fluchtmöglichkeiten und die Chancen des Gelingens. Vielleicht machst Du es richtig, vielleicht machst Du genau das Falsche.
Idealerweise kannst Du die Fahrbahn in Richtung einer Feldwegeinmündung, einer Wiese, Feld oder Acker (wenn es geht ohne Graben dazwischen) verlassen. Dabei richtest Du Dich auf dem Motorrad auf und stehst somit auf den Rasten. Die Beine drückst Du nicht starr durch, sondern lasse sie leicht angewinkelt unter Muskelspannung. Auch hier ist (mal wieder) der **Knieschluss** wichtig. Den Lenker darfst Du ruhig etwas fester packen, um die zu erwartenden Unebenheiten zu bestehen.
Einer meiner Motorradtrainer-Kollegen hat mir einmal erzählt, dass ihm auf einer kurvenreichen Strecke ein tiefergelegtes Auto aus der Tuning-Fraktion frontal entgegenkam. Durch das schon vorab wahrgenommene laute „utz-utz" war er etwas vorgewarnt und es gelang ihm, über den Straßengraben auf den angrenzenden Acker zu springen. Das Motorrad blieb in dem nassen, aufgeweichten Acker korrekt gerade stecken und er blieb völlig unverletzt, während sich das „utz-utz" in der Ferne verlor. Die Schäden am Motorrad entstanden erst bei den Bemühungen, es wieder aus dem Morast herauszuziehen.
Ein Idealfall zwar, aber es lohnt sich, über solche Alternativen nachzudenken. Suche bei Deiner nächsten Landstraßenfahrt doch einmal gezielt nach Kurvenbereichen, in denen eine solche Flucht prinzipiell möglich wäre.

Was würdest Du jetzt tun? Welche Handlungsabläufe wären für ein Notmanöver erforderlich? Welche Stelle für die Flucht in das Gelände würdest Du wählen? Oder wäre es doch besser, auf der Straße zu bleiben?
Auch wenn in einer realen Situation die Zeit knapp und die Chancen gering sind, so kannst Du sie durch **Mentales Training** doch erheblich verbessern.

Blickverhalten

„Du kannst hinfahren, wohin Du nicht schaust, aber mach' erst das Gas zu." [48]
Die richtige Linie triffst Du nicht von allein. Du musst sie anblicken, damit sie sich Dir erschließen kann.
Neben dem „Körpersinn", mit dem Du die Bewegungen des Motorrades und die Straße erfühlst, übernehmen Deine Augen einen wesentlichen Teil der Wahrnehmung beim Fahren. Richtiges Hinsehen beim Motorradfahren kommt jedoch nicht von allein, aber Du kannst es lernen.
Es ist wichtig, weit vorauszublicken und nicht nur von einer Kurve zur nächsten zu fahren, sondern die folgenden Kurven schon in Deinen Bewegungsablauf einzubeziehen. Dies ergibt weite, fließende Bewegungen, die für uns Motorradfahrer auch im Alltagsverkehr wichtig sind.

Das **Blickverhalten** ist generell von großer Bedeutung für sicheres und auch gelassenes Fahren. Wenn Du stets vor das Vorderrad schaust, wirst Du eine lockere und fließende Fahrweise kaum erreichen. Der Fahrer blickt dorthin, wo er hinfahren will und das Motorrad folgt. Sehr anschaulich hierzu John Berger: „....es sind deine Augen, mit denen du zuerst zielst. Wenn du hier ausweichen und dort hinkommen willst, musst du dorthin blicken, deine Augen dorthin richten und du und das Motorrad werden folgen. Im Grunde lenkst du weder mit deinen Armen noch mit deinem Körper, sondern indem du deine Augen auf etwas heftest. (Wenn du anfängst, auf etwas zu starren, dem du ausweichen möchtest, wirst du es treffen.) Du fährst, wohin du siehst. Dein „fester Blick" leitet dich, aber es ist auch, als zerre das, was du anvisierst, an dir. Als ziehe es dich an." [49]

Für den Alltagsverkehr bedeutet richtiges Blickverhalten somit auch, dass Du z. B. bei schwierigen Ausweichmanövern nicht wie gebannt auf das Hindernis starrst, sondern die Linie anvisierst, auf der Du es umfahren willst. So schwer es auch fällt – du musst den Blick von der Gefahr lösen, die lähmende Starre abschütteln und im positiven Sinne vorausschauen (wie im richtigen Leben). [50] Nur so kannst Du Deinen Weg heraus aus der Situation finden.
Schau also immer dorthin, wohin Du fahren willst!

Frage Dich bei jeder Fahrt: Schaue ich weit genug voraus? Wohin will ich, wohin blicke ich? Arbeite an Deinem Blickverhalten, es wird Dich weiterbringen.
In der Schräglage solltest Du den Kopf so halten, dass die Augen nicht schräg, sondern parallel zur Straße blicken, da-

Blickverhalten

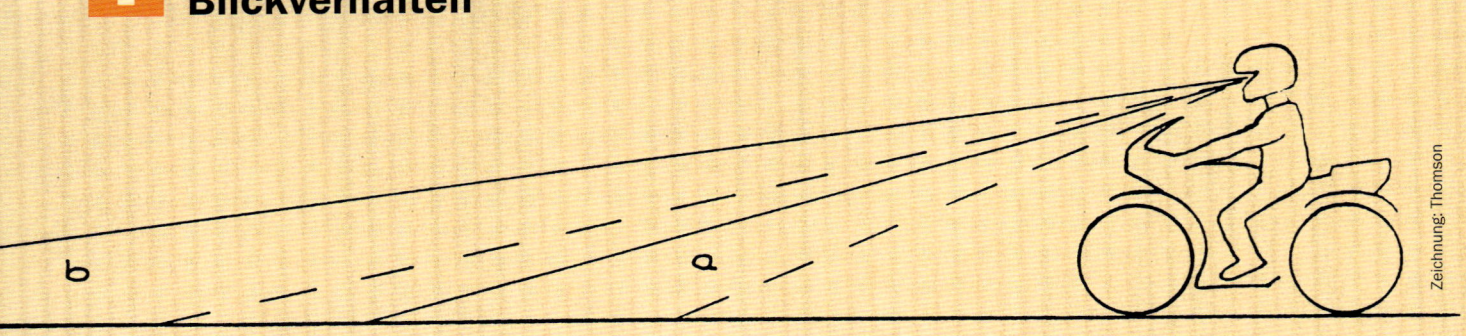

Zeichnung: Thomson

Vertikale Blickfeldeinschränkung durch falsche Kopfhaltung

Thalamus an Großhirn: „Gefährliche Kurve voraus!" Großhirn an Thalamus: „Und was jetzt?"
Wo sollen wir denn eigentlich hinschauen und warum ist das wichtig?
Der erste Schritt ist, dass wir uns das Hinsehen überhaupt bewusst machen. Wo sehen wir hin, zu welchem Zeitpunkt und wie lange? Auch hier treffen wir – vordergründig gesehen banale – Entscheidungen, die jedoch näher betrachtet werden sollten.
Richtiges Blickverhalten ist nicht eine Angelegenheit für Perfektionisten und Rennstrecken-Cracks; es ist wichtig für flüssiges und sicheres Fahren im Alltagsverkehr und somit für uns alle.

Neben unserem „Körpersinn", mit dem wir die Bewegungen des Motorrades und die Straße erfühlen, übernehmen unsere Augen den wesentlichen Teil der Wahrnehmung beim Fahren. Wie funktioniert überhaupt Sehen und wie kommt das Bild in unsere Vorstellung? Schließlich haben wir keinen Monitor im Kopf. Sehen ist ein sehr komplizierter Vorgang, der auch heute noch nicht lückenlos erklärt werden kann.
Wie bei einem Fotoapparat wird unsere Umwelt auf der lichtempfindlichen Netzhaut der Augen abgebildet. In ihr be-

findet sich eine Vielzahl von Lichtsinneszellen, die je nach Lichteinfall bestimmte Erregungsstoffe ausschütten. Diese werden als Impulse in die Sehzentren des Gehirns geleitet. Die erste Schaltstation dabei ist ein Nervenknoten im Zwischenhirn, der Thalamus. Dort werden die quasi über kreuz eintreffenden Impulse erst einmal entwirrt und grob selektiert. Dabei werden reflektorische Befehle an die Augenmuskeln gegeben, so dass wir uns automatisch neuen und auffälligen Sehreizen zuwenden. Der Thalamus sendet weiterhin wichtige Impulse an das Großhirn (z. B. „wenig Neues, interessant, gefährlich"), wodurch den Umweltreizen bereits ohne unsere eigene bewusste Reaktion mehr oder weniger Aufmerksamkeit geschenkt werden.
Auf einer Sehbahn sendet der Thalamus die Informationen an die Sehrinde des Großhirns, in der die Informationen ausgewertet und mit bereits gespeicherten Vorstellungsbildern und Erlebnissen gekoppelt und verglichen werden. Diese Auswertung ist von den bisherigen Erfahrungen des Individuums abhängig und daher sehr unterschiedlich.
Sehen geschieht also zu einem Teil reflektorisch, also quasi automatisch und die Auswertung der eintreffenden Bildinformationen ist auch von unseren individuellen Vorerfahrungen abhängig.

Foto: Thomson

Blick voraus

Neben der biologischen Funktion der Augen als Rezeptoren ist es von großer Bedeutung, wie wir sie beim Fahren einsetzen. Richtiges Hinsehen will gelernt sein.

Das Blickverhalten ist generell von großer Bedeutung für sicheres Fahren und es kann trainiert werden. [51]

Viele Fahrer sehen generell nicht weit genug nach vorn und schränken dadurch ihren vertikalen Blickwinkel unnötig ein. Das Blickfeld wird dadurch so kurz, dass wichtige Streckeninformationen nicht erkannt werden (vgl. Abbildung links). Der Motorradfahrer sollte daher stets auf eine „erhobene" Kopfhaltung achten und den Blick voraus richten.

Gerade in Gefahrensituationen ist die Versuchung besonders groß, wieder nur vor das Vorderrad zu schauen, was die Situation noch verschärft. Dieses Blickverhalten hat noch seinen Ursprung in unserer evolutionären Entwicklung als Jäger und Sammler. Befand sich der Frühmensch in einer Gefahr, so handelte es sich meist um ein Raubtier oder einen Zeitgenossen aus einem feindlichen Stamm. Dafür war es durchaus angemessen, den Blick dicht vor sich zu richten. Durch die von den heutigen Vehikeln erreichten Geschwindigkeiten sind wir aber in kürzester Zeit über die soeben zu dicht fixierte Stelle hinaus. Ich erinnere hier wieder an die häufiger in diesem Buch genannte Formel $\frac{v}{10} \times 3$,

mit der man ausrechnen kann, welchen Raum wir innerhalb einer Sekunde überbrücken. Wenn wir also mit 20 km/h rennen, was für uns Menschen als „langsame Lauftiere" schon eine sehr beachtliche Geschwindigkeit wäre, so legen wir in einer Sekunde etwa 6 m zurück, fahren wir aber 100 km/h, so sind es bereits etwa 30 m. Schnell sind wir also in einem Bereich, den wir zuvor gar nicht richtig überblickt hatten. Es ist deshalb wichtig, sich das richtige Blickverhalten immer wieder zu vergegenwärtigen, damit es auch in Stresssituationen zur Verfügung steht.

Die Umsetzung des Bewegungsablaufes für die Fahrlinie gelingt am besten, wenn der Bewegungsentwurf möglichst „unthematisch" bleibt, also spontan und ohne ständiges Nachdenken. Für den noch unerfahrenen Fahrer ist dieses ständige Vergegenwärtigen noch erforderlich. Später jedoch wird der Bewegungsablauf selbstverständlicher und bedarf weniger der bewussten Zuwendung. [52]

Hierzu gibt es ein einprägsames „Bierdeckel-Beispiel" von Prof. Spiegel:
Man legt auf einem ruhigen Park- oder Übungsplatz einen Bierdeckel auf die Fahrbahn und versucht, ihn möglichst exakt zu überfahren. Dies gelingt zumeist nicht, solange der

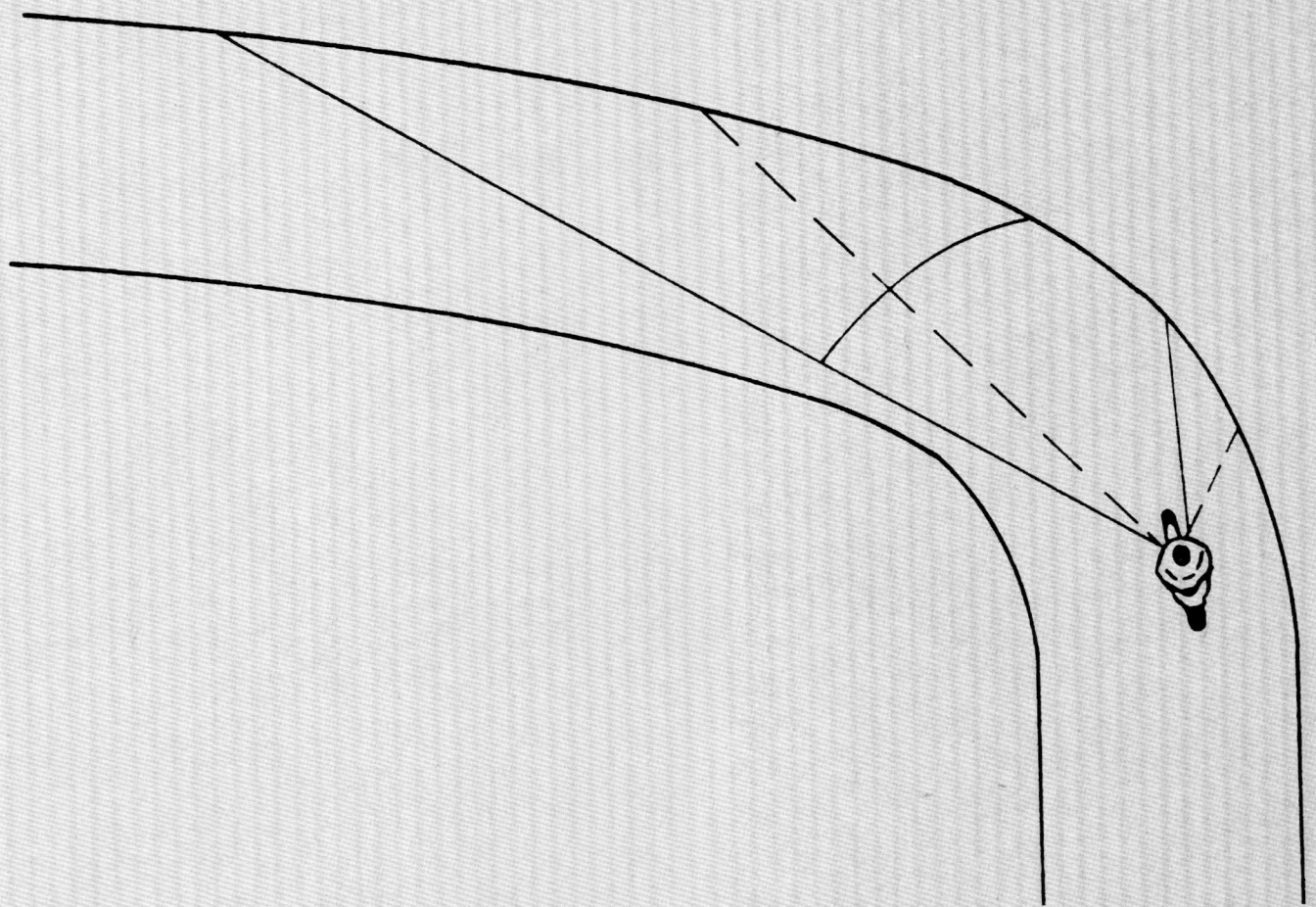

Vertikale und horizontale Blickfeldeinschränkung

Blickverhalten (Fortsetzung)

Die Abbildung unten zeigt, wie sich der Blickwinkel abhängig von der Kopfhaltung verändert:

a1 gestrichelter Winkel: Fahrer schaut zu kurz und nicht weit genug in die Kurve hinein.
a2 gestrichelter Winkel: Fahrer schaut weit, aber nicht weit genug in die Kurve hinein.
b1 durchgezogener Winkel: Fahrer schaut zu kurz, aber weit genug in die Kurve hinein.
b2 durchgezogener Winkel: Fahrer schaut weit und weit genug in die Kurve hinein.

Fahrer unverwandt den Bierdeckel anvisiert. Das ständige Anblicken bringt den Vorgang auf ein zu hohes thematisches Niveau, führt zu einer zu hohen „Ich-Beteiligung". Der mit dem Blick fixierte Bierdeckel ist nun das beherrschende Thema und die Folge ist eine Anzahl fortgesetzter Korrekturen, die schließlich am Ziel vorbeiführen. Der Fahrer sollte den Bierdeckel zwar zunächst anvisieren, dann aber über ihn hinausblicken, so dass er nur noch unscharf im unteren Randbereich des Gesichtsfeldes erscheint. [53]

Der erfahrene Fahrer hat gelernt (oder sollte gelernt haben), tief in die Kurve hinein und weit vorauszublicken, den Blick aber auch wieder zu lösen. Er konzentriert sich nun nicht mehr auf viele kurze und voneinander getrennte Teilabschnitte, sondern begreift und „erblickt" größere Streckenabschnitte in ihrer Gesamtheit. Schauen wir zu kurz, so „digitalisieren" wir die Kurve in kleine Bereiche und fahren diesen einzelnen Bereichen hinterher. Nur durch den Blick voraus können wir eine flüssige und harmonische Linie finden.

Nur b2 ergibt den optimalen Blickwinkel. Der Winkel a1 ist eine gefährliche Multiplikation der beiden Blickfeldeinschränkungen.

Der Blickwinkel ist natürlich auch davon abhängig, auf welcher Linie eine **Kurvenlinie** gefahren wird. Wenn wir zu früh in eine übersichtliche Kurve einschwenken, bleibt der Blickwinkel wie er ist, aber wir können nicht die sicherheitsrelevanten Bereiche überblicken.

Untersuchungen von Prof. Ungerer belegen einen tendenziellen Rechtsdrall beim Blickverhalten von Fahranfängern. Diese verunglücken besonders häufig in langgezogenen Linkskurven. Die Fahrer befinden sich mit ihrem Blick noch in einem Bereich des Kurvenradius, den sie faktisch bereits verlassen haben und können dadurch die Lenkung nicht angemessen nachkorrigieren. Dies führt zum Verlassen der Fahrbahn nach rechts in Leitplanke oder Straßengraben. Bei Rechtskurven ist dieser Rechtsdrall eher unkritisch, da sie bei diesem Kurvenverlauf unwillkürlich ausreichend weit in die Kurve hineinschauen. [54]

Diese „Blick-Tipps" sind generell für sichere und flüssige Fahrweise anwendbar – ob mit Motorrad oder Auto: Weit in die Kurve hineinschauen, die Orientierungspunkte so lange wie nötig anblicken, dann jedoch den Blick wieder lösen und weiterwandern lassen. Den Blick dann kurz wieder zurücknehmen, um aus der Nähe z. B. kritische Fahrbahnzustände zu erkennen und dann wieder nach vorn orientieren (Blick pendeln lassen).

Bei einem evtl. vorausfahrenden Fahrer sollten wir nicht mit dem Blick an dessen Hinterrad „kleben".

Üben wir also eine weiträumige Wahrnehmung mit gezielt veränderten Fixationspunkten. Zusätzlich können wir lernen, nicht unsere Augen, sondern unsere Aufmerksamkeit zwischen verschiedenen Objekten innerhalb des Blickfelds pendeln zu lassen.

Ein solch weit gefächerter Blick wäre sehr hilfreich, weil sich unser Blickfeld bei zunehmender Geschwindigkeit ohnehin immer mehr verengt. Je schneller Du fährst, desto weiter schaust Du voraus und legst Deinen Fixationspunkt immer weiter nach vorn. Deine Augen verhalten sich dabei ähnlich wie eine optische Kamera mit Zoom-Objektiv. Wenn Du schnell fährst, stellst Du auf „Tele" und der restliche Bereich wird regelrecht „weggezoomt". Dieses Phänomen nennt man Röhreneffekt. Der **Röhreneffekt** tritt unabhängig von der Art des Fahrzeugs und von der Streckenführung auf.

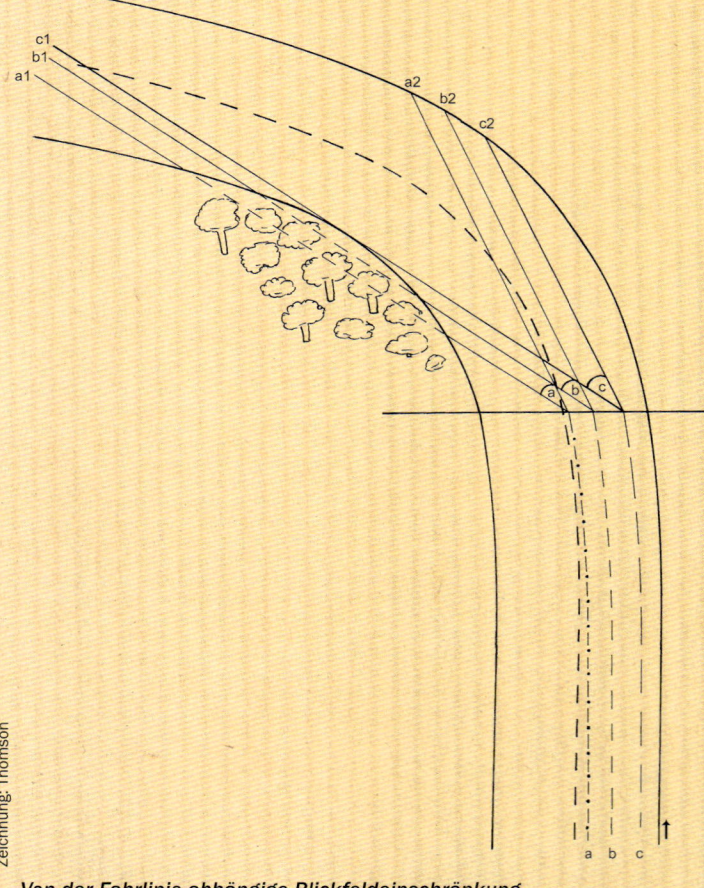

Zeichnung: Thomson

Von der Fahrlinie abhängige Blickfeldeinschränkung

mit diese in der Waagerechten bleiben und Kurven gut ein-sehbar sind. Nur so nimmst Du die Umgebung realistisch wahr und schaffst eine wichtige Grundvoraussetzung für die richtige **Kurvenlinie**.

Einmal ganz abgesehen vom reinen Kurvenfahren kennst Du das aus dem Alltag: Es ist irgendwo eine enge Stelle zum

Gut, aber etwas zu kurz geblickt ...

Einbiegen oder Du musst auf schmaler Straße wenden – auch das noch! Wenn es Dir zu eng vorkommt, macht Dich das unsicher, Du verkrampfst und das macht es noch schwe-rer. Immer dann, wenn wir unsicher sind, wenn wir eine Fahr-situation als kritisch erleben, ändert sich unser Blickverhalten. Du schaust zu kurz, blickst nur vor Dein Vorderrad und jetzt wird es gar nichts mehr.

Zwinge Dich dazu, weit genug vorauszublicken. Das muss ich gelegentlich auch noch tun. Wenn ich z. B. mein Moped direkt vor die Haustür fahren will, um es dort zu beladen, so muss ich in einen schmalen Weg vor dem Haus einbiegen. Dafür muss ich scharf rechts herum an einer Hecke und ei-nem Zaun vorbei. Da der Weg davor auch schon so schmal ist, bleibt kein Raum zum Ausholen. Das ist wirklich eng und ich bin dann mit meinem Moped am Lenkeinschlag. Die Sa-che gelingt nur dann, wenn ich ganz bewusst an der Zaun-ecke vorbei auf den Weg voraus blicke.

Dir werden auch ähnliche Situationen einfallen. Du kannst natürlich anhalten, mehrfach vor- und zurücksetzen, anhal-ten und schieben oder Du kannst die Herausforderung an-nehmen und Dein Blickverhalten und Deine Geschicklich-keit im Umgang mit dem Motorrad schulen. Dies hilft Dir dann nicht nur in dieser einen konkreten Situation, sondern möglicherweise auch in ganz anderen, da Du Deine fahreri-sche Kompetenz verbessert hast.

... lieber weit genug vorausschauen

ÜBUNG:

Blickschulung im Alltag

Foto: Thomson

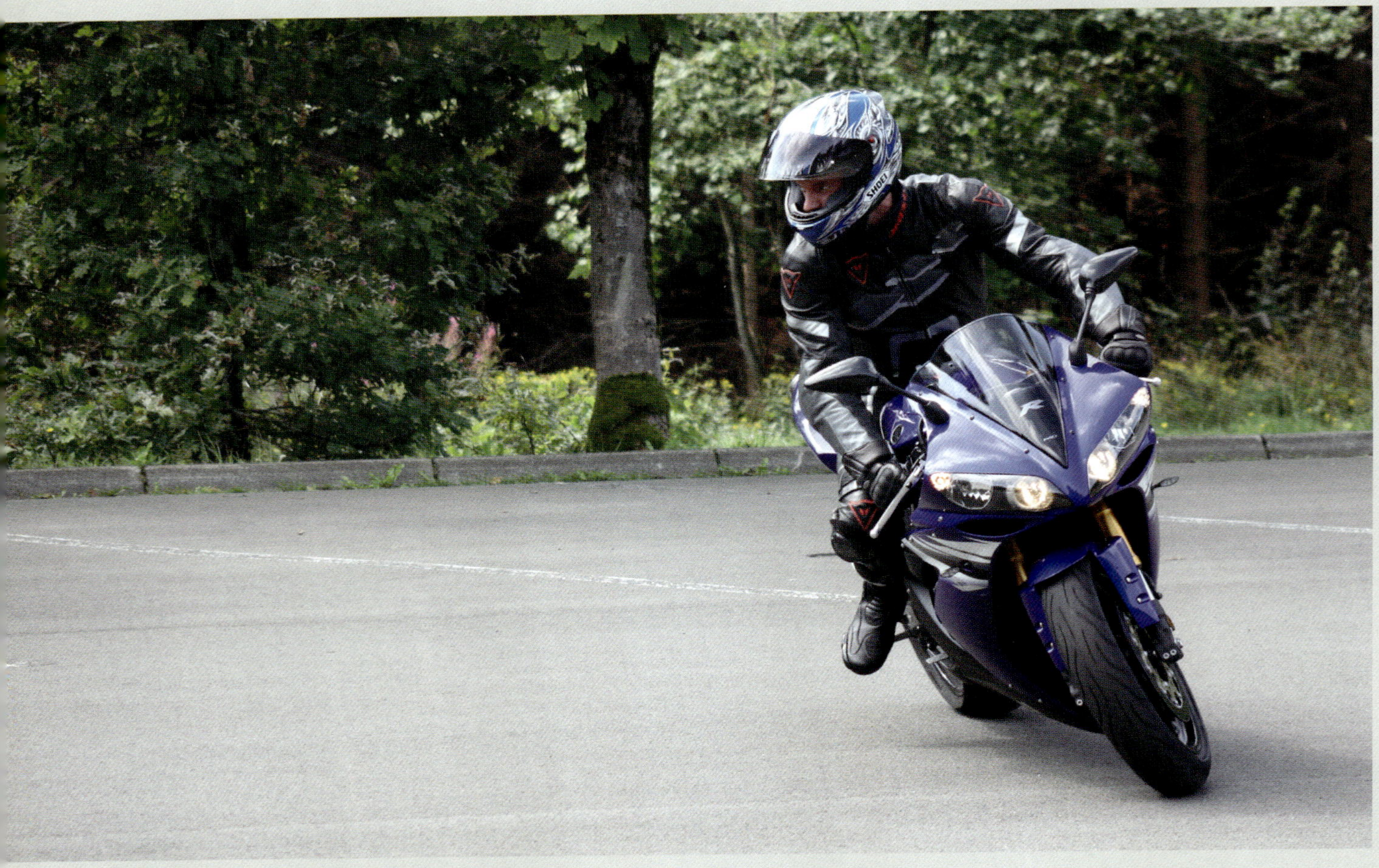

Blickverhalten beim Wenden auf engem Raum

Übung: Wendemanöver

Auch beim **Wenden** ist das **Blickverhalten** entscheidend. Hierfür ist kein bestimmter Übungsaufbau erforderlich. Nimm einfach die Stellen im verkehrsarmen Raum, bei denen Dein sogenannter „innerer Schweinehund“ stets triumphiert und Dich zum Vor- und Zurücksetzen oder zum Fußabsetzen zwingt – auf dem Garagenhof, auf dem Hotelparkplatz oder bei einer engen Einfahrt.

Zeichnung: Thomson

Übungsaufbau Parallel-Stop

Denke daran, was Du hier im Buch oft genug nachlesen kannst: Schau dorthin, wohin Du fahren willst. Dein Blick führt Dich wie an einem unsichtbaren Band.
Schau also beim Wenden konsequent in die beabsichtigte Richtung.

Du wirst Fortschritte machen und viele dieser Situationen werden ihre kleinen Schrecken verlieren; aber Du musst Dich immer wieder selbst kritisch überprüfen und Dich zu einem besseren Blickverhalten ermahnen.

Übung: Parallel-Stop

Für diese kleine Übung suchst Du Dir einen ausreichend großen, ebenen und leeren Parkplatz. Du nimmst 5 Pylonen, halbierte Tennisbälle oder notfalls auch Bierdeckel und legst die erste Pylone in die Mitte. Von der Mitte aus schreitest Du etwa 5-7 Schritte gleichmäßig zu allen 4 Seiten und stellst dort jeweils eine Pylone auf.

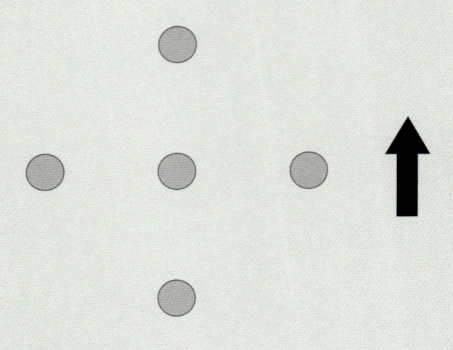

Foto: Thomson

Nicht direkt vor die Pylone schauen ...

Diese Aufstellung umrundest Du links oder rechts herum. An jeder Pylone sollst Du genau parallel zum Stehen kommen und möglichst genau daneben den Fuß absetzen. Das Anbremsen, Anhalten und Fußabsetzen soll dabei in einem Zug und so harmonisch wie möglich erfolgen. Dazu ist es erforderlich, dass Du den Radius dieses Kreises korrekt einschätzen kannst. Der Trick ist, dass es nur dann sauber funktioniert, wenn Dein Blickverhalten stimmt und Du nicht die nächste, sondern die übernächste Pylone anvisierst. Natürlich schaust Du beim Anfahren auch kurz zur nächsten Pylone und behältst sie peripher im Blickfeld, Deine Augen zielen jedoch auf die übernächste.

Dies ist eine gute Übung, um neben Deinem Blick auch Deine Geschicklichkeit zu schulen.

Foto: Thomson

... sondern schon zur nächsten

IN DEN BERGEN

Warum soll das Fahren in den Bergen hier in einem eigenen Kapitel behandelt werden? In erster Linie wimmelt es doch in den Bergen nur so von Kurven und auf diese wurde bereits ausführlich eingegangen.

Foto: Thomson

... ist Motorradfahren eine besondere Herausforderung

Aber natürlich gibt es da noch viel mehr als eine bloße Aneinanderreihung von schönen Kurven. Da sind starke Steigungen und Gefälle und da sind Wetterbedingungen, die nur in den Bergen typisch sind. Die Summe dieser Umstände erfordert ein abweichendes Fahrkonzept.

Wie man mit diesen Bedingungen angemessen umgehen kann, soll uns in diesem Kapitel beschäftigen.

Serpentinen und **Kehren** machen das Motorradfahren zu einem besonderen Erlebnis. Du hast Kurvenspaß pur, aber auch erhöhte Anforderungen an Dein Fahrkönnen und Deine Aufmerksamkeit.

Was ist eigentlich der Unterschied zwischen Serpentinen und Kehren? Das Lexikon belehrt uns, dass eine in weiten Schlangenlinien angelegte kurvenreiche Bergstraße als Serpentinenstraße bezeichnet wird. Diese kann wiederum aus Kehren bestehen. Kehren, oder Haarnadelkurven (nach der klassischen Haarnadel benannt) oder auch Spitzkehren genannt ist eigen, dass sie in einem Winkel von ca. 150-180° zwei annähernd parallele Straßenteile miteinander verbinden. Die Straßenbauer haben dabei jedoch nicht an uns Kurvenfreaks gedacht. Sie möchten schlicht und einfach im Vergleich zu einer direkten Straßenverbindung mit nicht praktikabler Steigung den gleichen Höhenunterschied mit einer

In den Bergen ...

... ist immer mit Überraschungen zu rechnen

moderaten Steigungsrate überwinden. Das führt zu den beachtlichen Windungen der bekannten Passstraßen, die Du auf Abbildungen gesehen hast, oder vielleicht auch schon selbst gefahren bist.

Soweit zur Theorie – doch was bedeutet das für Dich beim Fahren?

Viele Kurven in den Bergen sind extrem unübersichtlich, da Berghänge die Sicht versperren und die Neigung der Fahrbahn nach oben oder unten Deinen Blickwinkel verändert. Besonders die Sitzhaltung auf einem Sportmotorrad kann Dir den optimalen Blick zusätzlich erschweren. Durch die gebeugte Haltung musst Du beim Bergauffahren den Kopf noch mehr als üblich nach oben richten, um bergauf die nächste Kehre einsehen zu können. Ist das Sichtfenster Deines Helms nun noch etwas schmal und musst Du aufgrund engagierter Fahrweise den Oberkörper schön unten halten um beim Gasgeben (wahrscheinlich im 1. Gang) bergauf Druck auf dem Vorderrad zu halten, so kannst Du Dich ganz schön verrenken.

Eine optimale Einsehbarkeit der Kurve ist immer wichtig – in den Bergen ganz besonders.

Was verbirgt sich in dem Bereich der nächsten Kurve, den Du nicht komplett einsehen kannst und wie geht es weiter? Was könnte in der nächsten Kurve liegen? Mehr noch als in zwar kurvenreichen aber eher flacheren Regionen ist mit Schmutz und Steinschlag zu rechnen. Kurven in den Bergen sind daher stets besonders unberechenbar.

Schlecht einsehbarer Kurvenbereich

Hinsichtlich des Sichtbereiches hast Du es dann bergab schon einfacher. Doch hier führt beim Anbremsen der nächsten Bergab-Kurve die **Achslastverlagerung** zu einer deutlichen Entlastung des Hecks bei gleichzeitiger Belastung des Vorderrades. Wenn es stark bergab geht und Du vor der nächsten Kehre das Gas zurücknimmst, ist die Last auf dem Vorderrad allein dadurch schon groß. Du bringst das Motorrad in die Schräglage und lenkst in die Kehre ein, in der Dich vielleicht ein Belagwechsel erwartet oder Unebenheiten Dein Vorderrad stuckern lassen. Das leichte Rut-

Serpentinen

schen erlebst Du als bedrohlich und greifst unwillkürlich in die Vorderradbremse, woraufhin sich der überlastete Vorderradreifen endgültig verabschiedet.

In Serpentinen und Kehren solltest Du daher stets besonders bemüht sein, das Tempo vorher anzupassen, vorher mit dem Bremsen fertig zu sein und nicht auf der Bremse einzulenken. Wenn Bremsen bergab dann doch erforderlich sein sollte, dann unter diesen Bedingungen allenfalls durch gefühlvolles Betätigen der Hinterradbremse und leichtes Anlegen der Vorderradbremse

Halte dann die gesamte Kurve und insbesondere den Scheitelpunkt von Lastwechselreaktionen frei.

In Kurven generell, aber ganz besonders in Steigungen oder Gefälle kannst Du Lastwechselreaktionen vermeiden, indem Du das Motorrad mit **Stützgas** und ggf. leichtem Schleifen mit der Hinterradbremse auf Zug hältst.

Die Kehre

Eine Kurvenart ist in den Bergen anzutreffen, die völlig anders ist: die Kehre. Das Besondere an ihr ist jedoch nicht der enge Kurvenradius an sich, sondern der zumeist damit verbundene Höhenunterschied zwischen Eingang und Ausgang der Kurve.

Wenn es sich um eine enge Kehre mit deutlichem Gefälle, bzw. Steigung handelt, so musst Du ganz besonders vorausschauend fahren.

Überblicke immer dann, wenn die Sicht auf die Straße sich öffnet, alle überschaubaren Bereiche der nächsten Kurvenfolge.

Fotos: Thomson

Kurvenfolge in den Bergen

Foto: Thomson

Ein Blick nach oben oder unten...

Das ist häufiger möglich als vermutet, wird jedoch von uns oftmals „übersehen", weil wir uns zu intensiv mit der schönen Landschaft beschäftigen oder dem Rhythmus der Kurvenfolgen erliegen. Wenn das so ist, dann hier mein Rat: Fahr langsamer.

Foto: Thomson

...erspart manche Überraschung

Wirst Du in einer engen Kehre mit starkem Gefälle oder Steigung von einem Fahrzeug überrascht und musst anhalten, so hast Du meist ein Problem. Durch das entgegenkommende Fahrzeug hast Du nur wenig Raum zur Verfügung und musst oftmals an einer Stelle anhalten, die Du ansonsten nie gewählt hättest, denn durch die Fahrbahnneigung innerhalb der Kehre geht Deinem abstützenden Fuß möglicherweise die Straße aus. Da dieses Ereignis überraschend für Dich kommt, ist das Anhaltemanöver ohnehin sicherlich nicht durch besondere Eleganz gekennzeichnet. Du hast den Lenker nicht gerade, bremst zu ruppig, die Fahrbahn ist zu weit weg für Deinen Fuß – Du kippst um und zwar in aller Regel abwärts. Wir wollen uns die Folgen nicht so genau vorstellen; es reicht zu wissen:

Vermeide jedes Anhaltemanöver in einer Kehre durch eine extrem vorausschauende Fahrweise. Fahre lieber langsam und genieße zwischendurch mal die Aussicht, ohne je-

doch zu vergessen, immer wieder einen Blick voraus auf die nächsten einsehbaren Straßenbereiche zu werfen. Das ist auf die Dauer gesünder.

Foto: Thomson

Hier besser nicht ungeplant anhalten

Wetterverhältnisse

Ebenfalls unberechenbar ist das Wetter in den Bergen. Während Du eben noch im schönsten Sonnenschein fährst, kann sich die Sicht plötzlich verändern. Durch die enorme Höhe fährst Du plötzlich in den Wolken, die sich wie Nebel über die Hänge sowie auf Dein Visier legen und Dir die dringend notwendige Sicht auf die anspruchsvolle Strecke nehmen. Das bringt auch Feuchtigkeit mit sich und die soeben noch trockene und griffige Fahrbahn kann kalt, nass und sehr rutschig werden.

Auch die Betriebstemperatur Deiner Reifen wird sinken und Du musst mit verminderter Haftung rechnen.

Foto: Thomson

Wetterumschwung

Foto: Thomson

Schlechter Untergrund

Durch die starken Temperaturschwankungen und den dauernden Einfluss von Wind und Wetter ist der Fahrbahnbelag besonderen Belastungen unterworfen und kann besonders im Frühjahr nach dem Frost des Winters in katastrophalem Zustand sein.

In steilem Gelände kommt es nach Regenfällen oder durch Schmelzwasser häufig zu Auswaschungen von Sand und loser Erde, Tannennadeln usw.; insbesondere im Einmündungsbereich von unbefestigten Wirtschaftwegen. Bei ansonsten sauberer Straße kannst Du in der nächsten Kurve von einer solchen zungenförmig in die Fahrbahn ragenden Schmutzschicht überrascht werden.

Bei langanhaltendem Gefälle, insbesondere bei Passabfahrten leistet Deine Bremsanlage Schwerstarbeit. Ist sie in Ordnung, ist genügend **Bremsflüssigkeit** im Behälter und wie alt ist sie?
Aber auch eine gute Bremsanlage kann bei längerer Bergabfahrt zu **Bremsfading** neigen, also zu einem Nachlassen der Bremsleistung. Der Druckpunkt der Bremse wandert dann weiter in Richtung Griff. Bist Du es gewohnt, das **Bremsen** mit nur zwei Fingern zu erledigen, so können Dir nun die anderen am Griff verbliebenen Finger im Wege sein. Schalte daher rechtzeitig aber mit Feingefühl auf die Benutzung der ganzen Hand um.

Bei längeren Bergabfahrten solltest Du unbedingt die Bremswirkung des Motors nutzen, indem Du rechtzeitig herunterschaltest. Deine Bremsanlage könnte sonst selbst bei gutem Wartungszustand glühend heiß werden und im Extremfall derart in der Leistung nachlassen, dass Du die nächste Kurve nicht mehr schaffst.

Foto: Institut für Zweiradsicherheit

Fahrspaß in den Bergen

Foto: Institut für Zweiradsicherheit

Verdiente Pause

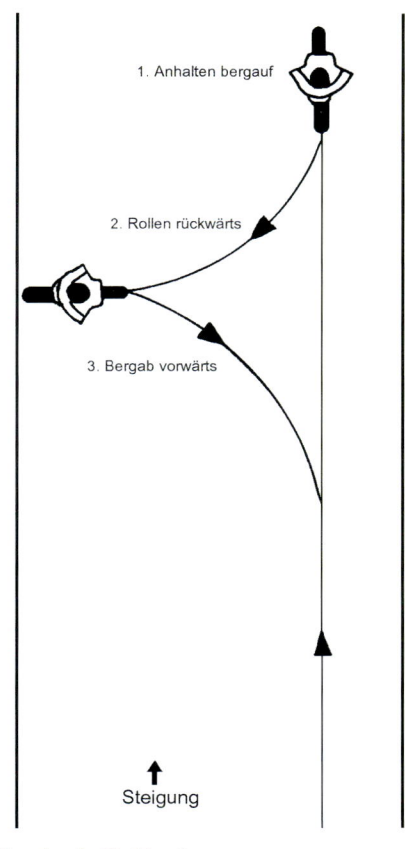

1. Anhalten bergauf

2. Rollen rückwärts

3. Bergab vorwärts

Zeichnung: Thomson

↑
Steigung

Wenden in Steigung

Einer kleiner Tipp noch am Rande: Wenn Du mit richtig heißen Bremsen im Tal anhältst, halte an einem ebenen Stück, damit Du das Motorrad nicht mit der Bremse halten musst. Ansonsten droht durch die ungleichmäßige Abkühlung der offenen und der durch die Bremszangen verdeckten Bereiche der Scheiben ein Verziehen derselben, die fortan beim Bremsen zum Rubbeln neigen können.

Falls es in den Bergen erforderlich sein sollte, dass Du in einer Steigung wenden musst, weil Du Dich verfahren hast, die Straße unpassierbar ist oder ähnliches, so verwende hierzu eine sichere Technik. Wendest Du ganz normal vorwärts, so ist die Kurveninnenseite mit der Abwärts-Richtung identisch und falls ein Abstützen erforderlich wird, geht Deinem Fuß die Straße aus. Wende also stets so, wie in der folgenden Abbildung beschrieben.

FAHRER-FORTBILDUNG

Im modernen Berufsleben ist Fortbildung obligatorisch und selbstverständlich. Nicht so beim Auto- und Motorradfahren. Da alle in ihrer Vorstellung gute Fahrer sind, besteht kaum ein Bewusstsein für die Notwendigkeit einer Weiterbildung. Erfreulicherweise erkennen mittlerweile viele Motorradfahrer diesen Widerspruch (meist allerdings erst über 40) und kommen zu einem **Sicherheitstraining**.

Sicherheitstraining

Das Motorrad-Sicherheitstraining ist ein Programm des Deutschen Verkehrssicherheitsrates (DVR) und seiner Mitglieder. Es wird bundesweit nach einem verbindlichen Qualitätsstandard durchgeführt. Das klassische Training ist eintägig, wird auf einem abgesperrten Übungsplatz durchgeführt und umfasst mit einem integrativen Lernansatz sinnvolle Fahrübungen mit Gefahrenlehre und fahrphysikalischen Aspekten. Es steht unter dem Motto: Gefahren erkennen – Gefahren bewältigen – Gefahren vermeiden.

Der Motorradfahrer lernt unter fachkundiger Anleitung sein Fahrzeug besser kennen, lernt mögliche Gefahren besser einzuschätzen und angemessen zu reagieren, wenn es einmal darauf ankommt. Ganz besonders aber erlebt er, dass die Vermeidung von Gefahren am sinnvollsten ist, da kritische Situationen im Fahralltag auch von einem geübten Fahrer nicht immer zuverlässig bewältigt werden können. Alle Inhalte des Trainings werden gemeinsam erarbeitet. Es gibt keinen Frontalunterricht, sondern Erfahrungsaustausch und Diskussion in der Gruppe stehen im Vordergrund. Bremsen, Kurven fahren, Spurwechsel, Ausweichen, Blicktechnik und die Fähigkeit, das Fahrzeug auch im Langsamfahrbereich zu stabilisieren sind einige Elemente, die der Motorradfahrer beherrschen sollte und die daher zentrale Trainingsbestandteile sind.

Das Sicherheitstraining ermöglicht den Teilnehmern, gefahrlos das zu üben, was der tägliche Straßenverkehr fordert. Teilnehmen kann jeder mit seinem eigenen verkehrssicheren Motorrad und der entsprechenden Fahrerlaubnis. Für die Veranstaltung ist das Motorrad des Teilnehmers in der Regel mit einer Vollkaskoversicherung (mit Selbstbeteiligung) geschützt.

Bei Interesse erfragt man bei den Umsetzerverbänden des DVR-Sicherheitstrainings Termine und Kosten. Trainings nach DVR-Richtlinien werden durch viele Berufsgenossenschaften finanziell gefördert.

Sicherheitstraining: Anleitung durch kompetente Trainer

Angeboten werden auch spezielle Trainings für Frauen, für Spät- und Wiedereinsteiger oder Aufbaukurse für Fortgeschrittene.

Einige Anbieter kombinieren das Standardprogramm des Sicherheitstrainings nach DVR-Richtlinien mit einer Tour und bieten dies als organisierte 2-tägige Veranstaltung an. Bei der Tour können dann diejenigen Aspekte intensiv behandelt werden, die bei einem regulären Platztraining zwangsläufig etwas kurz kommen: **Kurvenlinien,** Blickverhalten und Gruppenfahren.

Sicherheitstouren

Eine besondere Form des Motorrad-Sicherheitstrainings ist die **Sicherheitstour**. Dieses Konzept wurde vom Institut für angewandte Verkehrspädagogik (avp) entwickelt und ist als vom DVR anerkannte Version des Sicherheitstrainings ebenfalls förderungsfähig durch die Berufsgenossenschaften.

Bei der Sicherheitstour werden Elemente des regulären Sicherheitstrainings im Verlauf einer festgelegten Tour über schöne und kurvenreiche Straßen an speziellen Stationen aufgegriffen. An diesen Stationen werden Fahrübungen zum Stabilisieren und Bremsen durchgeführt und das sichere und saubere Durchfahren einer Kurvenkombination separat trainiert. Ebenfalls dazu gehören Bremsübungen auf unbefestigtem Untergrund und die gemeinsame Beobachtung von typischen Gefahrenstellen für Motorradfahrer.

Sicherheitstraining: Stabilisieren

Sicherheitstraining: Blickverhalten

Während der Tour besteht Gelegenheit, die richtige **Kurven-linie**, das eigene Blickverhalten und das rechtzeitige Erkennen von Gefahren sowie partnerschaftliches Verhalten innerhalb der Gruppe zu trainieren. Unterwegs machen die Trainer Videoaufnahmen, die später unter den genannten Aspekten ausgewertet und reflektiert werden.

Am zweiten Tag der Veranstaltung erhalten einzelne Teilnehmer die Aufgabe, nach Vorbereitung einer Route als Führer der Gruppe zu fungieren – mit allen Aufgaben und unter Berücksichtigung der wesentlichen Aspekte und **Regeln der Gruppenfahrt**.

Aus den während der Tour und den Übungen gewonnenen Erkenntnissen werden sodann gemeinsam Strategien für eine sicherheitsorientierte, defensive und partnerschaftliche Fahrweise entwickelt.

Der Spaß am Motorradfahren kommt dabei natürlich nicht zu kurz.

Foto: Thomson

Sicherheitstour: Video-Begleitung

Foto: Thomson

Sicherheitstour: Pausengespräch

Sicherheitstour: Kurvenlinie beobachten

Einen Überblick über alle diese Trainings und die Veranstalter gibt es auf den Internetseiten des Deutschen Verkehrssicherheitsrates (DVR) und des Instituts für Zweiradsicherheit (IfZ).

Sicherheitstour: Bremsen auf unbefestigtem Untergrund

Rennstreckenkurse

Training auf der Rennstrecke kann durchaus auch für denjenigen Motorradfahrer sinnvoll sein, der in dieser Richtung eigentlich keine Ambitionen entwickelt hat.

Ein Training auf der Rennstrecke bedeutet auch nicht zwangsläufig das Feilen an Rundenzeiten und dem spätmöglichsten Bremspunkt. Es kann ganz einfach eine Möglichkeit sein, engagiertes Kurvenfahren auch in höheren Geschwindigkeitsbereichen relativ gefahrlos zu trainieren. Auf der Rennstrecke gibt es keinen Gegenverkehr, es sind in der Regel ausreichende Sicherheitszonen vorhanden und es fahren hier „Gleichgesinnte" und nicht Autofahrer auf Parkplatzsuche, Lastwagen und Traktoren.

Viele Anbieter haben solche Trainings im Angebot – und das mit ganz unterschiedlichen Programmen und Zielsetzungen. Von an Sicherheitstrainings orientierten Kursen bis zum freien Fahren in nach Fahrfertigkeit eingeteilten Gruppen ist hier alles zu finden.

Bei diesem vielfältigen Angebot kann jeder interessierte Motorradfahrer den für sich und seine Ambitionen geeigneten Kurs finden.

Auf der Nürburgring-Nordschleife

Was es sonst noch gibt:

Einige Verbände bieten sehr gute Schrauber-Kurse an, teilweise auch speziell für Frauen.

Was Dich letztlich auch nicht dümmer macht ist die Auffrischung eines Kurses zur Ersten Hilfe. Das ist das Ding, was wir für den Führerschein absolvieren und dann sofort wieder vergessen.

Weißt Du, wie man ein Unfallopfer versorgt? Wie war das noch mal mit der stabilen Seitenlage? Wie kann man jeman-

Erste Hilfe

den notfalls wiederbeleben? Wie nimmt man fachgerecht und ohne unnötige Gefährdung einem Motorradfahrer den Helm ab?

Wenn Du daliegst (was wir ja nicht hoffen wollen, aber leider nicht ausschließen können) würdest Du Dir dann eine ebensolche Null als Ersthelfer wünschen?

Du könntest das ändern und vielleicht kann Dir die eine oder andere Fertigkeit in diesem Bereich einmal ganz privat helfen, wenn jemand Deiner Angehörigen und Freunde einmal Hilfe brauchen sollte.

Anleitungen zur Ersten Hilfe und zum Helmabnehmen möchte ich in diesem Buch nicht geben. Du kannst Dich z. B. beim Institut für Zweiradsicherheit informieren. Dort gibt es eine

sehr gute Broschüre „Das kleine Erste Hilfe-Einmaleins" zu diesem Thema und auch einen lohnenswerten Film auf DVD.

Insbesondere im Bereich der Freizeit und der organisierten Motorradreisen gibt es eine Vielzahl von Angeboten unterschiedlicher Organisationen und privater Anbieter. Die geleitete Alpentour mit Pass-Training, die durchorganisierte Tour durch den Westen der USA und vielerlei mehr. Neben dem Freizeitspaß bieten diese Veranstaltungen auch eine gute Möglichkeit, Fahrpraxis in besonderen und nicht alltäglichen Bereichen des Motorradfahrens zu erwerben oder zu vertiefen. Dies gilt auch für den Sektor der Gelände-Kurse wie Trial, Enduro-Wandern usw.

STICHWORTVERZEICHNIS

A

ABS 83, 87, 88
Abtrieb 55, 114
Achslastverlagerung 63, 70, **83,** 85, 95, 96, 97, 101, 114, 130, 159
Allrounder 24
Anhalteweg 90
Aquaplaning 55, 100
Aufmerksamkeit 19, 96
Auftrieb 101, 114, 125
Ausweichen 93, 104
Ausweichmanöver 86
Autobahn 101, 110

B

Bedienelemente 33, 84
Beifahrer 79
Bekleidung 100
Beladung 114
Bitumenverfüllungen 105, 138
Blickfallen 141
Blickführung 68, 109
Blickschatten 141
Blickverhalten 21, 79, 133, 136, 139, 149, 154
Bremsen 47, 63, 70, **83,** 95, 100, 109, 111, 162
Bremsfading 63, 93, 162
Bremsflüssigkeit 50, 162
Bremsweg 91

C

Chopper 27

D

Drücken 95, 126
Dunkelheit 103

F

Fahrbahnneigung 101, 139
Fahrbahnuntergrund 105
Fahrmotive 15
Fahrschule 22
Fitness 49
Flattern 116
Fliehkraft 121, 139
Flow 14, 16, 114, **115**

G

Gepäck 56
Gepäckrolle 61

H

Haftreibungswert 87, 100, 110
Handschuhe 42
Hanging off 127
Helm **34,** 71
Helm-Prüfnorm 35
Herbst 102
Hinterschneiden 135, 137

I

Ideallinie 133
Integralhelm 35

K

Kamm'scher Kreis 86, **96**
Kehren 158
Kettenpflege 51
Kettenspannung 52, 71
Kickback 62, 114, 125
Kinder 71
Knieschluss 79, **84,** 105, 106, 109, 114, 125, 149
Kreiselkräfte 76, 78, 79, 109
Kurvenfahren 118
Kurvenlinie 98, 121, 133, 139, 152, 153, 167, 168
Kurvenstile 124

L

Lederkombi 39
Legen 124
Leitplanke 107
Lenkimpuls 94
Lenkimpulstechnik 121, 122, 123, 128
Lenkung 116
Lenkungsdämpfer 116
Lichtkontrolle 49, 103

M

Mentales Training **20,** 82, 86, 89, 136, 149
Motorradstiefel 41
Motorradtypen 15, 24

N

Naked Bike 24
Nebel 105
Nierengurt 43

O

Ölspur 107
Ölstand 52

P

Pendeln 62, 114
Protektoren 40

R

Reaktion 89
Reaktionsweg 91, 95
Regeln der Gruppenfahrt 66, 168
Regen 98
Reifen 51, 53
Reifenluftdruck 51, 55, 71
Rennstrecke 127, 138, 169
Restgeschwindigkeit 93
Risiko 17
Röhreneffekt 112, 152
Rückenprotektor 40, 45
Rucksack 61

S

Schlupf 87
Schräglage 16, 97, 130, 136
Schutzkleidung 71
Seitenführungskräfte 86
Seitenwind 70, 114
Serpentinen 158
Sicherheitsabstand 68, 110
Sicherheitslinie 68, 133
Sicherheitstour 109, 167
Sicherheitstraining 22, 42, 77, 82, 88, 97, 122, **166**
Sitzhaltung 32
Sitzhöhe 32, 46
Sozius 70
Speed-Index 54
Stabilisieren 70, 76, 129, 143
Stützgas 122, 136, 160

T

Tankrucksack 56, **60**
Textilkombi 40
Topcase 61
tote Winkel 141
Tourer 25
Traktionskontrolle 99

U

Überholen 146
Umfangskräfte 95, 122

V

Visualisieren 20

W

Wahrnehmung 18
Wenden 79, 154
Wildwechsel 104

LITERATURVERZEICHNIS

ADAC Motorradtraining
Trainerhandbuch
Band I und II, 2010/Version 1.0
Gerhard Falk, Dr. Hartmut Kerwien,
Wolfgang Stern
München 2010

Klaus Peter Backfisch
Das große Reifenbuch
Alles über Reifen und Räder
Heel-Verlag
Königswinter 2006

John Berger
Eine andere Art zu sehen
ZEIT-Magazin 14/1992, S. 40-44
Hamburg 1992

Deutscher Verkehrssicherheitsrat e.V.
Manuskript für das neue Handbuch zum
Zweiradtraining 125 Kubik
Klaus Schuh, Ulrich Thomson
Bonn 1997

Keith Code
Der richtige Dreh (A twist of the wrist)
Das Handbuch des Motorrad-Rennfahrers
Michael Feyer Verlag
Los Angeles/Köln 1984

Keith Code
Der richtige Dreh II (A twist of the wrist II)
Michael Feyer California Superbike Verlag
Los Angeles/Köln 1993

Mihaly Csikszentmihalyi,
Das Flow-Erlebnis, Jenseits von Angst und Langeweile:
im Tun aufgehen
Ernst Klett Verlage GmbH & Co. KG
Stuttgart 1985

Deutscher Verkehrssicherheitsrat e.V.
Motorrad-Sicherheitstraining
Handbuch für Kursleiter/innen
Gerhard Falk, Klaus Schuh, Wolfgang Stern,
Ulrich Thomson
Bonn/München 1999

**Deutscher Verkehrssicherheitsrat und Institut
für Zweiradsicherheit**
Broschüre: Motorrad fahren gut und sicher
Bonn/Essen

Eberspächer, Hans
Motorradfahren mental trainiert
Motorbuch Verlag
Stuttgart 2010

Nick Ienatsch
Auf der Ideallinie
Fahrtechnik für sportliches Motorradfahren
Delius Klasing Verlag/Moby Dick Verlag
Kiel 2006

Institut für Zweiradsicherheit e.V.
Artikel: Körperliche Beanspruchungen beim
Motorradfahren
Medizinische Auswertung des 100.000 km-Tests
mit der Kawasaki 1400 GTR
Pdf-Dokument unter www.ifz.de

Institut für Zweiradsicherheit e.V.
Broschüre: Sicher hinten drauf
Kinder auf dem Motorrad
Essen 2010

Institut für Zweiradsicherheit e.V.
Broschüre: Gefährliche Begegnungen
Tipps für Auto- und Motorradfahrer
Essen 2008

Dr. Hartmut Kerwien
Ein Kompetenz-Belastungsmodell des Fahrverhaltens
Implikationen für die Wirkung von Verkehrssicherheits-
trainings
in: Forschungsheft Zweiradsicherheit Nr. 10,
Safety Environment Future IV
Institut für Zweiradsicherheit
Essen 2002

Dr. Hubert Koch (Hrsg.)
Motorradfahren – Faszination und Restriktion
Forschungsheft Zweiradsicherheit Nr. 6
Institut für Zweiradsicherheit
Bochum 1990

Dr. James E. Loehr
Persönliche Bestform durch Mentaltraining
für Sport, Beruf und Ausbildung
BLV Verlagsgesellschaft mbH
München 1991

Harry Niemann
Der Kniff mit dem Knie
Motorbuch Verlag
Stuttgart 1988

Lee Parks
Alles im Griff
Fahrtechnik für Motorräder
Delius Klasing Verlag/Moby Dick Verlag
Kiel 2004

Bernt Spiegel
Die obere Hälfte des Motorrads
Vom Gebrauch der Werkzeuge als
künstliche Organe
Verlag Heinrich Vogel
München 1998

Bernt Spiegel
Motorradtraining alle Tage
Motorbuch Verlag
Stuttgart 2006

Ulrich Thomson
Blickverhalten beim Motorradfahren
in: DVR-Zeitschrift für die Moderatoren des
Motorrad-Sicherheitstrainings
Nr. 11/1998, Deutscher Verkehrssicherheitsrat
Bonn 1998

Ulrich Thomson
Das Nürburgring-Fahrerhandbuch
Heel-Verlag
Königswinter 1997 und 2003

Prof. Dietrich Ungerer
Verkehrssicherheit und Fahrerbelastung
Vortrag auf einer Arbeitstagung des
Deutschen Verkehrssicherheitsrates
und der Berufsgenossenschaften in 1989

DANKSAGUNG

Ich möchte „Danke" sagen an alle, die mir bei der Arbeit an diesem Buch durch Rat und Tat, durch Fotos und durch „moralische" Unterstützung geholfen haben.

Danke

- für fachliche Beratung und Fotos an meinen alten Trainer-kollegen und Freund Wolfgang Stern sowie
- für fachlichen Rat an meine langjährigen Trainerkollegen Dr. Hartmut Kerwien und an Uwe Nestler – allesamt auch alte „Schlachtrösser" der Verkehrssicherheitsarbeit in diesem Lande
- für Fotos an meinen Freund Jürgen Gelbke, meinen Freund Wolfgang Teppert, an Verena Faßbender, Klaus Melchert und den Teilnehmern an Motorrad-Sicherheitstrainings der zurückliegenden Jahre
- an meine alten Trainerkollegen HaJo Ullrich, Detlef Kehe, Dirk Gramse, Martin Fellmer und Rainer Kiauka für die Überlassung oder Genehmigung von Fotos
- für die Mithilfe bei Fotoarbeiten an Horst und Fabian Badenberg vom Motorradhaus Badenberg
- für fachliche Unterstützung und die Überlassung von Fotos an Matthias Haasper vom Institut für Zweiradsicherheit

- für Fotos von den Firmen Suzuki, Triumph und Held und von Ingo Jung
- für die langjährige Unterstützung durch die Firmen Held, Rukka und SW Motech
- an den Deutschen Verkehrssicherheitsrat
- an Joachim Hack vom Heel-Verlag für Vertrauen und gute Zusammenarbeit
- meinen Kindern Christoph, Hendrik und Jannis Thomson für die Mithilfe bei Fotos und ganz einfach für ihre Unterstützung im ideellen Sinne.

Meiner „Tina" Martina Kirstein möchte ich ganz besonders danken. Sie hat mir nicht nur bei den Fotoarbeiten geholfen, sondern mich durch ihre Liebe bei der langen Arbeit an diesem Buch gestützt und unterstützt.

Uetze, im März 2011

ENDNOTES

1   vgl. Koch (Hrsg.), Motorradfahren – Faszination u. Restriktion, S. 4
2   vgl. Koch (Hrsg.), Motorradfahren – Faszination u. Restriktion, S. 4-5
3   vgl. Koch (Hrsg.), Motorradfahren – Faszination u. Restriktion, S. 6-7
4   vgl. Koch (Hrsg.), Motorradfahren – Faszination u. Restriktion, S. 11
5   vgl. Thomson, BMW-Fahrertraining-Handbuch (Manuskript), S. 23 ff.
6   vgl. Ungerer, Vortrag Verkehrssicherheit und Fahrerbelastung
7   vgl. Ungerer, Vortrag Verkehrssicherheit und Fahrerbelastung
8   vgl. Code, Der richtige Dreh II, Einführung XV
9   Code, Der richtige Dreh, S. 12
10 Loehr, Persönliche Bestform durch Mentaltraining, S. 72
11 vgl. Eberspächer, Motorradfahren mental trainiert, S. 137
12 Spiegel, Die obere Hälfte des Motorrades, S. 192
13 vgl. Spiegel, Die ober Hälfte des Motorrades, S. 192
14 vgl. DVR Zweiradtraining 125 Kubik 1997, Kapitel 4, S. 51-53
15 vgl. Institut für Zweiradsicherheit, Ergebnisse 100.000 km-Studie
16 vgl. Backfisch, Das große Reifenbuch, S. 150-151
17   vgl. Backfisch, Das große Reifenbuch, S. 151
18 Dähne in: Eberspächer, Motorradfahren mental trainiert, S. 228
19 vgl. Institut für Zweiradsicherheit, Broschüre Sicher hinten drauf
20 vgl. Institut für Zweiradsicherheit, Broschüre Gefährliche Begegnungen
21 vgl. Ienatsch, Auf der Ideallinie, S. 59
22 vgl. Trainerhandbuch ADAC Band II, S. 22
23 vgl. DVR, Motorrad-Sicherheitstraining, Handbuch für Kursleiter, Kap. 5, S. 51
24 vgl. Trainerhandbuch ADAC Band II, S. 23-24
25 vgl. Trainerhandbuch ADAC Band I, S. 45
26 vgl. Trainerhandbuch ADAC Band I, S. 41
27 vgl. Broschüre Motorradfahren gut und sicher, S. 15

28 Thomson, Das Nürburgring-Fahrerhandbuch, S. 16
29 Csikszentimihalyi, Das Flow-Erlebnis, S 116-117
30 vgl. Csikszentimihalyi, Das Flow-Erlebnis, S 61
31 Csikszentimihalyi, Das Flow-Erlebnis, S 76
32 vgl. Kerwien, Ein Kompetenz-Belastungsmodell, in: Forschungsheft Nr.10, S. 290
33 vgl. Thomson, Das Nürburgring-Fahrerhandbuch, S. 17
34 Csikszentimihalyi, Das Flow-Erlebnis, S 70
35 vgl. Thomson, Das Nürburgring-Fahrerhandbuch, S. 17
36 Thomson, Das Nürburgring-Fahrerhandbuch, S. 12
37 vgl. DVR, Motorrad-Sicherheitstraining, Handbuch für Kursleiter, Kap. 5, S. 7
38 vgl. DVR, Motorrad-Sicherheitstraining, Handbuch für Kursleiter, Kap. 5, S. 8
39 vgl. Spiegel, Motorradtraining alle Tage, S. 98
40 vgl. Ienatsch, Auf der Ideallinie, S. 36
41 vgl. Parks, Alles im Griff, S. 21
42 vgl. Spiegel, Motorradtraining alle Tage, S. 106
43 vgl. Niemann, Der Kniff mit dem Knie, S. 28
44 vgl. Spiegel, Die obere Hälfte des Motorrads", S. 223-224
45 vgl. Thomson, Das Nürburgring-Fahrerhandbuch, S. 22-23
46 vgl. Ienatsch, Auf der Ideallinie, S. 77
47 vgl. Thomson, Das Nürburgring-Fahrerhandbuch, S. 10-11
48 Code, Der richtige Dreh, S. 30
49 Berger in: Zeit-Magazin 14/1992, S. 42
50 vgl. Thomson, Das Nürburgring-Fahrerhandbuch, S. 20
51 vgl. Thomson, Artikel Blickverhalten, Moderatorenpost DVR, 11/1998
52 vgl. Spiegel in: MO-Broschüre Fahrerlehrgang
53 vgl. Spiegel in: MO-Broschüre Fahrerlehrgang
54 Thomson, Das Nürburgring-Fahrerhandbuch, S. 21

MOTORRAD-BÜCHER von HEEL

STARTEN SIE IN DIE NEUE MOTORRADSAISON!

Reprint des Best- und Long-sellers, dessen erste Auflage im Jahr 1930 erschienen ist. Zahlreiche Karten und Fotos ergänzen die ausführlichen Streckenbeschreibungen mit den touristischen Highlights.

ca. 530 Seiten, ca. 420 Karten und s/w-Abbildungen, gebunden mit Schutzumschlag, 233 x 157 mm
ISBN 978-3-86852-697-4
€ 19,99

Mit der S 1000 RR betrat BMW erstmals den heiß umkämpften Markt der Hochleistungs-Super-bikes. Ein mutiger Schritt auf neues technisches Terrain, den der bekannte Fachautor Jürgen Gassebner über Jahre begleitet hat. Das Buch berichtet detailliert und umfangreich bebildert über alle Facetten der Entwicklung.

192 Seiten, ca. 250 farb. Abbildungen, 248 x 245 mm, gebunden mit Schutzumschlag
ISBN 978-3-86852-505-2
€ 39,95

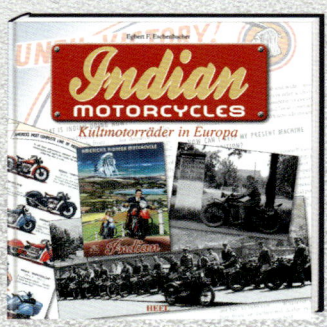

76 Seiten, ca. 250 zum Teil farbige Abbildungen, 250 x 250 mm, gebunden
ISBN 978-3-86852-615-8
€ 24,99

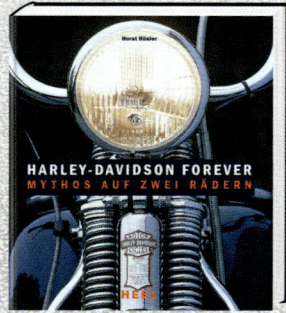

320 Seiten, 831 Farb- und 61 s/w-Abbildungen, 245 x 290 mm, gebunden mit Schutzumschlag
ISBN 978-3-86852-489-5
€ 49,95

176 Seiten, ca. 250 Abbildungen, 250 x 250 mm, gebunden mit Schutzumschlag
ISBN 978-3-86852-308-9
€ 24,95

256 Seiten, ca. 650 zumeist farbige Abbildungen, 235 x 312 mm, gebunden mit Schutzumschlag
ISBN 978-3-86852-520-5
€ 19,99

ALLES FÜR DIE PERFEKTE BIKER-TOUR!

528 Seiten, durchgehend bebildert, Paperback, 210 x 148 mm
ISBN 978-3-933385-71-0
€ 9,90

368 Seiten, durchgehend bebildert, Paperback, 210 x 148 mm
ISBN 978-3-933385-72-7
€ 9,90

Der neue Biker-Atlas enthält 328 unter-schiedlich lange Touren. Jede Route ist auf einer Karte im Maßstab 1:250.000 eingezeichnet und mit zahlreichen Informationen für Ihre Tour versehen: Sehenswürdigkeiten und Übernachtungs-empfehlung runden den Tourentipp ab.

432 Seiten, durchgehend bebildert, Paperback, 210 x 148 mm
ISBN 978-3-933385-70-3
€ 9,90

In diesem Buch gibt Sylva Harasim Einblicke in die Welt des Motorrad-Journalismus und des Redaktionsalltags, erzählt Geschichten aus einem unge-wöhnlichen Leben im Motorradsattel. Mal witzig, mal spektakulär. Voller Hindernisse, Komplikationen Hürden und Fallen. Teilweise unglaublich - aber immer wahr.

176 Seiten, 8 Seiten Farbstrecke, Paperback, 190 x 125 mm
ISBN 978-3-933385-69-7
€ 9,90

Biker-Betten ist kein Motorrad-Hotelführer im herkömmlichen Sinn, sondern ein echter, nach Regionen gegliederter Tourenplaner. Man findet darin Über-nachtungsmöglichkeiten in jeder Preislage, Campingplätze, Restaurants, Cafés und Motorrad-Geschäfte. Darüber hinaus macht er für jede der Regionen einen oder mehrere Tourenvorschläge und gibt touristische Tipps. Alles, was man für einen gelungenen Motorradurlaub braucht, aus einer Hand – motorradfreund-liche Häuser mit detaillierter Beschreibung, Preisangaben und GPS-Daten.

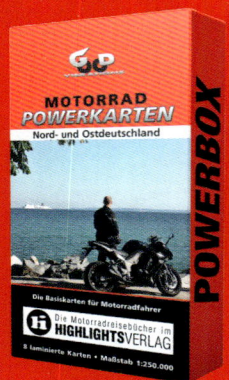
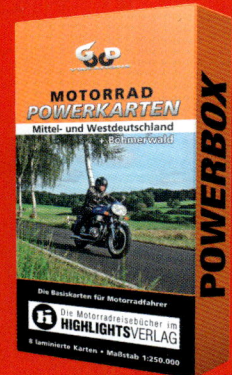
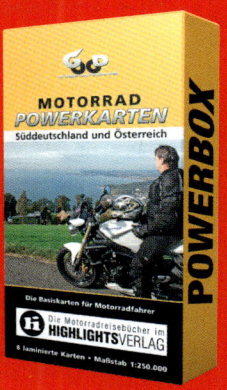
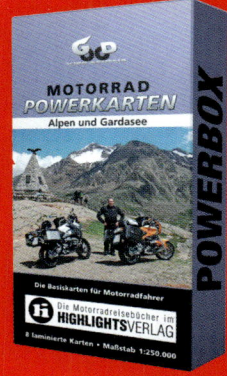